人力资源和社会保障部职业能力建设司推荐
冶金行业职业教育培训规划教材

凿岩爆破技术

刘念苏　主编

北　京
冶金工业出版社
2011

内 容 提 要

本书介绍了岩石的性质及其工程分级、凿岩技术与爆破技术三部分内容。凿岩技术部分包括钻孔方法及设备操作规程、炮眼（孔）的布置形式和凿岩工的职业技能鉴定要求等；爆破技术部分包括炸药爆炸基础理论知识、矿山常用的爆破材料及其性能参数、起爆方法、爆破施工的安全和爆破工的职业技能鉴定等内容。书中附有相应的复习思考题，以便读者加深理解或自学。

本书主要用于冶金矿山采掘生产一线广大凿岩工和爆破工的培训，也可作为高职高专相关专业学生教材，还可作为道路交通的隧道施工、开挖河流与输送渠道、城市基建等企业的基层领导、班组管理干部与工程设计技术人员的参考书。

图书在版编目（CIP）数据

凿岩爆破技术/刘念苏主编. —北京：冶金工业出版社，2011.7

冶金行业职业教育培训规划教材

ISBN 978-7-5024-5665-8

Ⅰ.①凿⋯ Ⅱ.①刘⋯ Ⅲ.①凿岩爆破－技术培训－教材 Ⅳ.①TD23

中国版本图书馆 CIP 数据核字（2011）第 133828 号

出 版 人　曹胜利
地　　址　北京北河沿大街嵩祝院北巷 39 号，邮编 100009
电　　话　（010）64027926　电子信箱　yjcbs@cnmip.com.cn
责任编辑　马文欢　美术编辑　李 新　版式设计　孙跃红
责任校对　卿文春　责任印制　张祺鑫
ISBN 978-7-5024-5665-8
北京兴华印刷厂印刷；冶金工业出版社发行；各地新华书店经销
2011 年 7 月第 1 版，2011 年 7 月第 1 次印刷
787mm×1092mm　1/16；16.75 印张；439 千字；249 页
45.00 元

冶金工业出版社发行部　电话：（010）64044283　传真：（010）64027893
冶金书店　地址：北京东四西大街 46 号（100010）　电话：（010）65289081（兼传真）
（本书如有印装质量问题，本社发行部负责退换）

冶金行业职业教育培训规划教材
编辑委员会

序

吴溪淳

  改革开放以来，我国经济和社会发展取得了辉煌成就，冶金工业实现了持续、快速、健康发展，钢产量已连续数年位居世界首位。这其间凝结着冶金行业广大职工的智慧和心血，包含着千千万万产业工人的汗水和辛劳。实践证明，人才是兴国之本、富民之基和发展之源，是科技创新、经济发展和社会进步的探索者、实践者和推动者。冶金行业中的高技能人才是推动技术创新、实现科技成果转化不可缺少的重要力量，其数量能否迅速增长、素质能否不断提高，关系到冶金行业核心竞争力的强弱。同时，冶金行业作为国家基础产业，拥有数百万从业人员，其综合素质关系到我国产业工人队伍整体素质，关系到工人阶级自身先进性在新的历史条件下的巩固和发展，直接关系到我国综合国力能否不断增强。

  强化职业技能培训工作，提高企业核心竞争力，是国民经济可持续发展的重要保障，党中央和国务院给予了高度重视，明确提出人才立国的发展战略。结合《职业教育法》的颁布实施，职业教育工作已出现长期稳定发展的新局面。作为行业职业教育的基础，教材建设工作也应认真贯彻落实科学发展观，坚持职业教育面向人人、面向社会的发展方向和以服务为宗旨、以就业为导向的发展方针，适时扩大编者队伍，优化配置教材选题，不断提高编写质量，为冶金行业的现代化建设打下坚实的基础。

  为了搞好冶金行业的职业技能培训工作，冶金工业出版社在人力资源和社会保障部职业能力建设司和中国钢铁工业协会组织人事部的指导下，同河北工业职业技术学院、昆明冶金高等专科学校、吉林电子信息职业技术学院、山西工程职业技术学院、山东工业职业学院、安徽工业职业技术学院、安徽冶金科技职业技术学院、济钢集团总公司、宝钢集团上海梅山公司、中国职工教育和职业培训协会冶金分会、中国钢协职业培训中心等单位密切协作，联合有关冶金企业和高等院校，编写了这套冶金行业职业教育培训规划教材，并经人力资源和社会保障部职业培训教材工作委员会组织专家评审通过，由人力资源和社会保障部职业能力建设司给予推荐，有关学校、企业的编写人员在时间紧、任务重的情况下，克服困难，辛勤工作，在相关科研院所的工程技术人员的积极参与和大力支持下，出色地完成了前期工作，为冶金行业的职业技能培训工作的顺利进行，打下了坚实的基础。相信这套教材的出版，将为冶金企业生产一线人员理论水平、操作水平和管理水平的进一步提高，企业核心竞争力的不断增强，起到积极的推进作用。

随着近年来冶金行业的高速发展，职业技能培训工作也取得了令人瞩目的成绩，绝大多数企业建立了完善的职工教育培训体系，职工素质不断提高，为我国冶金行业的发展提供了强大的人力资源支持。今后培训工作的重点，应继续注重职业技能培训工作者队伍的建设，丰富教材品种，加强对高技能人才的培养，进一步强化岗前培训，深化企业间、国际间的合作，开辟冶金行业职业培训工作的新局面。

展望未来，任重而道远。希望各冶金企业与相关院校、出版部门进一步开拓思路，加强合作，全面提升从业人员的素质，要在冶金企业的职工队伍中培养一批刻苦学习、岗位成才的带头人，培养一批推动技术创新、实现科技成果转化的带头人，培养一批提高生产效率、提升产品质量的带头人；不断创新，不断发展，力争使我国冶金行业职业技能培训工作跨上一个新台阶，为冶金行业持续、稳定、健康发展，做出新的贡献！

前　言

　　凿岩爆破是人类开采矿产资源，修建地下铁路，进行水利工程、城市基建和国防施工等都要从事的一项基本生产实践活动。特别是在金属矿床的开采过程中，提高凿岩爆破技术水平、装备先进的凿岩机械（并加以熟练和安全的使用），减少凿岩时间和进行安全而可靠的爆破，对于尽快投产、多采矿石和为国民经济建设多做贡献具有重要意义。

　　我们编写本书的主要目的，是让冶金矿山的广大掘进凿岩工和采矿工，了解凿岩爆破的工作意义，掌握必需而又够用的基础理论知识，进一步熟悉其岗位或工种群的应知、应会要求，不断提高凿岩爆破的生产技能，从而适应采矿工业发展的需要。

　　本书共 16 章内容。第 1 章：岩石性质及工程分级，主要任务是介绍凿岩工和爆破工必须掌握的岩石基础理论知识；第 2 章：冲击式浅眼凿岩机具，主要是针对井巷掘进凿岩工的培训技术知识；第 3 章：中深孔重型凿岩设备，主要是针对采矿工介绍的技术知识；第 4 章：采掘作业的炮孔布置，旨在进一步普及或提高凿岩爆破的实用理论知识；第 5 章：凿岩工的安全操作规程，主要任务是加强凿岩工的安全生产职责与提高凿岩工的职业素质；第 6 章：井下凿岩工职业技能鉴定，主要任务是为凿岩工参加技能鉴定提供参考；第 7 章：炸药爆炸的基本理论；第 8 章：矿山常用的工业炸药；第 9 章：起爆器材与起爆方法；第 10 章：矿岩爆破机理；第 11 章：浅眼爆破；第 12 章：地下深孔爆破；第 13 章：露天深孔爆破；第 14 章：硐室爆破；第 15 章：爆破安全技术；第 16 章：爆破管理；最后附有针对爆破工的参考资料、爆破作业人员安全技术考核标准（GB 53—93）。第 1~6 章是针对凿岩工的培训内容，第 1 章和第 7~16 章是针对爆破工的培训内容。

　　本书注重了知识的通用性和矿山生产现场的针对性，除可供凿岩工和爆破工使用以外，也可以作为有关矿山基层管理干部和工程技术人员的参考资料。

　　本书由刘念苏主编。凤凰山矿业公司的杨文总工程师，冬瓜山铜矿的万士义高级工程师、人力资源部的严家平副部长、爆破技师毛立国，新桥矿业公司的潘常甲总工程师为教材编写小组成员。杨文总工程师参加了"凿岩工"部分内容的编写，万士义编写了第10章中"爆破漏斗及利文斯顿爆破理论"部分内容，严家平提供了第6章的部分资料，毛立国指导了我们的现场实习，潘常甲总工程师对露天深孔爆破等内容进行了技术审查。

　　另外，我们对在本书编写过程中，给予收集资料方便和提供支持的其他人员，表示感谢！

　　在教学或实践工作中，请根据各矿山的现场需要，理论联系实际；注意把握学员的基本素质、教学的深度和广度、职业技能鉴定的要求这三个方面的紧密配合，才能收到良好的效果。

　　由于相关实验条件有限，不足之处在所难免，欢迎广大读者指正或与我们联系。安徽工业职业技术学院地址：安徽省铜陵市长江西路274号；邮编：244000；资源开发系：0562－2850842（系办）；联系人邮箱：lns550728@126. com（或lns550728@yahoo. com. cn）。

编　者

2011 年 3 月

目 录

绪　　论

0.1　凿岩爆破的基本概念和重要作用

凿岩爆破,在生产实践中有时也被称为打眼放炮,是近代冶金采矿工业的基本生产环节。人们为了开山夺宝或挖掘宝藏,普遍开展凿岩爆破工程。凿岩爆破的实质是:用多种不同的机械工具和不同的凿岩方法,在矿体与岩体中钻凿出用于爆破的眼孔或药室。然后,装入炸药爆破,使矿石或岩石按照预期从母体上破碎下来——以便后续的搬运与加工。凿岩的目的是为了爆破,而在矿体与围岩中爆破,必须进行凿岩才能实现预期的爆破效果;所以,凿岩与爆破密切相连。

到现在为止,人类在冶金或有色金属的采矿工程中,不论是露天开采还是地下开采,几乎都是用凿岩爆破的方法来开采有用的矿物和在岩体中掘进巷道。因此,凿岩爆破是巷道掘进的主要工序,也是取得有用矿物的重要手段。目前,在矿山的竖井、平硐、斜井、矿仓的开掘中,凿岩爆破的工程费用就占一半以上;在露天和地下采矿中,用在凿岩爆破方面的材料消耗也很大,成本比较高,工期也较长。近代凿岩爆破工程在冶金矿山的建设和生产中,确实起到了不可替代的作用。

凿岩爆破工程,是随着人类社会的需要而发展的;它在国民经济建设中的作用越来越大,应用的范围也越来越广泛。如在土建工程方面,也用凿岩爆破方法拆除工厂旧有建筑物,如烟囱、水塔、桥梁墩台和厂房的拆除;而在水利工程方面,人们就用凿岩爆破的方法来修筑堤坝、开凿运河、进行水下爆破作业;在地铁工程方面,用凿岩爆破方法来开掘隧道和路基;在农业方面,也用凿岩爆破开荒造田、深翻土地;在电力和机械设备安装的基础建设等方面,都广泛应用凿岩爆破工程技术。

0.2　凿岩爆破工程的主要特点

凿岩爆破的主要目的,是要能够较好地利用炸药产生的能量。而对爆破工程特点的认识就是核心内容。爆破工程的特点主要是以下几个方面,我们对此应该予以高度重视。

(1) 对爆破作业人员的素质要求较高。据对爆破事故的统计分析发现:造成爆破事故的多数原因是人为因素,而人为因素造成爆破事故的主要原因多是爆破作业人员素质低、安全意识差和违章作业。因此,必须对所有爆破人员进行安全技术培训和考核,使每一个爆破人员都明确自己的职责和权限。在《爆破安全规程》中,爆破作业人员分为爆破工作领导人、爆破工程技术人员、爆破段(班)长、爆破员、爆破器材库主任、爆破器材保管员和爆破器材试验员。他们的关系如图0-1所示。在实际工作中,彼此之间应该很好

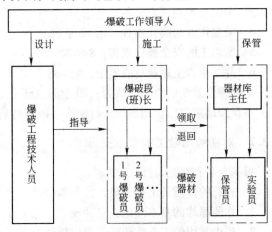

图0-1　爆破作业人员关系图

地配合工作。

（2）对爆破工作的安全规定比较多。炸药是易燃易爆物品，在特定条件下性能是稳定的，储存、运输和使用都是安全的；但是使用不当或意外爆炸时，将会给人们带来灾难。据统计，在我国企业职工伤亡事故中，各类爆炸事故总数占伤亡事故总数的40%以上。为此，国家有关部门制定了一系列有关工程爆破的规程，例如《民用爆炸物品管理条例》、《爆破作业人员安全技术考核标准》、《爆破安全规程》、《大爆破安全规程》、《拆除爆破安全规程》、《乡镇露天矿爆破安全规程》等。这些爆破行政条例和技术法规是每一位凿岩爆破工作人员都应该学习的内容。

（3）对爆破规章制度的执行要求比较严格。凿岩爆破工程，除了对爆破作业人员的素质要求较高和对凿岩爆破工作的安全规定比较多以外，还必须对炸药的使用、运输、保管与施工组织的每个步骤都有严格的管理规定。这些严格的管理规定和规章制度，都是用血的经验教训总结出来的，必须加强行政与技术方面的管理并严格执行这些规章制度，才能确保安全。

0.3　课程的教学安排与内容提要

目前，凿岩工和爆破工是有色金属矿山采掘生产一线的主要工种。广大采掘工，要通过培训教育知识的学习才能不断提高凿岩爆破生产技能，为有色冶金工业的原材料生产做出贡献。

本课程的教学安排，是按照中级凿岩工和初级爆破工的需要密切联系生产实践，依据培训大纲和教学计划拟定，对不同学员组成的教学班级，可参照如下原则安排来酌情处理。

0.3.1　对中级凿岩工的教学安排

报到点名和绪论讲授，2学时。

1　岩石的性质及工程分级，共8学时。

1.1　岩石的物理力学性质，用4学时；

1.2　岩石的工程分级，用4学时。

2　冲击式浅眼凿岩机具，共20学时。

2.1　冲击钻的岩石破碎原理，4学时；

2.2　浅眼凿岩设备与配套工具，6学时；

2.3　凿岩效率和设备的保养与选择，10学时。

3　中深孔重型凿岩设备，共用16学时。

4　采掘作业的眼孔布置，用12学时。

5　凿岩工的安全操作规程，8学时。

6　井下凿岩工职业技能鉴定，4学时。

全部课堂教学的总学时数为：70学时（不包括考试时间）。

本课程结束之后，到现场进行生产实践，然后参加技能鉴定考试。

0.3.2　对初级爆破工的教学安排

报到点名和绪论讲授，2学时。

1　岩石的性质及工程分级，共6学时。

7　炸药爆炸的基本理论：三种现象、三个要素、三种主要组成物质，6学时。

8　矿山常用的工业炸药：工业炸药种类、起爆传爆过程、氧平衡与特性参数，6学时。

9　起爆器材与起爆方法：雷管、导火索、导爆索、导爆管与电力起爆法，8学时。

10 矿岩爆破机理：爆破漏斗、作用指数、利文斯顿理论、装药量的计算等，6 学时。

11 浅眼爆破：浅眼装药、堵塞与掘进爆破技术、地下采场浅眼爆破技术，6 学时。

12 地下深孔爆破：深孔排列和爆破参数、深孔布置与施工设计等，6 学时。

13 露天深孔爆破：露天深孔的布置参数确定、露天深孔爆破效果评价等，6 学时。

14 硐室爆破：硐室爆破的基本原理、布药设计、施工设计，6 学时。

15 爆破安全技术：器材的运输和贮存、早爆与盲炮的预防措施、爆破安全距离，6 学时。

16 爆破施工管理：爆破施工管理、爆破施工组织管理、爆破作业人员的职责，6 学时。

全部课堂教学的总学时数为：70 学时（不包括考试时间）。

本课程结束之后，到现场进行生产实践，然后参加技能鉴定考试。

0.3.3 继续教育资料目录

为了适应冶金采矿业的发展，满足广大采掘工自学以及继续教育的需要，本书分别附有自学资料目录：凿岩工参考资料目录见第 6 章；爆破工参考资料目录见本书附件 1。

0.4 凿岩爆破工程技术发展概况简介

凿岩和爆破工程技术，是随着人类社会的进步而逐步形成与发展起来的。大约从 45 万年前的旧石器时代，人类就为获取工具开始采集石块、将石块打磨成生产工具。古代在岩石上进行开挖是非常困难的。收缩破裂法就是我们祖先采用的一种原始方法，即用火将岩石加热后，泼水使其迅速冷却和收缩，在岩石中引起应力变化，从而造成开裂，再用工具和楔子破开岩石。爆破工程技术，实际上是随着炸药的出现才产生的一门实用技术。

我国是拥有四大发明的文明古国，早在公元 7 世纪，我们的祖先就发明了火药。唐代炼丹家孙思邈在《丹经》一书中，就详细地记载了用硝、硫、碳三种成分配制黑火药的过程。但当时黑火药仅用来制造鞭炮和焰火而未用于采掘工业，直到南宋时期才用于军事。

公元 13 世纪，火药经印度、阿拉伯传入欧洲。1627 年，匈牙利将黑火药用于采掘工程，从而开拓了爆破工程的历史。但早期的爆破作业，受爆破器材的限制很不安全。

1799 年，英国人高瓦尔德制成了雷汞；1831 年出现毕氏导火索；1867 年，瑞典人诺贝尔（A. Nobel）在发明火雷管的同时，发明了以硅藻土为吸收剂的硝化甘油炸药。从此，世界上才真正有了第一代工业炸药；至此，爆破工程的安全性才有了一定保障。

到了 20 世纪，爆破器材和爆破技术又有了新的进展。1919 年，出现了以泰安为药芯的导爆索；1925 年，以硝酸铵为主要成分的粉状硝铵炸药问世，出现了第二代工业炸药。这种炸药的推广使用，使爆破工程技术向着安全、经济、高效的方向迈进了一大步。1927 年，在瞬发电雷管的基础上研制成功秒延期电雷管；1946 年，研制成功毫秒延期电雷管。

抗日战争时期，抗日根据地军民利用从日军缴获来的硝酸铵和柴油混合制成铵油炸药，这成为世界上使用最早的铵油炸药。20 世纪 50 年代初期，铵油炸药的应用得到了进一步推广。

1956 年，迈尔文·库克发明了浆状炸药，之后又研制成功了水胶炸药。以浆状炸药为代表的抗水硝铵炸药被称为第三代工业炸药。1967 年，诺贝尔公司发明了导爆管非电导爆系统；70 年代研制成功了乳化炸药，这种抗水炸药，被称为第四代工业炸药。

在新中国成立后，我国有了自己的工业炸药。1949 年，我国炸药消耗量为 2 万吨，到 2000 年，我国的炸药消耗量已经达到 120 万吨，工业雷管 21 亿发，导火索 6 亿多米。爆破工程为我国矿业、交通、水利、电力和城市建设服务，有力地促进了我国现代化建设的发展。

　　与此同时，我国的凿岩工程技术在冶金矿山的生产应用发展也很快。不论是在井下开采还是露天开采，机械化装备水平都有了很大提高。如在地下开采的凿岩工作中采用了轻型凿岩机（如 YT－25 型、YT－30 型、7655 型凿岩机）和轻便灵活、操作简单的凿岩台车（CGJ－2 型、CTC－700 型凿岩台车）。特别是近几年来还研究和试制了能量消耗少、凿岩速度高、能自动调节的液压凿岩机；而在露天开采中，随着采矿生产发展和采矿工艺的不断改进，各种大型、效率高、技术性能好的穿孔设备已被不断制造出来，并直接应用于采矿生产。如潜孔钻机、牙轮钻机得到了很快发展，而冲击式（硋头钻）穿孔机正在逐步被淘汰。为了提高采矿生产率，减轻体力劳动强度，从根本上改变采矿生产的面貌，随着采矿事业的不断发展，一定会研究和制造出更多性能好、效率高、操作方便的矿山采矿设备，以满足矿山生产发展的需要。

　　其实，凿岩爆破工程技术的诞生，使人类拥有了改造自然和征服自然的更有力的武器。

　　1993 年 12 月，广东珠海炮台山的移山填海大爆破，一次起爆总药量 1.2 万吨，爆落破碎和抛掷岩石的总方量达 1085 万立方米，抛掷率 51.36%，创造了我国和世界大爆破新纪录。

　　1999 年 2 月，上海长征医院旧楼拆除，从起爆到楼房倒塌仅 8.4s。该楼最高点为 68.4m，宽 20.28m，长 29.34m；分两个爆区，共 16 段，每段间隔 0.5s，爆区的爆破时间为 4s。

　　与此同时，工程爆破理论研究也有长足的发展。人们现在不仅掌握了岩石破坏的基本规律，先后提出了克服重力和摩擦力的破坏假说，自由面和最小抵抗线原理，爆破流体力学理论，冲击波作用、应力波作用、反射波拉伸作用、爆生气体膨胀推力作用、爆生气体准静模压作用、应力波与爆生气体共同作用原理，能量强度理论，功能平衡理论，爆破漏斗理论等。

　　特别是随着电子技术的发展，在爆破破岩机理、爆破块度分布规律等方面，还可以通过建立数学模型进行系统研究。

　　正是这些现代技术的发展和基础理论的奠定，使爆破工程成为一门独立学科。

　　进入 21 世纪后，随着科学技术和经济的不断发展，爆破技术的应用范围会越来越广。

1 岩石的性质及工程分级

本章提要： 凿岩爆破的对象，是矿体和围岩。了解岩石的物理、力学性质和在此基础上制定出的工程分级方法，对于正确选择凿岩机具，科学设计、施工和成本计算，具有重要意义。

本章介绍岩石的孔隙率、密度与堆积密度、碎胀性、水理性质以及强度、硬度、弹性、塑性、脆性、波阻抗和工程分级方法等内容；掌握这些知识内容，对于从事凿岩爆破工作是必需的。

1.1 岩石的物理力学性质

岩石的物理、力学性质与采掘工作关系密切，其中对凿岩爆破效果有影响的主要因素是岩石的孔隙率、密度与堆积密度、碎胀性、水理性质以及强度、硬度、弹性、波阻抗等变形破坏特征。

1.1.1 岩石的物理性质

1.1.1.1 岩石的孔隙率

孔隙率 η（%）指岩石中各种裂隙、孔隙的总体积 V_0 与岩石总体积 V 之比，常用百分比表示，即

$$\eta = \frac{V_0}{V} \times 100 \tag{1-1}$$

岩石孔隙的存在，对岩石的其他性质有显著影响。随着岩石密度的减小，孔隙率将会相应增大。而岩石的孔隙率增大，又会削弱岩石颗粒之间的连接力，降低岩石的强度。表 1-1 列出了部分岩石的孔隙率和密度。

表 1-1 部分岩石的孔隙率和密度

岩石名称	密度/g·cm^{-3}	孔隙率/%	岩石名称	密度/g·cm^{-3}	孔隙率/%
花岗岩	2.6~3.0	0.5~1.5	白云岩	2.3~2.8	1.0~5.0
玄武岩	2.7~2.9	0.1~0.3	片麻岩	2.5~2.8	0.5~1.5
辉绿岩	2.9~3.1	0.6~1.2	大理岩	2.6~2.8	0.5~2.0
石灰岩	2.3~2.8	0.5~20	石英岩	2.6~2.9	0.1~0.5

1.1.1.2 岩石的密度和堆积密度

岩石的密度 ρ（g/cm³）指构成岩石物质的质量 m 相对该物质所具有的体积 $V - V_0$ 之比，即

$$\rho = \frac{m}{V - V_0} \tag{1-2}$$

式中，V、V_0 的含义同前。

岩石的堆积密度 $\gamma(t/m^3)$ 指岩石的重量 G 对包括孔隙在内的岩石体积 V 之比，即

$$\gamma = \frac{G}{V} \tag{1-3}$$

由此可以看出，岩石的密度和堆积密度不同。岩石的密度，是指单位体积的致密岩石（除去孔隙）的重量，而岩石的堆积密度，是指单位体积岩石（包括孔隙）的重量。

岩石密度取决于岩石的矿物成分、孔隙率和含水量。当其他条件相同时，其密度在一定程度上与埋藏深度有关，靠近地表的岩石密度较小，而深部的致密岩石密度较大。

在工程中，岩石的堆积密度要比原岩石的密度小一些，所以在矿山生产中，常用岩石的堆积密度（过去有的矿山也称"容重"）作为计算指标。表 1-2 为几种常见岩石的密度和堆积密度值。

表 1-2　几种岩石的密度和堆积密度

岩石名称	密度/g·cm^{-3}	堆积密度/t·m^{-3}	岩石名称	密度/g·cm^{-3}	堆积密度/t·m^{-3}
花岗岩	2.6 ~ 3.0	2.56 ~ 2.67	石英岩	2.63 ~ 2.9	2.45 ~ 2.85
砂 岩	2.1 ~ 2.9	2.0 ~ 2.8	大理岩	2.6 ~ 2.8	2.5

1.1.1.3　岩石的碎胀性

岩石破碎后的体积将比整体状态下增大的性质，称为岩石的碎胀性。一般用碎胀性系数（或松散系数）K 表示。K 是指岩石破碎后的总体积 V_1 与破碎前的总体积 V 之比，即

$$K = \frac{V_1}{V} \tag{1-4}$$

关于岩石的碎胀系数，在选用装载、提升运输设备的容器和爆破工程中确定所需要的允许膨胀空间大小时，必须认真考虑。表 1-3 列出了几种常见岩石的碎胀系数。

表 1-3　几种常见岩石的碎胀系数

岩石名称	砂、砾石	砂质黏土	中硬岩石	坚硬岩石
碎胀系数 K	1.05 ~ 1.2	1.2 ~ 1.25	1.3 ~ 1.5	1.5 ~ 2.5

1.1.1.4　岩石的水理性质

岩石在水作用下表现出来的性质，称为岩石的水理性。它的表现是多方面的，但对矿山工程中岩体稳定性有突出影响的是吸水率、透水性、溶蚀性、软化性等。

A　岩石的吸水率

岩石的吸水率 $W(\%)$ 指岩石试件在大气压力下吸入水的质量 g 与试件烘干质量 G 之比值，即

$$W = \frac{g}{G} \tag{1-5}$$

岩石吸水率的大小，取决于岩石所含孔隙、裂隙的数量和大小、开闭程度及其分布的情况。表 1-4 为部分岩石的密度、堆积密度、孔隙率和吸水率指标。

表 1-4　部分岩石的密度、堆积密度、孔隙率和吸水率指标

	岩石名称	密度/g·cm^{-3}	堆积密度/t·m^{-3}	孔隙率/%	吸水率/%
岩浆岩	花岗岩	2.6 ~ 3.0	2.56 ~ 2.67	0.5 ~ 1.5	0.10 ~ 0.92
	玄武岩	2.7 ~ 2.86	2.65 ~ 2.8	0.1 ~ 0.2	0.30 ~ 4.48
	辉绿岩	2.85 ~ 3.05	2.8 ~ 2.9	0.6 ~ 1.2	0.22 ~ 5.00

	岩石名称	密度/g·cm^{-3}	堆积密度/t·m^{-3}	孔隙率/%	吸水率/%
沉积岩	石灰岩	2.3~2.8	2.46~2.65	0.53~2.0	0.10~4.45
	砂岩	2.1~2.9	2.0~2.8	1.60~2.83	0.20~12.19
	页岩	2.30~2.62	2.3~2.62	1.46~2.59	1.80~3.10
变质岩	片麻岩	2.5~2.8	2.4~2.65	0.5~1.50	0.10~3.15
	石英岩	2.63~2.9	2.45~2.85	0.1~0.80	0.10~1.45
	大理岩	2.6~2.8	±2.5	0.5~2.20	0.10~0.80

B　岩石的透水性

地下水存在于岩石的孔隙和裂隙中，大多数都是互相贯通的，这种能被透过的性能称为岩石的透水性。衡量岩石透水性的指标为渗透系数，其单位与速度相同。由达西公式 $Q=KAI$ 可知，单位时间内的渗水量 Q 与渗透面积 A 和水力坡度 I 成正比关系。式中 K 称为渗透系数，一般通过在钻孔中进行抽水或压水试验来测定。

不同岩石的透水性差别较大。对于某些岩石来说，即使是同种类型的岩石，其透水性也可以在很大范围内变化，表 1-5 为几种岩石的渗透系数指标。

表 1-5　几种岩石的渗透系数

岩石类型	渗透系数/cm·s^{-1}	测定方法
泥岩	10^{-4}	现场测定
粉砂岩	$10^{-8}~10^{-9}$	实验室测定
细砂岩	2×10^{-7}	实验室测定
坚硬砂岩	$4.4\times10^{-5}~3.9\times10^{-4}$	实验室测定
砂岩或多裂隙页岩	大于 10^{-3}	实验室、现场测定
致密的石灰岩	小于 10^{-10}	实验室测定
有裂隙的石灰岩	2~4	现场测定

C　岩石的溶蚀性

由于水的化学作用而把岩石中某些组成物质带走的现象，称为岩石的溶蚀。如把试件浸在 80℃的纯水中，经过 24h，从水中离子的变化就可以看出水的溶蚀作用。溶蚀作用可使岩石致密程度降低、孔隙率增大，导致岩石强度降低。这种溶蚀现象在某些围岩为石灰岩的矿井中是常见的。如贵州 761 矿，在该矿巷道中即可看到类似钟乳石或石笋的溶蚀沉积物。

D　岩石的软化性

岩石浸水后其强度明显降低，通常用软化系数来表示水分对岩石强度的影响程度。所谓软化系数，是指水饱和岩石试件的单向抗压强度与干燥岩石试件单向抗压强度之比，可表示为：

$$\eta_c = \frac{R_{cw}}{R_c} \leq 1 \tag{1-6}$$

式中　η_c——岩石的软化系数；

　　　R_c——干燥岩石试件的单向抗压强度，MPa；

　　　R_{cw}——水饱和岩石试件的单向抗压强度，MPa。

岩石浸水时间愈长其强度降低愈大，部分岩石的软化系数如表 1-6 所示。

表 1 - 6　部分常见岩石的软化系数值

岩石名称	干试件抗压强度 R_c /MPa	水饱和试件抗压强度 R_{cw} /MPa	软化系数 η_c
黏土岩	20.3 ~ 57.8	2.35 ~ 31.2	0.08 ~ 0.87
页　岩	55.8 ~ 133.3	13.4 ~ 73.6	0.24 ~ 0.55
砂　岩	17.1 ~ 245.8	5.6 ~ 240.6	0.44 ~ 0.97
石灰岩	13.1 ~ 202.6	7.6 ~ 185.4	0.58 ~ 0.94

1.1.2　岩石的力学性质

1.1.2.1　岩石的强度

　　岩石的强度指岩石完整性开始破坏时的极限应力值。它表示岩石抵抗外来荷载破坏的能力。在静荷载作用下的强度和在动荷载作用下的强度不同。静荷载下岩石的强度测定方法，是将岩石做成规定的形状和尺寸试件，在材料试验机上进行拉、压、剪、弯等强度试验。其主要性质如下：

　　(1) 在大多数情况下，岩石表现为脆性破坏。

　　(2) 同一种岩石的强度并非常数。影响岩石强度的因素很多，如岩石的组成成分、颗粒大小、胶结情况、层理构造、孔隙率、温度、湿度和风化程度等。

　　(3) 在不同受力状态下，岩石的极限强度相差悬殊。实验表明，岩石在不同应力状态下的强度值一般符合：三向等压抗压强度 > 三向不等压抗压强度 > 双向抗压强度 > 单向抗压强度 > 单向抗剪强度 > 单向抗弯强度 > 单向抗拉强度的规律。单向的抗压强度 R_c 和单向抗拉强度 R_t 与抗剪强度 τ 之间存在以下数量关系：

$$\frac{R_t}{R_c} = \frac{1}{5} \sim \frac{1}{38}, \ \frac{\tau}{R_c} = \frac{1}{2} \sim \frac{1}{15}, \ \tau = \sqrt{\frac{R_t \cdot R_c}{3}}$$

　　利用以上关系，可以通过岩石的抗压强度大体估算其抗拉强度和抗剪强度。

　　岩石承受静荷载达到强度极限前，外荷载卸除后岩石可立即恢复到原来静止状态。而在动荷载作用下，外荷载虽已解除，但岩质点由运动恢复到静止状态还要有一个持续过程。所以岩石的动荷载强度不同于静荷载强度。岩石在动荷载作用下，其强度的增加与加载速度有关，无论是抗压强度还是抗拉强度都比静荷载作用下要大。表 1 - 7 列出了几种岩石在动、静荷载下的强度值。

表 1 - 7　几种岩石在动、静荷载下的强度值

岩石名称	抗压强度/MPa		抗拉强度/MPa		加载速度 /MPa · s⁻¹	荷载持续时间 /ms
	静态	动态	静态	动态		
大理岩	90 ~ 110	120 ~ 200	5 ~ 9	20 ~ 40	107 ~ 108	10 ~ 30
河泉砂岩	100 ~ 140	120 ~ 200	8 ~ 9	50 ~ 70	107 ~ 108	20 ~ 30
多湖砂岩	15 ~ 25	20 ~ 50	2 ~ 3	10 ~ 20	106 ~ 107	50 ~ 100
石英岩、闪长岩	240 ~ 330	300 ~ 400	11 ~ 19	20 ~ 30	107 ~ 108	30 ~ 60

岩石任一点的应力状态都可分解为压缩应力、拉伸应力和剪切应力。岩石破坏也就是由这些基本应力引起的。根据岩石抵抗这些不同应力能力，可把岩石强度分为抗压强度、抗拉强度和抗剪强度。岩石的抗压强度值常在 20～30MPa 至 200～300MPa 之间，而岩石抗拉强度值只有抗压强度的 1/10～1/50，岩石的抗剪强度介于抗压与抗拉强度之间，只有抗压强度的 1/8～1/12，所以根据这一点可将岩石强度特征归结为"岩石怕拉不怕压"。欲使岩石易于破碎，应尽可能使岩石处于拉伸或剪切状态。

表 1-8 为三种典型岩石的相对强度。

表 1-9 为几种金属矿山常见岩石的抗压与抗拉强度值。

表 1-8　几种岩石的相对强度

岩石名称	相对强度/%		
	抗压强度	抗剪强度	抗拉强度
花岗岩	100	9	2～4
砂 岩	100	10～12	2～5
石灰岩	100	15	4～10

表 1-9　几种金属矿山岩石的强度值

岩石名称	抗压强度/MPa	抗拉强度/MPa	岩石名称	抗压强度/MPa	抗拉强度/MPa
花岗岩	100～250	7～25	石灰岩	80～250	5～25
闪长岩	180～300	15～30	石英岩	150～300	10～30
玄武岩	150～300	10～30	片麻岩	50～200	5～20
砂 岩	20～170	4～25	大理岩	100～250	7～20
页 岩	10～100	2～10	板 岩	100～200	7～20

1.1.2.2　岩石的硬度

岩石的硬度，一般理解为岩石抵抗其他较为硬物体侵入的能力。硬度与抗压强度既有联系又有区别。对凿岩而言，岩石的硬度比岩石的单向抗压强度更加具有实际意义，因为钻具对孔底岩石破碎方式在多数情况下是局部压碎。所以，硬度指标更接近于反映钻凿岩石的实质和难易程度。

岩石硬度因试验方式不同，有静压入硬度和冲击回弹硬度两类。

静压入硬度是采用底面积为 1～5mm² 的圆柱形平底压模压入岩石试件，以岩石产生脆性破坏（对脆性岩石）或屈服时（对塑性岩石）的强度作为岩石硬度的指标。其值比一般岩石的单向抗压强度高几十倍。岩石试件采用尺寸不得小于 50mm×50mm×50mm 的立方体，也可用 φ50mm、高 50mm 的圆柱体。试件上下两端面用金刚砂磨平，不平行度小于 0.1mm。压模高度一般 16mm。

回弹硬度，通常以重物落于岩石表面后回弹的高度来表示。岩石越硬，则回弹高度越大。回弹硬度，常用肖氏硬度计和施米特锤来测定。C-2 型肖氏硬度计，是利用直径为 5.94mm、长度为 20.7～21.3mm、质量为 2.3±0.5g 的冲头（其前端嵌有端面直径为 0.1～0.4mm 的金刚石）在玻璃管中从 251.2±0.23mm 的高度自由下落到试件表面的回弹高度（0～140 的标度）来测定的。

实际上凡是用刃具切削或挤压的方法凿岩，都必须将工具压入岩石才能够达到钻进的目的。硬度愈大的岩石凿岩愈困难，钎头磨损也愈快。

1.1.2.3　岩石的弹性与塑性

岩石在外力作用下会产生变形破坏，其变形性质可用应力 – 应变曲线表示，如图 1 – 1 所示。根据变形性质的不同，可分为弹性变形和塑性变形。弹性变形有可逆性，即载荷消除后变形跟着消失。这种变形又分为线性变形和非线性变形两种。应力值在比例极限之内时，应力与应变呈线性关系，并遵守胡克定律即 $\sigma = E\varepsilon$；当应力值超过比例极限时，则进入非线性弹性变形阶段，其应力与应变关系不遵守胡克定律；当应力值超过极限抗压强度（峰值）时，脆性材料则立即发生破坏，而塑性材料进入具有永久变形特性的塑性变形区。塑性变形一般不可逆，载荷消除后，部分变形会保留下来。但是岩石与其他材料不同，在弹性区内，应力消除后，应变并不能立即消失，而需要经过一定时间才能恢复，这种现象称为岩石的弹性后效。在弹性后效没有消除之前，若重新加载，岩石就会出现如图 1 – 2 所示的应力 – 应变曲线，其中加载与卸载围成的环形，称为岩石的弹性滞环。岩石破坏前，不产生明显残余变形者称为脆性岩石。冶金矿山、有色金属矿山的大多数岩石，都是属于脆性岩石。

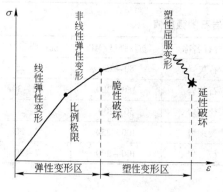

图 1 – 1　岩石的应力 – 应变曲线

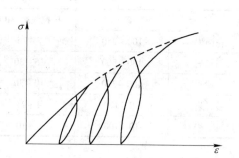

图 1 – 2　反复加载与卸载的应力 – 应变曲线

岩石的变形性质除了与本身的组成和结构有关以外，还与岩石的受力条件有一定关系。在三向受压和高温的条件下，岩石的塑性会显著增加；在常态下具有脆性的岩石也能变成塑性体；在冲击载荷作用下，岩石的脆性又会显著增大。但大多数岩石，在凿岩或爆破等冲击载荷作用下呈脆性破坏。

1.1.2.4　岩石的波阻抗

岩石密度 ρ 与纵波在该岩石中传播速度 C_p 的乘积，称为岩石的波阻抗。波阻抗的大小反映了岩体对于波的传播阻力大小。实验证明，凡是波阻抗大的炸药或是炸药的波阻抗与岩石的波阻抗愈接近，炸药爆炸时传给岩石的能量就愈多，引起岩石的应变值也就愈大。这就说明，在对岩石进行爆破时，要想取得良好的爆破效果，必须正确选择炸药品种，使炸药和岩石两者的波阻抗相匹配。实验还证明，空气的波阻抗比岩石和炸药的波阻抗要小得多，约为其万分之一。这就说明，装药结构不同对能量传递影响较大，一般要求装药时采用密实的装药结构，即药包与孔壁之间不留空隙，这样才能使爆炸能量传给岩石的效率高，如果药包与孔壁之间有空隙存在，则炸药爆炸能量从炸药传给空气后，再由空气传给岩石，能量损失就极为严重。

表 1 – 10 给出了几种材料和岩石的密度、纵波速度和波阻抗值。

表 1-10　几种材料和岩石的密度、纵波速度和波阻抗值

材料名称	密度/$g \cdot cm^{-3}$	纵波传播速度/$m \cdot s^{-1}$	波阻抗/$kg \cdot (cm^2 \cdot s)^{-1}$
钢	7.8	5130	4000
铝	2.5 ~ 2.9	5090	1370
花岗岩	2.6 ~ 3.0	4000 ~ 6800	800 ~ 1900
玄武岩	2.7 ~ 2.86	4500 ~ 7000	1400 ~ 2000
辉绿岩	2.85 ~ 3.1	4700 ~ 7500	1800 ~ 2300
辉长岩	2.9 ~ 3.1	5600 ~ 6300	1600 ~ 1950
石灰岩	2.3 ~ 2.8	3200 ~ 5500	700 ~ 1900
砂岩	2.1 ~ 2.9	3000 ~ 4600	600 ~ 1300
板岩	2.3 ~ 2.7	2500 ~ 6000	575 ~ 1620
片麻岩	2.5 ~ 2.8	5500 ~ 6000	1400 ~ 1700
大理岩	2.6 ~ 2.8	4400 ~ 5900	1200 ~ 1700
石英岩	2.65 ~ 2.9	5000 ~ 6500	1100 ~ 1900

事实上，波是质点扰动的传播，而不是质点本身的移动。根据传播位置不同，它可分为体积波和表面波。在介质内部传播的波叫做体积波，只沿介质体的边界面传播的波称为表面波。体积波又可分为纵波和横波两种。介质质点振动方向同波的传播方向一致的波称为纵波，它可引起介质体积的压缩或膨胀（拉伸）变形，故又称为压缩波或拉伸波。介质质点振动方向同波的传播方向垂直的波称为横波，它可引起介质体形状改变的纯剪切变形，故又称为剪切波。这些波都称为应力波或应变波，但通常所讲的应力波，是指纵波。

在应力波的传播过程中，应力 σ、波速 C_p 和质点振动速度 v_p 之间的关系，可通过动量守恒条件导出。即应力波在 Δt 时间内经过某区段 $C_p \Delta t$ 时，所接受的冲量和表现出的动量相等，即

$$P\Delta t = Mv_p$$

式中，M 为某区段 $C_p \Delta t$ 的质量，$M = \rho A C_p \Delta t$，则

$$P = \rho A C_p v_p$$

$$\sigma = \frac{P}{A} = \rho C_p v_p \qquad (1-7)$$

式中，ρ 为介质的密度；A 为某区段的截面积；ρC_p 称为波阻抗，即介质密度和纵波波速的乘积，它表征介质对应于应力波传播的阻碍作用。

1.1.3　影响岩石物理力学性质的因素

岩石的物理力学性质主要与下列因素有关：

（1）组成岩石的矿物成分、结构构造。例如，由重矿物组成的岩石密度大；由硬度高、晶粒小而均匀矿物组成的岩石就坚硬；结构致密的岩石比结构疏松的岩石孔隙率小；成层结构的岩石具有各向异性等等。

（2）岩石的生成环境。生成环境指形成岩石过程的环境和后来的环境演变。如岩浆岩、深成岩常呈伟晶体结构，浅成岩及喷出岩常为细晶结构。又如沉积岩中，海相与陆相沉积相比，其性质有很大差别。成岩后是否受构造运动的影响等，都会引起物理力学性质的变化。

（3）岩石的受力状况。实践证明，同一种岩石，其静力学性质与动力学性质有明显的差别；同样载荷下，单向受力和三项受力表现的力学性质也会有所不同。

1.2　岩石的工程分级

岩石，按其成因不同可分为岩浆岩、沉积岩、变质岩。但采掘工程要求对岩石进行更加明确的定量区分，以便能正确进行工程设计，选用合理的施工方法、施工设备、机具和器材，准确地制定生产定额和材料消耗定额等。正是由于这种需要，岩石的工程分级得以产生。

岩石工程分级的方法很多。下面简要介绍几种有代表性的岩石分级方法。

1.2.1　按岩石坚固性分级

1926年，苏联的 M·M·普罗托奇雅可诺夫提出用"坚固性"这一概念作为岩石工程分级的依据。普氏认为，岩石的坚固性在各方面的表现是大体一致的，难破碎的岩石用各种方法都难于破碎，而容易破碎的岩石用各种方法都易于破碎。

在普氏法分级中，用坚固性系数"f"来表示岩石的坚固程度。测定岩石坚固性系数的方法很多，最简单的是单轴压缩试验法。它是用一块 $5\,cm \times 5\,cm \times 5\,cm$ 岩石试样，放在材料试验机上单方向加压，当压力增大到一定程度试样开始破裂，记下此时的压力值是多少兆帕，然后用下面公式算出岩石的极限抗压强度（R）值，即

$$R = \frac{P}{5 \times 5} = \frac{P}{25} \qquad （MPa） \qquad (1-8)$$

式中　R——岩石的极限抗压强度，MPa；

　　　P——施加在岩块上的压力，MPa。

再将求得的岩石极限抗压强度 R 值以 10（与极限抗压强度为 10MPa 的岩石进行比较）除之，就得出岩石的 f 系数值，即

$$f = \frac{R}{10} \qquad (1-9)$$

式中　f——普氏坚固性系数（无量纲）；

　　　R——岩石的单轴抗压极限强度，MPa（$1\,kg/cm^2 = 0.1MPa$）。

按岩石坚固性进行分级的方法，抓住了岩石抵抗各种破坏方法能力趋于一致的这个性质，并用一个简单的 f 值来表示这种共性，所以在采矿工程中广泛采用。

普氏根据岩石坚固性系数的大小，将矿山岩石分为十级，其相应 f 系数值范围在 $0.3 \sim 20$ 之间。下面表 1-11 为普氏岩石分级表。在表中 f 值大于 2 的，只取整数值，以简化和便于使用。

表 1-11　岩石按坚固性分级一览表

级别	坚固性程度	岩石（或岩土）的种类	坚固性系数 f
I	最坚固的岩石	最坚固、最致密的石英岩和玄武岩，其他最坚固的岩石	20
II	很坚固的岩石	很坚固的花岗岩类、石英斑岩，很坚固的花岗岩、硅质片岩，坚固程度较 I 级岩石稍差的石英岩，最坚固砂岩和石灰岩	15
III	坚固的岩石	致密的花岗岩、花岗岩类岩石，很坚固的砂岩和石灰岩，石英质矿脉，坚固的砾岩，很坚固的铁矿石	10

级别	坚固性程度	岩石（或岩土）的种类	坚固性系数 f
Ⅲ$_a$	坚固的岩石	坚固的石灰岩，不坚固的花岗岩，坚固的砂岩，坚固的大理岩，白云岩，黄铁矿	8
Ⅳ	颇坚固的岩石	一般的砂岩，铁矿石	6
Ⅳ$_a$	颇坚固的岩石	砂质页岩，泥质砂岩	5
Ⅴ	中等坚固岩石	坚固的页岩，不坚固的砂岩及石灰岩，软的砾岩	4
Ⅴ$_a$	中等坚固岩石	各种不坚固的页岩，致密的泥灰岩	3
Ⅵ	相当软的岩石	软页岩，软石灰岩，白垩纪岩盐，石膏，冻土，无烟煤，普通泥灰岩，破碎砂岩，胶结卵石和粗沙砾，多石块土	2
Ⅵ$_a$	颇软的岩石	碎石，破碎页岩，结块卵石和碎石，坚固煤，硬化黏土	1.5
Ⅶ	软　岩	致密的黏土，软的烟煤，坚固的表土层	1.0
Ⅶ$_a$	软　岩	微砂质黏土，黄土，细砾石	0.8
Ⅷ	土质岩石	腐殖土，泥煤，微砂质黏土，湿沙	0.6
Ⅸ	松散岩石	沙，细砾，松土，采下的煤	0.5
Ⅹ	流沙岩石	流沙，沼泽土壤，饱含水的黄土及饱含水的土壤	0.3

但是，由于岩石坚固性这个概念过于概括，只能作笼统的分级，不能在实际应用时对不同的特定条件具体考虑；而且在测定岩石坚固性的方面也并未能完全反映出岩石在破碎过程中的物理实质，所以这种分级方法并不是十分完善的。

1.2.2 "碎比功"的岩石分级法

东北工学院（现在的东北大学）提出利用"碎比功"来对岩石进行分级。它以破碎单位体积的岩石所消耗的功来表示，称为比功 α。比功值 α 是通过一种专门的比功岩石凿碎器，对所要测定的岩石进行冲凿确定的。用下式计算：

$$\alpha = \frac{AN}{V} = \frac{4A}{\pi D^2} \cdot \frac{N}{H} \qquad (J/cm^3) \qquad (1-10)$$

式中　A——冲凿时每次落锤所做的功，$A = 40J$；

　　　N——冲凿次数；

V, D, H——分别为钻孔体积（cm^3）、直径（cm）、孔深（cm）。

"碎比功"岩石分级法，按 α 值将岩石分成十级，如表 1－12 所示。

表 1－12　按"碎比功"划分的岩石分级表

等　级	Ⅰ	Ⅱ	Ⅲ	Ⅳ	Ⅴ	Ⅵ	Ⅶ	Ⅷ	Ⅸ	Ⅹ
α 平均值/J·cm^{-3}	6	7.6	9.8	12.6	16.3	21	27	35	45	58
变化范围	<6.5	6.5~9	9~11	11~15	15~18	18~24	24~31	31~40	40~52	>52

1.2.3 按岩心质量指标进行分类

美国用"岩心质量指标"（R. Q. D）进行分类，即按钻探时钻孔中直接获取的岩心的总长度，扣除破碎岩心和软弱夹泥的长度，再与钻孔总进尺相比。

在具体计算岩心长度时，只计算大于 10cm 的坚硬和完整的岩心，即

$$R.Q.D = \frac{10cm\text{ 以上岩心累计长度}}{\text{钻孔长度}} \times 100\% \qquad (1-11)$$

其分类表如表 1 – 13 所示。

表 1 – 13　岩心质量指标

分　类	优质的	良好的	好　的	差　的	很　差
R.Q.D/%	90 ~ 100	75 ~ 90	50 ~ 75	25 ~ 50	0 ~ 25

1. 2. 4　其他岩石分级方法（供自学参考题目）

（1）我国铁路隧道工程岩体（围岩）分级法。

（2）以能量消耗为准则的利文斯顿爆破漏斗岩石分级方法。

（3）我国煤炭部门根据锚喷支护设计和施工需要的围岩分级法。

复习思考题

1 – 1　岩石的物理力学性质有哪些，各自的含义是什么？

1 – 2　岩石的物理力学性质对采矿和掘进有哪些影响？

1 – 3　影响岩石物理力学性质的因素有哪些？

1 – 4　岩石分级有什么意义，其分级方法有哪些？

1 – 5　普氏分级法的分类依据是什么，它分为哪些级别？

1 – 6　何为岩心质量的分级方法，这类分级方法有什么特点？

2 冲击式浅眼凿岩机具

本章提要：凿岩爆破的对象，是矿体和围岩。了解冲击钻破岩原理、浅眼钻孔设备的类型、性能参数与适用条件。对于正确选择、使用凿岩设备与提高凿岩技术水平具有重要意义。本章介绍冲击钻破岩原理、浅眼钻机的类型、性能参数与设备操作、保养知识。

2.1 冲击钻的岩石破碎原理

研究凿岩过程中的岩石破碎机理，可以为确定凿岩设备和工具的结构参数提供依据，并以此采用最合理的破碎岩石方法和提高凿岩生产效率。

2.1.1 风钻冲击钻孔的工作原理

风钻冲击凿岩，是由于风钻开动后，风钻的活塞给钎子一个冲击力，钻头便在冲击力作用下，凿到岩石上：钻头刃角进入岩石一个深度 h，因刃角下方和旁侧的岩石被破坏而形成一个槽沟 1—1′，如图 2-1 所示。

当风钻的活塞回程时，回转机构带动钎子转动一个角度（图中的 β 角），转角后的钎子就在活塞二次冲击时，岩石面上又形成一个新的槽沟 2—2′，其中心部分岩石被钻头凿碎，两次冲击沟槽之间留下来的扇形岩石（图中阴影部分），因钎刃上的剪力作用而剪碎或震碎；这样钎头不断地冲击和旋转，就使岩石层破碎，而形成一个圆形钻孔。破碎后的岩粉应及时排出孔外，否则会影响钎头有效工作。目前矿山广泛使用水冲洗岩粉的方法来把岩粉排出孔外，即把高压水通过风钻的水针及钎子中心孔压入孔中把岩粉排出孔外。

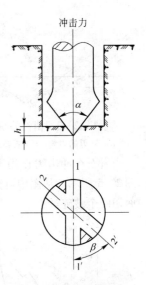

图 2-1 冲击钻孔原理图

2.1.2 岩石在钎子作用下的破碎过程

钎头在静压力作用下岩石的破碎过程可分三个阶段：

（1）弹性变形。如图 2-2（a）所示，钎头与岩石相接触开始承受载荷时发生弹性变形，这时岩石尚未发现显著破坏。

（2）压碎或压裂。如图 2-2（b）所示，随着载荷和压入深度增加，在钎头下面的岩石产生裂隙，直至相互交叉使岩石完全压碎，并把钎头所受载荷传给周围岩石。

（3）剪切。图 2-2（c）表示载荷继续压入，P 足够大时，钎头旁侧圆锥体被剪切分离。

以上为第一个破碎循环过程。若钎子的冲击力足够大会产生破碎过程相同的第二、第三个……循环过程。图 2-2（d）表示一个破碎循环完成后，第二个循环开始钎头与新岩石面接触情况。

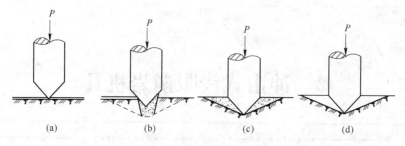

图 2-2　岩石在静力压入下的破碎过程

(a) 弹性变形；(b) 压碎或压裂；(c) 剪切；(d) 钎头与新岩石面接触

　　图 2-3 表示岩石破碎后形成凿沟的断面形状。从中可以看出凿沟断面的面积要比钎刃压入岩石的断面大。图中 β 表示自然破碎角。岩石愈坚硬、愈脆，自然破碎角度值也就愈大。

　　从脆性岩石在静力压入试验中得出的典型 $P-h$ 曲线（图 2-4）可知，载荷（P）随压入深度（h）线性上升，直到主岩屑破碎后，失去负荷，压入力才线性下降至零。而钎头压入岩石时是呈跳跃式破碎变化过程，曲线顶峰是岩石突然破碎发生跳跃时的情况，$P-h$ 曲线中的 $0-a$、$b-c$、$d-e$、$f-g$ 是岩石在静力压入中出现的剪切过程。

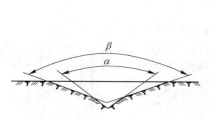

图 2-3　凿沟的断面形状

α—钎刃的刃角；β—岩石的自然破碎角

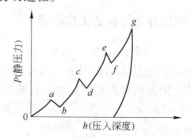

图 2-4　静压入时的 $P-h$ 曲线

　　当岩石在冲击力作用下进行测定，也可得出凿力（P）与凿入深度（h）的 $P-h$ 曲线，如图 2-5 所示。从图中可知，岩石破碎过程和静力压入测得的 $P-h$ 曲线相似，也反映了压碎和剪切两个破碎过程。

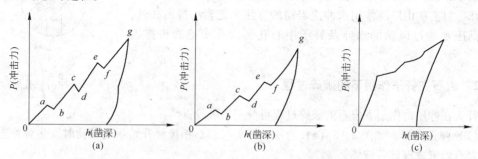

图 2-5　冲击载荷与凿进深度的 $P-h$ 曲线

　　在实际凿岩时，钎子在外力作用下，把它所承受的冲击能量以应力波的形式传给岩石，岩石处于各向应力状态，在岩石中形成正应力。由于各方向分布的正应力不同，因而形成了以钎头与岩石的接触面为截面的剪切应力带；又因岩石抗剪强度低，岩石产生剪切破坏。所以，岩石产生破碎是以剪切为主。从图 2-5 可知 $0-a$、$b-c$、$d-e$、$f-g$ 为上升段，它表示岩石的弹性变形和压碎过程，$a-b$、$c-d$、$e-f$ 为下降段，它表示岩石剪切破碎过程。

综上所述，岩石破碎过程的特点是：

（1）岩石在外力作用下的破碎过程为压碎和剪切两个过程；

（2）岩石的破碎是以剪切破坏为主的；

（3）岩石呈脆性破坏时，没有明显的残余变形而只有弹性变形。

2.2 浅眼凿岩设备与配套工具

采掘工作是用凿岩机在矿岩体中钻凿出炮孔，然后在炮孔中装药爆破。由于工程要求不同，炮孔深度不一：有浅眼、中深孔等。凿岩时必须采用与之对应的凿岩设备，才能发挥设备特长，提高凿岩效率。所以了解凿岩机的类型，掌握主要机构的动作原理才能熟悉其操作方法。

2.2.1 凿岩机的类型

我国生产的凿岩机是系列产品，其结构也各有特点，尤其是气腿凿岩机发展速度很快。为了解凿岩机的多种类型和掌握特点，需对凿岩机进行分类。

（1）根据安装工作方法不同分为：

1）手持式凿岩机。其重量在 20～25kg 以下，它可打任何方向的浅眼，最适用于钻凿下向浅眼，如竖井掘进和破碎大块等。矿山常用的有 01-30 型凿岩机。

2）气腿式凿岩机。重量一般为 23～30kg，它带有起支撑和推动作用的风动气腿，因此称气腿式凿岩机。工作时用手握持作业，可用于钻凿水平或倾斜方向的孔眼，打眼深度 2～4m，是目前我国矿山使用得最广泛的一种凿岩机。这类凿岩机主要有 7655、YT24、YT25 等型号。

3）向上式凿岩机。其重量为 40kg 左右，这种凿岩机尾部有一个可伸缩的气筒，作为工作时的支架和推进装置，因此又称为伸缩式凿岩机，主要用来钻凿与水平面相交 60°～90°的上向孔眼。主要机型是 YSP-45、01-45 型等。

4）导轨式凿岩机。其重量为 35～100kg，这一类型凿岩机重量为 35～100kg，一般安装在配有推进装置的滑动轨道上，滑动轨道安设在台车或支柱架上。工作时，推进装置推动凿岩机沿着导轨前进或后退。这种凿岩机可开凿各种方向的孔眼，也可以用于打 15m 以下的孔。矿山常用的 YG-80、YGZ-100、YGZ-170 型，其外貌如图 2-6 所示。

YG-80　　　　　　　　　　YGZ-100　　　　　　　　　　YGZ-170

图 2-6　三种导轨式凿岩机外貌图

（2）根据凿岩机的重量不同可分为：

1）轻型凿岩机。这一类凿岩机的重量，一般在 20kg 以下，凿岩机使用时用手持进行操作，常用于小型矿体采掘与二次破碎的大块破碎。

2）中型凿岩机。其重量为 20～35kg，常安装在气腿支架上使用，采掘生产中应用较广泛。

3）重型凿岩机。其重量在 35kg 以上，该类凿岩机配有专门的推进装置和支架，或者把凿岩机装在凿岩台车上进行凿岩。

（3）按凿岩机的冲击频率分为：

1）低频凿岩机。冲击次数为 2000 次/min 以下。

2）中频凿岩机。冲击次数为 2000~2500 次/min。

3）高频凿岩机。冲击次数为 2500~4000 次/min。

4）超高频凿岩机。冲击次数为 4000 次/min 以上。

（4）根据凿岩机的动力不同分为：

1）风动凿岩机。此类凿岩机，以压缩空气为动力，并用其配气装置将压缩空气的动能转变为活塞往复的冲击功。它的优点是结构简单、使用寿命长、维修方便、价格低廉。各种风动凿岩机的技术性能见表 2-1。

表 2-1　几种风动凿岩机的技术性能

名　称	气腿式凿岩机				上向式		导轨式		
	7655	YT-24	YT-25	YT-30	湘江-100	YSP-45	01-45	YGZ-90	YG-80
主机重/kg	24	24	25	27	26	45	45	90	80
气缸直径/mm	76	70	70	70	100	95	76	125	120
活塞行程/mm	60	70	55	70	40	47	74	63	70
冲击功/J	59	>59	55	>59	>59	>69	59~69	196	176
冲击频率/次·min⁻¹	2100	1800	1800	1800	3000	2700	1750	2000	1800
扭矩/N·m	>14.7	>12.7	>9.8	>12.7	19.6	>17.6	>27	117	98
使用水压/MPa	0.5	0.5	0.5	0.5	0.5	0.5	0.5	0.5~0.7	0.5
耗风量/m³·min⁻¹	3.2	2.8	2.6	2.9	3.5	<5	3.5	11	8.5
使用水压/MPa	0.2~0.3	0.2~0.3	0.2~0.3	0.2~0.3	0.3~0.5	0.2~0.3	0.2~0.3	0.4~0.6	0.3~0.5
风管内径/mm	25	19	19	19	25	25	25	38	38
水管内径/mm	13	13	13	13	12	13	13	19	19
钻孔直径/mm	34~38	34~42	34~38	34~38	38~45	35~42	35~42	50~87	50~70
钻孔深度/m	5	5	5	5	8	5	6	30	30
配气方式	活阀式	控制阀	活阀式	控制阀	无阀式	无阀式	活阀式	无阀式	控制阀
钎尾规格/mm	22.2×108	22.2×108	22.2×108	22.2×108	22.2×108	22.2×108	25×108	38×97	38×97

2）电动（或内燃）凿岩机。此类凿岩机的基本动作原理是利用曲柄连杆机构或凸轮弹簧等机构的作用，使电动机的旋转运动转变为活塞（或凸轮）往复的冲击运动。此类凿岩机具有不需空气压缩设备、动力单一、能量消耗小等优点，但因结构上还是存在问题，需要进一步改进才能得到更加广泛的应用。

3）液压凿岩机。此类凿岩机在技术上和经济效果上都比风动凿岩机优越，它是利用高压的液体来代替压缩空气作动力。此类凿岩机的优点是动力消耗少、能量利用率高、凿岩速度快并能根据凿岩性质调节凿岩机的冲击功、冲击频率、转速和推进力，还有设备简单、轻便灵活的优点。使用该凿岩机可以改善工作面的工作条件和卫生条件。这类凿岩机目前已经在大型的先进矿山得到广泛应用。

（5）根据凿岩机配气装置的特点可分为：

1）活阀式凿岩机。此种凿岩机配气阀的换向靠被活塞压缩了的空气。

2）控制阀式凿岩机。此凿岩机配气阀的换向靠进入凿岩机的压缩空气。

3）无阀式凿岩机。此凿岩机没有单独配气装置，是通过活塞往复自行配气。

2.2.2 凿岩机的主要机构与动作原理

现代风动凿岩机种类很多，各凿岩机的结构和工作原理也不相同。但是无论哪一种类凿岩机要顺利打成眼孔，都必须具备三个主要机构：一是冲击配气机构；二是转钎机构；三是排粉机构。

现以 7655 型气腿式凿岩机为例，来介绍其工作原理。

7655 型凿岩机的外貌如图 2-7 所示。它由凿岩机、气腿、自动注油器 10 这三大部分组成。而凿岩机主要由柄体 2、气缸 4、机头 6 三大部分组成。这三大部分用两根长螺栓 12 连接成一个整体。凿岩时，钎杆 8 插在机头的钎尾套中并依靠卡钎 7 夹持住。凿岩操作的手柄 3 及气腿换向扳机集中在柄体上，在柄体的接头上连接有风管和水管 11，在风管上装有自动注油器 10。

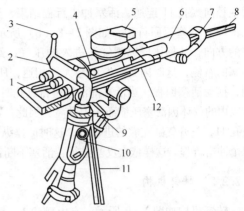

图 2-7 YT23（7655）气腿式凿岩机外貌图
1—手把；2—柄体；3—操纵手柄；4—气缸；
5—消声罩；6—机头；7—卡钎；8—钎杆；
9—气腿；10—自动注油器；11—水管；
12—连接螺栓

凿岩机的内部主要由冲击配气机构、转钎机构和排粉机构组成。

2.2.2.1 冲击配气机构

如图 2-8 所示，冲击配气机构主要由活塞、配气阀、气缸和导向套筒组成。配气阀由阀柜、阀盖和滑阀组成，属环状活阀式配气，配气阀在缸体内，位于棘轮和活塞之间。

凿岩机对钎子的冲击动作是由活塞在气缸中作往复运动来实现的，而活塞能在气缸中产生往复运动，主要依靠配气装置作用。冲击机构的工作由下面两种运动来完成，其动作原理如下。

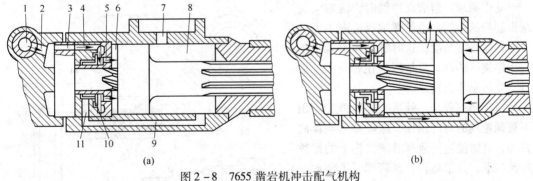

(a)   (b)

图 2-8 7655 凿岩机冲击配气机构
（a）冲程；（b）回程
1—操纵阀气孔；2—柄体气道；3—棘轮气道；4—阀柜轴向气道；5—阀盖气道；6—气缸左腔；
7—排气孔；8—气缸右腔；9—返程气道；10—配气阀；11—阀柜径向气孔

（1）活塞冲击行程。如图 2-8（a）所示，当活塞在气缸左腔（后腔），滑阀在极左位置时，由柄体操纵阀气孔 1 进来的压气，经柄体气道 2、棘轮气道 3 和阀柜轴向气道 4 进入气缸的左腔 6，而气缸右腔 8 中的空气经排气孔 7 与大气相通，这时活塞在压气压力的作用下，向右运动，当活塞的前沿关闭排气孔 7 后，气缸右腔中的空气开始压缩，在活塞后沿打开排气孔的瞬间，活塞以高速冲击钎尾完成冲击行程。这时气缸左腔与大气相通，气压力降至大气压，而气缸右腔被活塞压缩的气体经返程气道 9、阀柜径向气孔 11 作用在配气阀的左侧，由于配气阀右侧的压力小，因此将配气阀推向前方（向右移动），封闭阀盖气孔 5，使阀柜气道 4 和阀柜径向气孔 11 连通，活塞冲击行程结束，开始返回行程。

（2）活塞返回行程。如图 2-8（b）所示，当配气阀向右侧移动到极右位置时，改变了气路的方向，从柄体操纵阀气孔进入的压气，经气路 2、3、4、10、9 进入气缸的右腔，作用在活塞的右侧，这时因气缸左腔与大气相通，所以活塞左侧所受压力为大气压，活塞迅速向左移动，推动活塞回程，当活塞前沿越过排气孔时，气缸右腔与大气相通，压力迅速下降，这时气缸左腔内的气体因活塞压缩而压力升高，因此，将配气阀推到后方（向左运动）关闭气缸右腔的进气孔 11，打开气缸左腔的进气孔，这时向操纵阀气孔 1 来的压气又进入气缸左腔，活塞即开始第二个冲击行程。这样依次反复进行，活塞不断往复运动，连续冲击钎子，完成凿岩循环。

2.2.2.2　转钎机构

转钎机构如图 2-9 所示，它由棘轮 1、棘爪 2、螺旋棒 3、活塞 4、转动套筒 5 和钎套 6 等组成，棘轮用定位销固定在气缸和柄体之间，使之不能转动。螺旋棒插入活塞大头一端的螺旋母内。螺旋棒的头部装有四个棘爪，棘爪在塔形弹簧推压下，顶住在棘轮的内齿上。活塞小头一端插入转动套筒中，两者用花键连接，转动套筒的前端中心孔内固定有钎套，钎子的钎尾插入在钎套的六角形孔内。

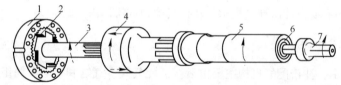

图 2-9　转钎机构工作原理

1—棘轮；2—棘爪；3—螺旋棒；4—活塞；5—转动套筒；6—钎套；7—钎子

------→冲程时各零件动作方向；——→返程时各零件动作方向

动作原理：当活塞冲程时，活塞大头端螺旋母的作用，迫使螺旋棒沿图中虚线方向转动一定角度，这时螺旋棒上棘爪不阻碍螺旋棒转动，只是棘爪在棘轮齿上滑过，故活塞作直线运动。

当活塞回程时，棘爪在塔形弹簧作用下被棘轮内的棘齿顶住，螺旋棒不能反向转动，这时便迫使活塞沿螺旋棒上的螺纹旋转后退，并带动转动套筒和钎子转动一个角度，完成回转动作，其方向如图 2-9 中的实线所示。

2.2.2.3　排粉机构

7655 型凿岩机的排粉主要采用两种吹洗方式：在凿岩时采用风水联动机构排粉和停止冲击时采用强力吹扫排除岩粉。

风水联动冲洗机构主要由图 2-10

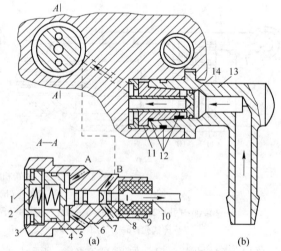

图 2-10　风水联动冲洗机构

（a）进水阀；（b）风水联动注水阀

1—弹簧盖；2—弹簧；3—卡环；4，7，12—密封圈；

5—注水阀；6—注水阀体；8—胶垫；9—水针垫；

10—水针；11—进水阀套；13—水管接头；14—进水阀芯

（a）所示的进水阀和图2-10（b）所示的风水联动注水阀两部分组成。

其工作原理是：在开凿岩机时，压气从操纵阀柄体气路进入气孔A（图2-10a），作用于注水阀5上，这时注水阀克服弹簧2的压力向左移动，注水阀的尖端离开胶垫8开启水路B，这时压力水从水管接头13，经进水阀芯14和柄体水孔进入注水阀体6的B孔（图2-10a），然后通过胶垫8、水针10进入钎杆中心孔流入眼底，并将岩粉冲洗出孔。

当关闭凿岩机时，气孔A内无压气进入，注水阀5在弹簧2的作用下，回到原来位置，注水阀尖端堵住了注水孔路，因而停止了供水，形成风水联动，供风则供水，停风也停水。

强力吹扫装置如图2-11所示。

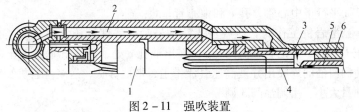

图2-11 强吹装置

1—活塞；2—柄体气道；3—气缸气道；4—钎子中心孔/水针；5—钎尾；6—六方套

当眼底岩粉较多时，若不及时排出，就容易发生卡钎现象使凿岩机工作不正常。这时需将凿岩机操纵阀扳到强吹位置，压气经操纵阀孔和柄体气道2强吹，进入机头内腔，经钎子中心孔4吹入孔底，将岩粉从孔内吹出。为了防止强吹时活塞后退，而导致从排气孔漏气，在气缸中有一个平衡活塞气孔与强吹气道相通，以保证强吹时气孔被活塞封闭，达到强吹效果。

2.2.3 气腿

7655型凿岩机采用FT-160A型气腿。气腿的作用是支撑凿岩机，并为气腿机提供推进力，随着孔眼加深，不断推动凿岩机前进，使钎刃抵住孔底，以提高凿岩效率。

FT-160A型气腿的构造如图2-12所示。气腿有三层套管：外管10、伸缩管8和风管7。外管上部与架体2螺纹连接，下部与下管座11连接，伸缩管上部有压垫4、塑料碗5与垫套6，下部装在顶叉14和顶尖15。风管装在架体上，在气腿工作时，伸缩管8沿导向套12伸出或缩回。在下管座11上装有防尘套13。

FT-160A型气腿的工作原理：该气腿用连接轴1与凿岩机体连接在一起。连接轴上开有气孔A和B与凿岩机的操纵机构相通。气腿工作时，由凿岩机操纵机构来的压气经连接轴上的A孔进入气腿外管的上腔，推动塑料碗使伸缩管伸长，推

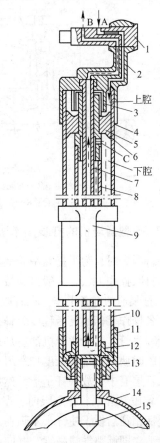

图2-12 FT-160A型气腿的基本构造

1—连接轴；2—架体；3—螺母；4—压垫；
5—塑料碗；6—垫套；7—风管；8—伸缩管；
9—提把；10—外管；11—下管座；12—导向套；
13—防尘套；14—顶叉；15—顶尖

进凿岩机前进，这时外管下腔中的废气，按虚线箭头所示线路，经伸缩管上的气孔 C、风管 7 和架体 2 的气道，由连接轴上的 B 孔至操纵机构的排气孔排入大气。当需要气腿快速缩回时，改变换向阀位置，压气由连接轴上的 B 孔进入气道、风管、伸缩管上的气孔 C，进入外管下腔，推动塑料碗使伸缩管快速缩回，这时外管上腔压气从气腿推进气孔道 A 排出。

2.2.4　注油器

7655 型凿岩机采用 FY – 200A 型注油器，其构造如图 2 – 13 所示。注油器装在进风管上，壳体 8 内装有中心管 12 和油管 7，两侧用端盖 1 和 13 封闭，在端盖 1 内装有油阀 2，在阀体上有两个小孔，孔 a 平行于中心管，孔 c 和中心管垂直。

工作原理：当凿岩机工作时，压气进入注油器后，一部分压气由孔 a 经孔 b 进入壳体 8 内，润滑油受压力挤压，经油管 7 流向孔 c，在出油孔 c 处，因压气垂直于孔口并高速流过孔口形成负压，使润滑油向外喷出并被高速气流带走，形成雾状，送至凿岩机及气腿内部，润滑各运动部位。油量大小，用调油阀 3 调节。

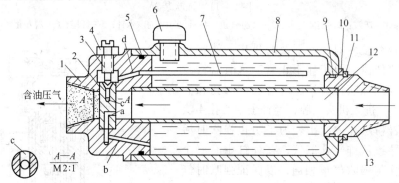

图 2 – 13　FY – 200A 型自动注油器
1，13—端盖；2—油阀；3—调油阀；4—螺帽；5，9—密封圈；6—油堵；
7—油管；8—壳体；10—挡圈；11—弹性挡圈；12—中心管

2.2.5　7655 型凿岩机的打眼操作法

在进行凿岩时，为了提高凿岩效率，及时发现凿岩中的故障，防止凿岩事故的发生，必须有正确的打眼操作方法。一般打眼按下列步骤进行：

（1）打眼前的准备工作。在打眼之前，首先必须对凿岩机及气腿进行检查，看各部分是否齐全，各操作手柄的灵活程度怎样，风管接头是否有岩粉，假如没有发现什么问题，就可以接通风管和水管，并给凿岩机油室加入润滑油，然后调整气腿位置，使气腿离工作面的距离稍微大于开眼时使用的钎子长度加凿岩机体的长度。当气腿定好位置后，便可打开钎子卡，把钎子尾插入钎尾套中，放平钎子卡，然后调节调节阀，使气腿升到需要的高度，准备定眼位。

（2）定眼和开眼。在定眼时，凿岩工和助手必须互相配合，凿岩工站在凿岩机后面，两手握住手柄稍往后拉，使钎头不顶在岩壁上，便于助手能够移动钎子找准眼位，当找好眼位后，凿岩工立即调整气腿高度，并向前倾斜，使钎头顶在孔眼位置上。助手靠近工作面站立，两手握钎子，对准眼位，准备打眼。

开眼时，首先把水阀稍微打开，让水少量流出，然后慢慢开动凿岩机的风路，使凿岩机的钎子慢速转动，这样便于助手握住钎子把孔眼开正。当钎头钻入岩石 30～50mm 时，可全部打开操纵阀，使凿岩机正常凿岩，此时可根据所需的孔眼角度进行打眼，同时加大水量，以便排除孔里的岩粉。

（3）正常凿岩。当凿岩机处于正常凿岩状态时，凿岩工可以一人操作一台凿岩机。操作时两腿前后分开，站在凿岩机后面或侧面，一手握住凿岩机手柄，这时不要用力猛推凿岩机，因凿岩机的推力全靠气腿的轴推力，而另一只手，可根据凿岩过程的情况变化，随时操纵各种阀门，以调节风和水的大小及轴推力等。

在凿岩过程中还必须注意观察凿岩机和钎子的工作情况，随时倾听凿岩机运转声音，认真做到"三勤"，即勤看、勤听和勤动手。

1）勤看。勤看钎子是否在孔眼中心转动，勤看岩粉的冲洗和排除情况是否正常，勤看凿岩机钻进速度是否正常。

2）勤听。勤听操作的凿岩机运转声音是否正常，实在的"当当"响是正常工作状态。清脆的"当当"响是轴推力不够。出现"噗噗"声响说明风压不够或者是润滑不好。断续打击或钎子不转动是钎子或轴推力过大，或者润滑不好。

3）勤动手。凿岩工在凿岩过程中发现问题，应立即处理，如根据打眼速度的快慢及时调整操纵阀门；为避免夹钎子，要勤排粉；为了使轴推力适当，需要及时调整气腿的高度和角度。此外，要及时整理风管、水管，以免妨碍打眼工作。

（4）移动气腿。当凿岩机钻进一段距离后，气腿的角度变小，套管伸长后，使钎子受力不好，这时需要把气腿向前移动。在移动时，凿岩工一手托住凿岩机机体，一手扳动换向阀，使气腿慢慢收回，同时把气腿向前移动。然后放开换向阀，操纵调压阀，使气腿伸长到需要的高度后，开始继续凿岩。

（5）退凿岩机和拔钎子。当把一个孔打到规定的深度后，就需要退凿岩机和拔出钎子，以便钎子打下一个孔。在退凿岩机和拔钎子时，可使凿岩机继续运转，利用钎子转动把钎子拔出。在拔钎子时，助手用手轻轻托住钎子，凿岩工一手握住凿岩机柄体部分，一手紧握操纵手柄，用力向后拉凿岩机。当钎头全部离开孔时，助手要用力托住钎子，以防钎子掉地折断或出事故。

以上所叙述的是打眼的基本操作方法，而对于不同的孔眼操作方法如下：

（1）打顶眼。由于巷道断面的规格不同，顶眼的高度也不同，所以操作方法也有一些不同。当顶眼的高度超过人体高度时，开眼时要使气腿直立式向前倾斜，凿岩机略微上仰，凿岩机高度稍低于人的高度，以便操作。当钎头钻进50mm左右，开动调压阀，使气腿升高到使凿岩机与顶眼仰角方向一致时，再把气腿调整到和底板成一定的倾角位置上，凿岩机和气腿的位置调整好后，就可以进正常凿岩。

当顶眼高度超过2.2m以上时，应当在巷道中留下的爆堆上打眼或用搭工作台的方法来打眼，在打眼时要把气腿顶尖放牢，以防气腿滑倒。当顶眼高度不超过人体高度时，开眼后直接调整气腿位置，使其升到所需高度进行凿岩。

（2）打掏槽眼。掏槽眼的位置一般都低于人的高度。在打眼前由助手找好掏槽眼的位置，凿岩工把气腿升到眼口高度即可开眼。当钻进20mm左右时，根据掏槽眼的角度要求，调整气腿位置，以控制打眼角度，继续钻进。

（3）打帮眼和辅助眼。打帮眼时，因风管接头等的影响，凿岩机不能与巷道壁接触，因此可使其稍微倾斜打孔，但凿岩要经常注意原来巷道轮廓线，把握好打眼的方向，以免出现巷道超挖量过多。而打辅助眼可按一般打眼方法操作。

（4）打底眼。打底眼时，凿岩工应把气腿斜立放低，使其和底板之间的夹角为15°左右，开眼钻进时，凿岩工要注意打眼的方向和角度。在钻进过程中，由于孔眼向下倾斜，排粉比较困难，要不断地加强吹粉。由于打底眼时，气腿的轴向推力大，为了防止夹钎子，凿岩工可用手向后稍拉凿岩机，以减小轴推力。

总的来说，凿岩操作必须做到："四要"、"三勤"、"一集中"。

"四要"指打眼"要准"、"要直"、"要稳"、"要快"。而"要准"指确定眼位要准、打眼方向要准、气腿架设位置的角度要准；"要直"指钎子和凿岩机要保持一直线；"要稳"指凿岩机和气腿工作要平稳；"要快"指改变凿岩机位置要快、改变气腿架设角度要快、换钎子的动作要快。

"三勤"指前面所讲的"勤看"、"勤听"、"勤动手"的内容。

"一集中"指凿岩时的思想集中，时刻注意打眼质量和防止发生事故。

2.2.6　凿岩事故的预防和处理方法

在用凿岩机打眼工作中，往往会发生断钎子、掉钎头、不排粉和眼孔凿不进等故障；因此，必须找出原因，才能采取相应的预防措施进行处理。

2.2.6.1　断钎子

产生原因是：

(1) 凿岩时用力不均匀，凿岩机工作运转不稳定；

(2) 打眼时孔眼、钎子和凿岩机不在一条直线上，气腿架设不正；

(3) 用锻接的钎子时，因锻接质量差，钎子的强度过低而易折断；

(4) 钎子钢材质量不合要求，杂质较多或制钎热处理温度没有控制好；

(5) 凿岩时调节气腿升降高度过猛，而折断钎子。

预防处理方法有：

(1) 在进行凿岩操作时应使推力保持均匀；

(2) 凿岩炮眼、钎子和凿岩机保持直线，气腿架设正；

(3) 要特别注意选择钢材质量好的钎子凿岩。

2.2.6.2　夹钎子

造成钎子被卡不转或不能正常转动而卡住的原因是：

(1) 推力过大，钎子受力不均，造成变形，而使钎子被卡住；

(2) 钎子钢材较软，钎子过长，在凿岩时产生变形而被卡住；

(3) 孔内岩粉过多，使钎头在眼中转动困难或被岩粉堵塞；

(4) 孔眼打在岩层解理、裂缝上或被松散的岩石碎块卡住；

(5) 由于钎头掉棱、掉角、打出来的孔不圆而使钎子被夹住。

预防处理方法有：

(1) 凿岩保持气腿推力平稳，凿岩机和钎子保持一直线。

(2) 凿岩前认真选择符合质量要求的钎子。

(3) 打长炮眼用钎子组，开眼用短钎，随眼孔加深，逐渐替换适合的钎子。

(4) 凿岩过程中注意岩粉的冲洗；推钻前进行强吹，把孔内岩粉吹洗干净。

(5) 定眼位要避开解理、裂缝，孔口附近的松散岩石，清理干净后再开眼。

(6) 凿岩中注意钎子转动，若摆动过大，就退出钎子检查，及时更换钎头。

(7) 出现夹钎，就要使凿岩机和钎子反复摇动和抽动，让钎子在孔中恢复正常运动或拔出；另外，还可卸下凿岩机，用钳子卡住孔外钎子，反复转动后拔出。

2.2.6.3 掉钎头

产生原因是：

(1) 钎头与钎杆没有连接好，接触不牢固而脱落；

(2) 钎头与钎杆连接的地方断裂使钎头掉入孔中。

预防处理方法有：

(1) 认真检查钎头和钎杆质量，使钎头、钎杆接合牢固。

(2) 钎头掉入孔里后，可用前端稍尖的木炮棍插入眼底，适当用力使炮棍和钎头连接后慢慢取出；也可用前端带钩的铁丝插入眼底，使其穿入钎头出水孔而把钎头带出；若炮孔带仰角，则可以用高压水冲洗孔眼，使钎头冲出来。

2.2.6.4 不排粉、钻不进

产生原因是：

(1) 钎头被磨钝或者是钎头的合金片脱落；

(2) 钎头或钎子的出水孔被堵塞。

预防处理方法有：

(1) 使用符合规格的刃角锋利的好钎头，钎头钝了或合金片脱落及时更换；

(2) 认真检查钎头出水孔，并用水冲洗，使钎头和钎子的出水孔保持畅通无阻。

2.2.7 风动凿岩机的常见故障与排除方法

凿岩机发生故障，会使凿岩效率降低，压气的消耗量增大，若不及时排除，凿岩机就会损坏。因此，要找出故障发生的原因，采取有效措施并及时排除。

2.2.7.1 冲击频率减少，钻进速度降低

这是凿岩机的风路被堵塞或工作风压过低所造成的。

其主要原因是：

(1) 工作面同时开动的凿岩机台数太多；

(2) 送风管或风管与凿岩机之间接头连接不紧而漏风；

(3) 压风机距工作面太远，管路过长，拐弯多，风压损失大；

(4) 风管损坏、漏风或新接的风管内有杂物没有吹净，堵塞了管子。

对应的排除方法有：

(1) 根据供风能力，拆除过多机台或增加风压，使工作面风压不低于 0.5MPa；

(2) 检查管路接头，发现漏风及时处理，杜绝接头漏风现象；

(3) 避免送风管损坏，发现风管损坏，及时更换或修理；

(4) 检查连接风管的规格，把管内污物吹干净，根据掘进距离调整管道长度。

2.2.7.2 凿岩机工作正常而打眼效率降低

产生原因是：

(1) 由于钎刃已经磨钝；

(2) 钎子中心孔堵塞，使孔内岩粉过多。

排除方法有：

（1）及时换上新的钎头，强力吹出眼孔内的岩粉；

（2）穿通钎子中心孔，使钎杆和钎头出水孔畅通。

2.2.7.3　凿岩机冲击动作不均匀

产生原因是：

（1）钎尾的长度或大小不合格，钎子肩和凿岩机转动套筒接触不严，使凿岩机和钎子不协调；

（2）凿岩机各种零件在组装时没有配合好，使得打眼工作不正常；

（3）工作面同时开动的机台数和用风设备经常变化，使得风压变动。

排除方法有：

（1）检查钎尾规格，及时换上钎尾合格的钎子；

（2）凿岩机组装时使各零件配合正常，如有损坏机件及时更换；

（3）工作面同时开动的风动设备台数要相对稳定，不能变动太大。

2.2.7.4　凿岩机活塞被卡住而不能工作

产生原因是：

（1）活塞与气缸之间的间隙太小，不符合公差配合要求；

（2）冲击过程中因活塞质量低而产生变形或活塞杆前头打碎；

（3）润滑油太脏，油路被堵塞或油量小没有达到润滑要求；

（4）送入凿岩机的压风不清洁，有脏物进入机体。

排除方法有：

（1）更换活塞，使活塞与气缸之间的间隙符合要求；

（2）润滑油使用前进行过滤，注油避免污物进入，油路堵塞及时清洗；

（3）检查和及时消除在压风管内的污物。

2.2.7.5　活塞冲击端变形、损坏和断裂

产生原因是：

（1）活塞的材料不合格，过软时活塞端部易变形；

（2）钎尾硬度过高或钎尾面不平，在冲击过程中损坏活塞端部；

（3）风压过高或经常开动过猛，活塞容易损坏或断裂；

（4）钎尾套内六方被磨坏，钎尾在套筒内摆动，使得活塞受力不均而损坏。

排除方法有：

（1）选用质量好的，热处理质量过关的活塞；

（2）加工和选择符合规格的钎尾使钎尾端面平整；

（3）使风压稳定，打眼时一般要求风压以 0.6MPa 为宜；

（4）及时更换磨损钎套，选用新的合格钎套。

2.2.7.6　水针损坏

产生原因是：

（1）由于钎尾中心孔不正和活塞端部变形；

（2）水针较长或弯曲，钎尾太长，孔太浅；

（3）转动套筒与钎尾之间的配合不好，间隙过大；

（4）钎尾淬火过软，使钎尾孔外口在受活塞冲击后形成卷边把水针切断。

排除方法有：

（1）换上新的钎子或者更换活塞；

（2）钎尾套筒内的六方对边尺寸磨损超过 3～3.5mm 时就换钎尾套筒；

（3）一定要按规格制作水针和钎尾；

（4）钎尾淬火硬度适当，一般以 HRC38～45 为宜。

2.2.7.7 风水联动机构失效

产生原因是：

（1）注水阀上的密封胶圈磨损，凿岩机工作产生漏水；

（2）注水阀后部弹簧已坏，压气停后，注水阀不能恢复原位关闭水路；

（3）密封胶圈经过浸泡后尺寸变大，当通压气时，水路不能打开；

（4）注水阀体内零件锈蚀或通水孔被堵死；

（5）水压过高，大于注水阀门弹簧的弹力，关闭压气而不能关闭水路。

排除方法有：

（1）注水阀的密封胶圈磨损后，及时更换，并选用耐油耐磨的密封圈；

（2）经常对注水阀和注水阀体进行清洗或除锈；

（3）水压过高应采取降压措施，如增设减压阀或设立分水箱；

（4）水阀弹簧损坏后应更换。

2.2.8 气腿故障及其排除方法

2.2.8.1 气腿不能伸缩

产生原因是：

（1）气腿的外套管变形、弯曲使其不能伸缩运动，或是气腿与凿岩机连接部分进气孔堵塞；

（2）气腿内部密封圈已经损坏产生漏风；

（3）气腿的架体和外管螺纹连线不严密或脱落；

（4）气腿伸缩管端部螺母松脱或与垫圈套在一起。

排除方法有：

（1）凿岩后，凿岩机和气腿不要乱摔，以免气腿的外套损坏或变形；

（2）风管连凿岩机前，应将风管内的污物吹净，防止其进入气孔；

（3）对气腿进行检查，发现密封胶圈或胶碗损坏，及时更换；

（4）修理或更换外套管，当伸缩管端部螺母松脱后拧紧。

2.2.8.2 气腿伸缩管缩回动作不灵活

产生原因是：

（1）气腿的伸缩管变形、弯曲；

（2）气腿伸缩管端部的密封胶圈已经磨坏；

（3）气腿内气管端部密封胶圈磨损，气管堵塞；

（4）气腿快速缩回扳机端部顶杆磨损、不起作用，按动扳机缩回困难；

（5）气腿横臂上的环形密封圈已经磨坏。

排除方法有：

（1）伸缩管弯曲后，应进行修理调直；

（2）对气腿中各部分的密封胶圈，应经常检查和更换；

（3）快速缩回扳机顶杆选用较硬的耐磨材质制造，顶杆磨损及时更换。

2.2.9　不同类型的凿岩机特点

2.2.9.1　01-30型手持式凿岩机

01-30型手持式凿岩机长期用于我国的竖井掘进、平巷掘进、浅眼采矿及狭窄的工作面打眼，它可打任何方向的眼孔。工作时可手持凿岩，也可安装在气腿上进行凿岩，实际上列为气腿式凿岩机之一。它结构简单、容易操作、方便修理。但冲击功和扭矩较小，凿岩较慢，正被其他凿岩机逐渐替代。

2.2.9.2　YT-30型气腿式凿岩机

YT-30型气腿式凿岩机的特点是采用控制配气阀、耗风量小、凿岩速度快、风水联动集中控制、气腿能快速伸缩、推力大小可调10个位置，可以保证在凿岩时获得最优的轴推力。YT-30型凿岩机还配备有FT-140型气腿和FT-200型自动注油器。这种凿岩机，主要用于井下采矿及井巷掘进等工程的浅孔眼钻凿。

2.2.9.3　7655型气腿式凿岩机

7655型凿岩机结构新颖、构造简单、稳定轻便，采用环状活阀配气、控制系统集中、气腿快速伸缩、风水联动、操作方便、扭矩大、凿岩速度快、效率高，配有消声装置可减少噪声，还配有FY-200A型自动注油器和能自动伸缩的FT-160型气腿，可用于水平和倾斜浅眼作业。

2.2.9.4　湘江-100型高频气腿式凿岩机

湘江-100型高频气腿式凿岩机采用大直径活塞，短冲程、无阀配气。具有构造简单、风水联动、操作方便、活塞每分钟的冲击次数一般在3000~3300次之间、凿岩速度快、耗风量小等优点。但这种凿岩机重量大、振动大、噪声大、耗油量大、油质要求高，且风压低时不能正常工作。该凿岩机可在各种硬度的岩石上钻凿水平或倾斜方向的孔眼。最好安装在凿岩台车上用来开掘大断面巷道。

另外通过两种凿岩机合并改进后的新机型是YTP-26型凿岩机，该凿岩机也属高频凿岩机，采用无阀配气，并配用FT-170型气腿和FY-700型注油器，主要用于水平和倾斜浅眼作业。

2.2.9.5　01-45型和YSP-45型向上式凿岩机

01-45型凿岩机是老牌产品，效率低，结构上也有很多缺点，现已停止生产。YSP-45型凿岩机的特点是：凿岩速度快，冲击频率高，重量比较轻，风水联动，气腿推力可调节。凿岩机配有消声装置。机尾装有一个可以伸缩的气筒，并与凿岩机装在一条直线上。气筒的结构与气腿相似，工作时用来支撑和推进凿岩机。这种凿岩机的外貌如图2-14所示，常用来掘进天井和在浅眼采矿中打与地面成60°~90°的向上孔眼。

2.2.9.6　凿岩台车

凿岩台车是提高凿岩效率、减轻工人劳动强度和实现凿岩机械化的一种设备。目前，凿岩台车已在矿山广泛使用,一般地下巷道掘进时常采用双机或者多机轨道式或胶轮式凿岩台车,而在露天矿则采用胶轮和履带的单机凿岩台车。

国产的凿岩台车按工作机构的动力分为电动、风动、液压三种;而按行走机构的形式不同又可分为胶轮式、履带式、轨道式三种;按安装在台车上的凿岩机数量可分为单机台车、双机台车和多机台车;按其用途可分为采场凿岩台车和巷道掘进凿岩台车。

国产掘进凿岩台车主要有 CGJ – 2、CGJ – 2Y(如图 2 – 15 所示)、CGJ – 3 型等。

下面展示的是两种掘进凿岩台车,而采矿深孔钻车在第 3 章介绍。

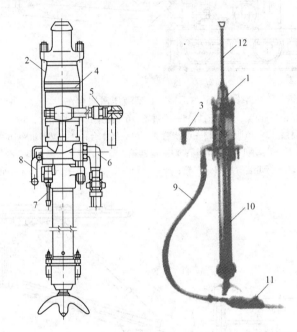

图 2 – 14 YSP – 45 型凿岩机外貌与组成结构图

1—机头;2—长螺杆;3—手柄;4—缸体;5—放气阀;6—气管接头;

7—水管接头;8—操纵手柄;9—风管($\phi 100 \sim 150mm$);

10—气腿;11—注油器;12—钎子

(1)轨道式掘进凿岩台车,如图 2 – 15 所示。

(2)胶轮式凿岩台车,如图 2 – 16 所示。

2.2.10 冲击式浅眼凿岩工具

冲击式浅眼凿岩机的凿岩工具称为钎子,钎子的结构如图 2 – 17 所示,它包括钎头、钎杆、钎肩和钎尾四部分。钎子前部是钎头,中部叫钎杆,后部是钎尾,钎杆与钎尾的连接处是凸出的钎肩。

钎子根据钎头是活动还是固定的分为两种:一种是整体的,另一种是活头。

整体钎子的钎头和钎杆是一个整体。其优点是在凿岩时可承受较大的冲击功和扭矩,没有掉钎头现象。缺点是钎头磨损后,整根钎子都不能用,要一起换下来。

活头钎子的钎头可拆卸。活头钎子的优点是:钎头制作修磨都比较简单与方便,钎头磨损或钎杆折断后可局部更换,不至于整根钎子不能使用,因而减少了材料消耗。由于活头钎子的优点较多,国内矿山目前广泛采用锥形连接的活头钎子。

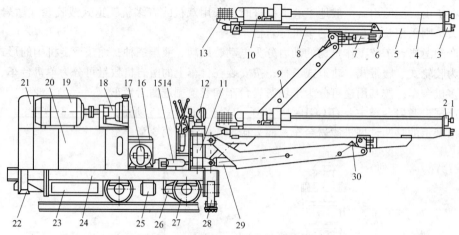

图 2－15　CGJ－2Y 型液压凿岩台车

1—钻头；2—托钎器；3—顶尖；4—钎具；5—推进器；6—托架；7—摆角缸；8—补偿缸；9—钻臂；
10—凿岩机；11—转柱；12—照明灯；13—缠绕管器；14—操作台；15—摆臂缸；16—座椅；17—转杆
油泵；18—冲击泵；19—电动机；20—油箱；21—电器箱；22—后稳车支腿；23—冷却器；24—车体；
25—洗油器；26—行走装置；27—车轮；28—前稳车支腿；29—支臂缸；30—仰俯角油缸

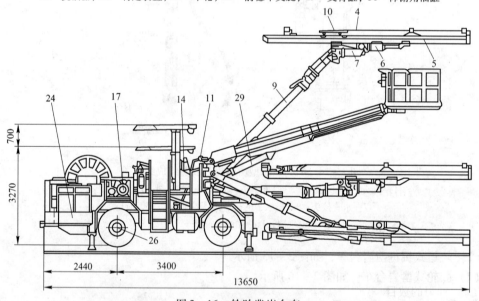

图 2－16　轮胎凿岩台车

（各部分标注如图 2－15 所示，尺寸单位为 mm）

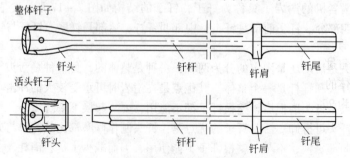

图 2－17　整体钎子与活头钎子

2.2.10.1 钎头

钎头的作用是直接用来破碎岩石。它的构造对凿岩速度有重要影响，一个理想的钎头应该具有较高的凿岩速度、耐磨、排粉性能好和本身坚固等特点。我国矿山常用的钎头，从其结构形式来分，有十字形和一字形两种，从材质来看，有碳素钢字头和镶有硬质合金片的字头。

目前广泛使用镶焊有硬质合金片的一字形钎头和十字形钎头。

A 钎头结构

如图 2-18 所示，在设计和选用时要注意的参数有：

(1) 钎刃的排列。基本上可分为两类。一类为径向排列，如一字形、十字形、Y 字形和星形；另一类为"弦向"排列，如二字形、T 字形、V 字形和 Z 字形排列等。这两类钎头形式如图 2-19 所示。

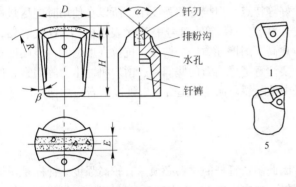

图 2-18 钎头构造图

图 2-19 钎头形式
1—一字形；2—二字形；3—十字形；4—Y 字形；
5—T 字形；6—V 字形；7—星形；8—Z 字形

径向排列的钎头，在岩石上的凿痕呈现放射状，如图 2-20 (a) 所示；"弦向"排列的钎头在岩石上凿出的痕迹，呈交错状，如图 2-20 (b)、(c) 所示。交错状痕迹有利于破碎岩石，可以提高凿岩速度。但这类排列的钎头制造和修磨比较困难，目前矿山使用比较少。

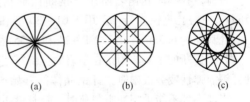

图 2-20 钎刃的凿痕分布图
(a) 放射状；(b)、(c) 交错状

(2) 钎刃的数目。钎刃的数目对凿岩的效果有很大影响。刃数越多，分配在单位刃长上的冲击力越小，则凿岩速度相对降低。而刃数越多时，钎刃就越难以磨钝，换钎头的次数也就减少，因而又相对提高了凿岩速度。一般在多裂隙岩石中或大直径炮眼容易夹钎时，以及在极坚硬岩石中凿岩，为了减少磨损，才多采用多钎刃的钻头。而其他情况多采用少钎刃的钻头。

(3) 刃角。钎刃的钻头两个刃面的夹角称为刃角，如图 2-18 中的 α 角。刃角小有利于凿入岩石，但刃角过小容易碎裂和磨钝。刃角不能大于岩石的自然破碎角 (120°~150°)。否则，将影响剪切体的破碎，而降低凿岩速度。岩石越硬，刃角宜越大，一般国内矿山常用的十字形钎头的刃角为 90°，一字形钎头的刃角为 110°。

(4) 隙角。钎头侧面的倾斜角称为隙角，如图 2-18 中的 β 角。钎头在凿岩时与孔壁接触，若无隙角，钎头与孔壁摩擦增大，容易被卡住，转动和拔出都困难。通常的隙角以 3°~5° 为宜。

（5）钎刃的构造。钎头一般是镶焊片状硬质合金的，为了节约硬质合金和充分利用废旧合金片，并利用剪力破碎岩石，制造了夹钢芯钎头、中空一字形钎头和断续刃钎头等，尤其是镶焊硬质合金柱大直径断续刃钎头，使用效果较好，凿岩时产生岩石粉较粗，有利于改善卫生条件。

在凿岩时为了避免钎刃的两面发生掉角，将钎刃做成弧形，这弧形的半径称钎刃半径。钎刃半径不能过小，否则会降低速度，钎刃半径通常为 120 ~ 180mm。

（6）水孔。位于钎头中心或两侧，作用是浸润和吹洗岩粉，直径为 6 ~ 8mm。

B　钎头材料

（1）钎头体。常采用 T_7、T_8 碳素工具钢，40 号、45 号、50 号优质碳素钢，40 号铬合金钢等制造。

（2）硬质合金片。硬质合金是碳化钨粉末和钴粉末混合后，高压成型，在电炉中焙烧而成。它具有硬度大、耐磨性强、抗热性好等特点。但抗弯曲强度小，所以在使用时应尽量避免受剪切作用。硬质合金片的牌号有 YG_8、YG_{11}、YG_{15} 等。牌号中 Y 代表碳化钨，G 代表钴，字母后面数字表示钴的质量分数；钴含量愈高，耐磨性愈好，韧性、抗拉强度愈大，但硬度和抗压强度减小。在选择硬质合金牌号时，要注意考虑岩石的坚固性、凿岩机冲击力等因素，低牌号合金如 YG_8，虽坚硬耐磨，但在硬岩中易断裂、崩角，适合在中硬以下岩石中使用。坚硬岩石中通常用 YG_{15}。

2.2.10.2　钎杆

钎杆的作用是传递冲击功和扭矩，因此制造钎杆的材料必须具有较高强度。钎杆是用钎钢制造的。我国生产的钎钢主要有：碳素钢，如中空碳 7、中空碳 8、中空碳 9；优质碳素钢，如中空碳 7A、中空碳 8A；合金钢以及新钎钢，如 35 硅锰钼钒钢、55 硅锰钼钢。

目前，我国浅孔凿岩所用钎钢断面形状为中空六角形，其规格有两种：一是对边距为 25mm，中心孔直径为 7mm，用于 01 - 30 型和 YTP - 26 型凿岩机；另一种是对边距为 22mm，中心孔直径为 6.5mm，用于 YT - 24 和 7655 凿岩机等。

钎杆折断的主要原因是在凿岩时，钎杆受到重复的冲击和扭转，当这种重复的冲击载荷达到钎钢的弹性疲劳极限时，钎钢晶体间开始产生微细裂缝，裂缝扩大会使钎杆有效断面积减小，当其小到不能承担冲击载荷时，钎杆就折断。

钎杆折断的另一原因是，凿岩时凿岩机架设不够稳固，使钎杆向下弯曲，猛力开机和用重物猛敲钎杆而使钎杆内部产生微细裂缝，最终导致钎杆折断。

此外，钎子在锻造或进行热处理不当时，易形成自动退火，产生热应力和微细裂缝，而在凿岩过程中，往往使钎子在煅烧边沿高低温交界处折断。

为减少钎子损耗，提高使用寿命，首先要选好钢材，用正确加工方法和热处理工艺，强化钎钢表面，用高温磷化挂蜡法防腐，以达到减少钎杆折断的目的。

2.2.10.3　钎尾

钎尾直接承受凿岩机的冲击功和扭矩。常用钎尾有三种类型，如图 2 - 21 所示。

第一、二两种钎尾有钎肩，其作用是控制钎尾插入凿岩机中长度。第一种适合于 01 - 30 型、YTP - 26 型等凿岩机。

第二种钎尾适合于 YT - 24 型、7655 型、YT - 30 型和 YSP - 45 型等凿岩机。第三种钎尾无钎肩，适合于某些向上式凿岩机。如 10 - 45 凿岩机内又有垫锤，所以它无钎肩。

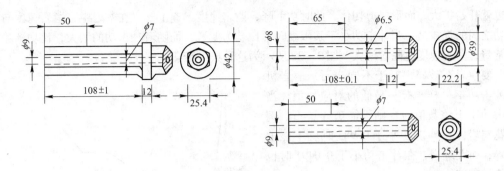

图 2-21　浅孔凿岩钎尾

钎肩的规格和硬度对凿岩机及钎子的使用寿命影响较大，因此要求钎尾的长度要合乎规格。如过长，活塞的冲击功还没有充分发挥即撞击钎尾；如过短，则活塞撞击不到钎尾，而直接撞击气缸头部而导致气缸损伤和发热，因此，钎尾长短应适当。其断面也必须平整、光洁，与钎轴线垂直，并与凿岩机的钎套相吻合，这样可使活塞棒不至于损坏。钎尾的硬度应略低于活塞的硬度，钎尾过软则使用寿命短，过硬则活塞易受伤。

钎尾硬度一般用淬火的办法来保证，淬火硬度以 HRC38~45 为宜。

2.2.10.4　钎子组

凿岩时由于受工作面空间位置的限制和使用一根钎子钻凿一个孔，不仅操作困难，打眼效率低，而且打不直，并易发生夹钎事故。因此，要换几根长度不同、钎头直径也不是完全相等的钎子打眼。这几根长度不同，直径也不等的钎子称为钎子组。一般钎子组的钎杆长度（mm）分别为 600、1000、1400、1800 或 800、1400、2000 等，最末一根钎子的钎杆长度应比孔长大 0.2~0.3m 以上。

2.3　凿岩效率和设备的保养与选择

凿岩效率与很多因素有关，如凿岩机好坏、凿岩工具质量、操作技术水平、作业条件和凿岩状况等。要提高凿岩效率，不仅要充分发挥人的积极因素，提高纯凿岩的作业时间，而且要掌握岩石变化情况，改进凿岩机结构，提高设备能力，认真搞好组织管理工作，从多方面采取措施。

2.3.1　影响凿岩速度的因素

提高凿岩速度，是凿岩工程技术的中心环节。但凿岩速度与很多因素有关，如冲击功、冲击频率、转角、轴推力、风压、炮眼直径、炮眼深度、排粉方式、钎头形状和凿岩方法等。下面叙述几种影响凿岩速度的主要因素。

2.3.1.1　冲击功

这里指的是单次冲击功，在某种程度上它能表明凿岩工作的能力。在冲击凿岩过程中，当破碎单位体积岩石所消耗功（比功）为常数时，冲击功与凿岩速度成正比，即随着冲击功增大，凿岩速度的总趋势是逐渐升高。但也有凿岩速度不增加而为常数的情况，如图 2-22 中稳定水平线段，这种稳定水平线段的出现说明当冲击功继续增大时，岩石破碎范围没有立即扩大，而是产生弹性变形，因此凿岩速度也没有增加而为常数。当岩石开始产生裂缝后，破碎范围也就开始扩大，而形成剪切体，此时功下降，凿岩速度迅速上升。在凿岩中，凿岩速度与冲击功之间的规律是：当冲击功小于某限度时，比功为变数，而随着冲击功的增大，比功渐趋近于常量，凿岩速度也随着增大。图2-22所示为这种典型变化。

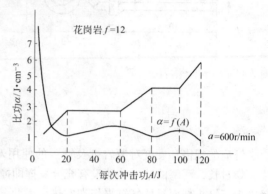

　　要使岩石破碎，对于不同岩石，凿岩机的冲击功不一样，有一最低的对应数值，当冲击功小于该数值时，则不能破碎岩石。例如花岗岩，在冲击功小于0.98J时就不能被破碎；而大理岩，在冲击功小于0.049J时也不能被破碎。

　　实践证明，当冲击功小时，在岩石破碎过程中不能形成剪切体，只有局部破碎，功能消耗大，但破碎体积很小；所以，一般要求凿岩机的冲击功不得小于40~50J。

图2-22　每次冲击功对凿碎岩石的影响

2.3.1.2　冲击频率

　　冲击频率是指活塞每分钟对钎子的冲击次数。冲击频率与凿岩速度成正比，即凿岩速度随着冲击频率的增加而提高，如图2-23所示。

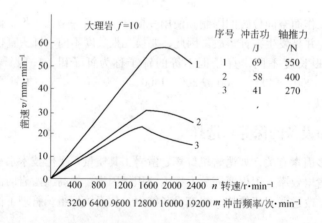

图2-23　冲击频率对凿岩速度的影响

　　从图中可知，冲击功没到临界值时，凿岩的速度与冲击频率成正比；但超过临界值后，凿岩速度不再增加反而下降。这是由于凿岩时，钎刃与岩石接触时间过短使冲击产生的裂隙来不及扩张到可能达到的深度。

2.3.1.3　钎子转角

　　在凿岩中，钎子回转角度不同，钎子冲击岩石产生的剪切扇形面不一样；在两次凿痕间夹角过大或过小均会降低凿岩速度。转角过小凿下岩体较小，转角过大不能剪切两次痕间的扇形体。一般认为最优钎子转角与岩石性质、钎头直径和凿岩机的冲击功有关。对于冲击功30~60J的凿岩机，最优转角在22.5°~30°之间。在一定风压下，冲击功、冲击频率和转角是一定的。

2.3.1.4 轴推力

为保持凿岩时钎头和岩石的接触，必须在凿岩机上施加一个轴推力，这个轴推力对凿岩速度的影响是通过改变钎子转速和钎子每转一周的冲击数来影响的。当轴推力增加时，钎头阻力矩增大，钎子转速减小，凿岩速度降低；当轴推力过小时，钎子前后跳动很大，降低冲击功传递效率，不能有效凿岩，另一方面由于钎尾从钎尾套筒中滑出一小段距离，活塞不能有效地冲击到钎尾上。

从上述可知，凿岩机的轴推力过大或过小都会使凿岩速度下降。但对于每一种凿岩机在一定风压时，都有一个可以获得最大凿岩速度的最优轴推力。

图 2-24 为凿岩机的凿岩速度与轴推力的关系曲线，从图上可知：

(1) 每一种凿岩机在一定风压下都有一个最优轴推力，在最优轴推力的作用下，凿岩机有最大的凿岩速度，如图 2-24 (a)、(b) 所示。

(2) 最优轴推力随风压提高而增大，并相应有最大的凿岩速度，如图 2-24 (c) 所示。

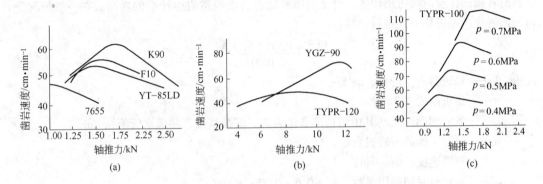

图 2-24　凿岩机凿岩速度与轴推力的关系曲线
(a) 气腿式凿岩机 (在 $p=0.5$ MPa 时)；(b) 外回转凿岩机 (在 $p=0.5$ MPa 时)；
(c) 在不同压力下凿岩速度与轴推力关系曲线

2.3.1.5 风压

随风压增大，凿岩机每次冲击功和频率不断增加，凿岩速度也随之提高，风压愈大，凿岩愈快，如图 2-25 所示。但风压太高，凿岩机磨损、震动断钎也不断增加。

在实际凿岩中，往往是因为压气输送管上漏气等原因使风压不足。为了提高风压，必须采取措施，减少损耗或同时工作的机台数。

2.3.1.6 孔眼直径与眼深

孔眼的直径与钎头的直径有关，当钎头直径增加时，凿碎眼底面积及炮眼周边长也有所增大，因此对于相同的凿岩机的凿岩速度将有所降低。但在采用高威力炸药爆破和优质钎钢情况下，可利用小直径钎头来提高凿岩速度。

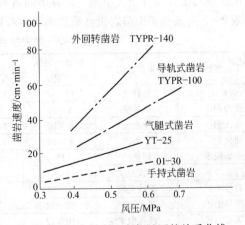

图 2-25　凿岩速度与风压的关系曲线

　　在凿岩过程中，随着眼深及眼内钎杆长度的增加，冲击功在传递过程中的损失相应增加，钎杆与孔壁间的旋转摩擦阻力也增加。而且排除眼底岩粉逐渐困难，因而凿岩速度降低。一般钻凿 3m 以下孔眼时，凿岩速度随眼深的变化不大，而在钻凿大于 5m 的深孔时，则随着眼孔深度的增加而凿岩速度降低。

　　此外，钎头形式、排粉方式、凿岩方向和岩石的坚固性等因素都在一定程度上影响凿岩速度。因此，为了提高凿岩速度，需要选择合理的钎头形状、结构，要设法避免钎头磨损过大，并在凿岩过程中要不断向孔中供水，保证岩粉及时由孔中排出，还需根据岩石的坚固性合理选择硬质合金牌号，以利于提高凿岩速度。

2.3.2　凿岩生产率的计算

　　凿岩生产率与很多因素有关，在计算时必须考虑凿岩时的纯凿岩速度、工作面岩石的坚固性、凿岩工作组织、同时凿岩的设备数目和凿岩设备良好状况等。尤其是凿岩时间利用系数较小，凿岩辅助作业时间占用较多，设备利用率低也会影响凿岩生产率的提高。在一般情况下，每班凿岩生产率可用下式进行计算：

$$L = \frac{(t - t_1) \cdot n \cdot K_1 \cdot K_2 \cdot v}{1000} \qquad (2-1)$$

式中　L——每班凿岩生产率，m/班；

　　　t——每班凿岩工作时间，min；

　　　t_1——凿岩辅助时间（其中包括准备凿岩机、安装机架、接风水管等），min；

　　　n——同时工作的凿岩机台数，台；

　　　v——凿岩速度，mm/min；

　　　K_2——凿岩机时间利用系数，$K_2 = 0.6 \sim 0.75$；

　　　K_1——同时操纵几台凿岩机，每台生产率降低系数，按表 2-2 选取。

表 2-2　K_1 值选取表

凿岩机台数	1	2~3	4~6
K_1	1.0	0.8~0.95	0.65~0.8

　　从上面的计算方法可知，为了提高凿岩生产率，必须增加同时工作的凿岩机台数，提高凿岩机的纯凿岩速度，减少凿岩的辅助作业时间，提高凿岩设备的利用率。

　　由于现场工作各种条件不同，计算出的凿岩效率也不一样，还需根据各单位的实际情况确定。表 2-3 为某些矿山凿岩机台班效率的参考资料。

表 2-3　凿岩机台班效率参考资料

矿山名称	采矿方法	矿石坚固性系数 f	孔眼深/m	凿岩机台班效率 所用设备	钻孔/m	崩矿/t
锡矿山	房柱法	12~16	1.8~2.2	01-45	42~53	63
新冶铜矿	房柱法	8~10	2.0	YT-25	50	70
车江铜矿	全面法	6~10	1.6~2.0	YT-25	—	63
通化铜矿	全面法	8~14	1.4~1.6	01-30	—	40
龙烟铁矿	房柱法	18	1.5~2.0	YT-25	24	—
弓长岭矿	干式充填	14~16	—	01-45	28	—
黄沙坪矿	干式充填	8~10	1.8~2.0	01-45	—	40~60
西华山矿	浅孔留矿	12~14	—	YT-25	—	40~50
天宝山矿	浅孔留矿	10~12	—	01-45	—	67~72

2.3.3 凿岩机的保养、检修

2.3.3.1 润滑

凿岩机的润滑是凿岩机使用中的重要问题之一，润滑是否适量对提高凿岩机生产率和零件的寿命有很大影响，因此必须经常润滑凿岩机中相对运动部件。

凿岩机有的本身附有油槽，有的凿岩机没有油槽，而依靠与凿岩机配套的自动注油器。凿岩机上有油槽的，注油入槽后能自动流至各个需要地点。与气腿式凿岩机配套使用的自动注油器有两种类型：一种是自携式自动注油器，这种注油器接在凿岩机进风弯管上，如7655型凿岩机使用的FY-200型注油器，另一种是落地式自动注油器，这种注油器置于离凿岩机3~4m的进风软管上，如红旗-25型凿岩机使用的0.75L注油器，润滑油随风喷入凿岩机中进行润滑。

凿岩机在使用前要在注油器中注油，注油时要注意防止杂物进入注油器内，若注油器中的油用完应及时补充，否则凿岩机容易使机件磨损。

进入凿岩机的油量应当适宜。油量过大，则凿岩机不易启动；若油量过小由于润滑不好，凿岩机零件温度升高，而使零件很快磨坏。因此要注意调节调油阀，使其耗油量保持在每分钟2.5~3mL之间为宜。判断油量是否适宜，凿岩过程中可观察凿岩机排气孔中有没有油腻。

用于凿岩机的润滑油，必须根据凿岩机种类的要求和环境温度的变化来选择，一般要求润滑油的油沫强度大，与水混合能乳化及化学性能较稳定等。各种凿岩机（红旗-25型除外）使用的润滑油料可参照表2-4中所述条件加以选用。

表2-4 凿岩机润滑油的使用条件及性能

环境温度	润滑油名称	润滑油牌号	运动黏度（50℃时）/m²·s⁻¹	凝结点	标 准
小于10℃	透平油	22、32	0.2~0.3	-15℃、-10℃	SYB1201-60
10~30℃	机油	40、30	0.27~0.33	-10℃	SYB1104-64

2.3.3.2 检修

凿岩机不仅在工作时需要润滑，在工作一定时间后还要对凿岩机进行定期检修和清洗，一般一个星期清洗一次，并按照设备检修规程，定期进行检修，其检修的期限和内容有下列几种：

（1）小修。局部拆开清洗凿岩机或不拆凿岩机检查，一般3~7天进行一次。

（2）中修。把凿岩机全部拆开，用油洗净并更换损坏零件，1~3周进行一次。

（3）大修。把凿岩机全部拆开，用汽油洗净，修理或更换全部损坏的零件并对凿岩机进行性能和空运转试验，每1~2月进行一次。

在日常维护和对凿岩机清洗时，为了节约时间可利用图2-26所示的清洗器。清洗前先将筒1内装入煤油，筒2内装入润滑油，然后将管3接压气，把凿岩机9放入清洗箱10

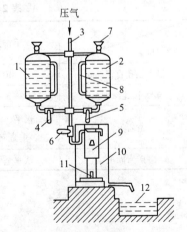

图2-26 凿岩机清洗和润滑装置

1—煤油筒；2—润滑油筒；3—风管；
4，5，6—阀；7—加油漏斗；
8—观察管；9—凿岩机；10—清洗箱；
11—芯轴；12—贮油池

中，并使机头插在芯轴 11 上，用卡子夹紧柄体使其固定，最后连通风管，当准备工作完毕后可进行清洗。

清洗时，先打开阀 6 及凿岩机操纵阀，使凿岩机运转，然后打开阀 4，煤油被压气带入凿岩机，对凿岩机内部进行清洗。几秒钟后关上阀 4 并打开阀 5，润滑油被压气带入凿岩机中，几秒钟后关上阀 5 和阀 6，将清洗后的凿岩机取出。而清洗的油液经过滤后流入贮油池 12 中。用这种方法清洗凿岩机时间短，煤油和润滑油消耗低，而且不需拆卸凿岩机就能清洗和润滑。

2.3.4　凿岩机的选择

目前，凿岩机类型较多，各种凿岩机的结构和技术性能也不相同，因此必须根据岩石的性质、孔眼的深度和方向、使用地点的条件合理选择各种类型的凿岩机，只有正确选择使用凿岩机，才能充分发挥凿岩机效率。一般凿岩机的选择方法如下：

（1）掘进水平巷道时，凿岩作业的孔眼方向多为水平，而且孔眼较浅，因此可选用气腿式凿岩机。如 YT - 25、7655 和湘江 - 100 型凿岩机等，当掘进断面小时，可采用手持式凿岩机，当掘进大断面巷道时，则选用其他轻型或中型气腿式凿岩机。

（2）掘进垂直向下的井筒巷道时，可选用手持式凿岩机，如 01 - 30 型等。而在非常坚硬的岩石中掘进时，最好选用重型气腿式凿岩机或者选用伞形钻架。

（3）掘进垂直向上的天井巷道时，可选用伸缩式凿岩机，如 01 - 45 型和 YSP - 45 型向上式凿岩机，若没有伸缩式凿岩机可考虑使用气腿式凿岩机。

（4）进行回采工作时，需要根据凿岩特点，选用不同类型凿岩机。向上回采时，可用伸缩式凿岩机。孔眼为水平排列的，使用手持支架式或气腿式凿岩机。向下回采，一般选用手持式凿岩机。全面回采，用手持支架、伸缩式和气腿式凿岩机。

（5）根据孔眼的深度，打浅眼选用能力小的凿岩机，孔眼深度越大，则要选用能力较大的凿岩机，而凿岩深度超过 5m 以上的水平或垂直的向下孔眼，一般选用潜孔凿岩机打眼。

（6）各类型风动凿岩机应用范围，可参考表 2 - 5。

表 2 - 5　各类型风动凿岩机应用范围

类型 项目	手持式	气腿式	向上式	导轨式
最大钻孔直径/mm	40	45	50	75
最大钻孔深度/m	3	5	6	20
凿岩方向	水平、倾斜 垂直向下	水平、向上倾斜 及向下倾斜	垂直向上 60° ~ 90° 向上倾斜	水平、向上倾斜 向下倾斜
矿岩硬度	软 ~ 坚硬岩	中硬 ~ 极坚硬岩	中硬 ~ 极坚硬岩	坚硬、极坚硬岩

复习思考题

2 - 1　风钻冲击的圆形炮眼是怎样形成的，其岩石破碎过程有哪些特征？

2 - 2　凿岩机是怎么分类的，它分为哪些基本类型？

2 - 3　冲击式浅眼凿岩机由哪几部分构成，其主要机构有哪些，工作原理是怎样的？（试述 7655 凿岩机的配气和活塞往复机构动作、转钎和排粉机构工作原理。)

2 - 4　7655 凿岩机所配备的气腿由哪几部分组成，其工作原理是怎样的？

2 - 5　冲击式凿岩机的频率越高，凿岩速度越快吗？

2 - 6　冲击式浅眼凿岩机的打眼操作内容有哪些？

2 - 7　掘进凿岩会出现哪些故障，一般怎样处理？

2 - 8　影响掘进凿岩速度的主要因素有哪些？

2 - 9　凿岩时钎杆折断的主要原因是什么，怎么预防折断？

2 - 10　国产钎头的制造材料有哪些，钎头的硬质合金片有哪些种类？

2 - 11　在我国大型金属矿山中，目前平巷掘进所使用的凿岩台车有哪些？

2 - 12　结合现场实际情况，谈谈你对采掘钻孔的经验或体会有哪些？

2 - 13　在矿山具体的采掘工作中，究竟怎样选用凿岩机？

2 - 14　凿岩机的保养、检修有哪些内容？

3　中深孔重型凿岩设备

本章提要：中深孔凿岩，是采矿工业的重要成就。特别是深孔落矿的应用，不仅使地下采矿方法、回采生产工艺发生了很大变化，而且提高了劳动生产率，改善了作业环境和安全条件。

本章主要介绍用于深孔崩矿、天井掘进和地下探矿方面的接杆式深孔凿岩机和潜孔式深孔凿岩机的基本组成结构、系统工作原理、主要性能指标和配套工具的相关技术知识。

3.1　接杆式深孔凿岩机

接杆式深孔凿岩是在凿岩过程中，采用数根钎杆，随着孔眼的深度不断加深而陆续将钎杆接长，一直达到所要求的深度。这样可以在暴露面积不大的凿岩硐室或断面不够大的凿岩巷道内打深孔，因此避免了用钎杆过长而引起的换钎子困难和需要使用过大凿岩硐室的现象。

3.1.1　接杆式深孔凿岩机的种类

用接杆式深孔凿岩方法所使用的凿岩机，一般是中型或重型导轨式凿岩机。例如，01 - 38、YG - 40、YG - 65、YG - 80、YGZ - 90 型等。导轨式凿岩机的技术性能详见表 3 - 1。目前，国内矿山常用的风动导轨式凿岩机为 YG - 80 型和 YGZ - 90 型，这类风动凿岩机重量较大，工作时均需安装在支架或凿岩台车上配套使用。

表 3 - 1　导轨式凿岩机的技术性能

名　称	凿岩机型号				
	01 - 38	YG - 40	YG - 65	YG - 80	YGZ - 90
重量/kg	38	40	65	80	90
活塞直径/mm	76	85	100	120	125
活塞行程/mm	74	80	60	70	63
冲击功/J	75	103	130	176	196
扭矩/N·m	25	37.2	68	98	117
冲击频率/次·min^{-1}	1550	1700	2000	1800	2000
工作风压/MPa	0.5	0.5	0.5	0.5	0.5 ~ 0.7
耗风量/$m^3 \cdot min^{-1}$	4	5	6.5	8.1	11
最大钻孔直径/mm	65	40 ~ 55	50 ~ 70	50 ~ 70	50 ~ 80
最大钻孔深度/m	10 ~ 15	15	30	30	30
工作水压/MPa	0.3	0.3	0.3 ~ 0.5	0.3 ~ 0.5	0.4 ~ 0.6
配气方式	控制阀	控制阀	碟状活阀	控制阀	无阀配气

3.1.1.1 YGZ-90 型凿岩机

A YGZ-90 型凿岩机外回转构造

YGZ-90 型凿岩机是具有外部转钎机构的导轨式凿岩机,其外貌如图3-1所示。在机头4上装有减速器2和风马达1,风马达经减速器带动转动套和钎尾3转动,在机头4、缸体6和柄体9内装有无阀配气冲击机构和冲洗装置。这种凿岩机与内回转式凿岩机相比,主要优点是:冲击和转钎机构各自独立,可根据矿岩变化情况随时调节活塞冲击功、钎杆转运和扭矩等,这样可使纯凿岩速度提高和减少卡钎事故。YGZ-90 型凿岩机的内部构造如图3-2所示。其结构特点是:

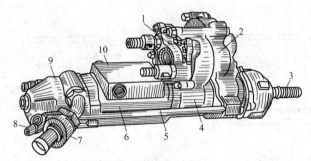

图3-1 YGZ-90 型凿岩机外貌

1—风马达;2—减速器;3—钎尾;4—机头;5—长螺杆;6—缸体;
7—风管接头;8—水管接头;9—柄体;10—排气罩

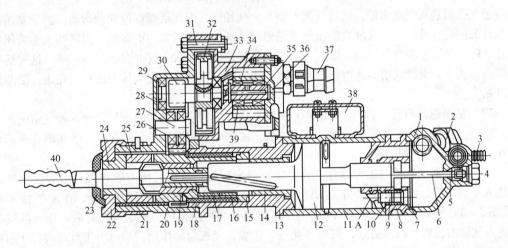

图3-2 YGZ-90 型凿岩机结构图

1—柄体;2—风管接头;3—水管接头;4—水针螺塞;5—水针胶垫;6—水针;7—挡圈;
8—配气体;9—阀杆;10—弹簧;11—缸体;12—活塞;13—导向套;14,16,24—衬套;
15—垫环;17—转动套;18—密封圈;19—钎套;20—机头;21—机头套;22—机头盖;
23—防水罩;25—柄套;26—双列向心球轴承;27—轴;28,30,32—齿轮;29—单列向心球轴承;
31—螺栓;33—风马达体;34—风马达齿轮;35—风马达轴;36—风马达盖;
37—风管接头;38—排气罩;39—滚针轴承;40—钎尾

(1) 采用了各自独立的冲击机构和转钎机构,凿岩工作参数如冲击功、钎杆转速和扭矩等可随矿岩性质进行调节,以获得较高的凿岩速度。

（2）转钎机构用齿轮式风马达驱动，经二级齿轮减速带动钎杆旋转，工作可靠。

（3）冲击机构采用无阀配气，能够充分利用膨胀做功，以减少压气消耗量。

（4）冲击和转钎操纵系统安装在与凿岩机配套的支架或台车上，简化了结构。

（5）风马达与机头用螺栓连接，装在机上缩短了凿岩机总长，便于井下较狭窄地点作业。

B　YGZ－90 型凿岩机无阀配气工作原理

YGZ－90 型外回转凿岩机无阀配气工作原理如图 3－3 所示。当打开冲击部分的操纵阀后，压气通过风管进入柄体 1 内，然后由活塞 4 尾部配气杆来回将压气导入气缸的右腔或左腔，使活塞作高速往复运功，不断冲击钎尾。活塞在往复运动过程中，左右腔的废气经排气孔 5 排出机体外。

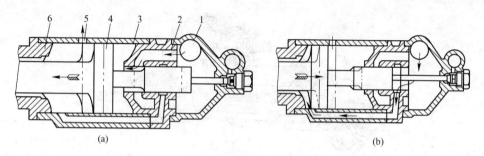

图 3－3　YGZ－90 型凿岩机无阀配气工作原理图

1—柄体；2—配气体；3—气缸；4—活塞；5—排气孔；6—导向套

（1）活塞冲击行程。如图 3－3（a）所示，由操纵阀进入柄体 1 的压气，经过配气体 2 的冲程进气孔道进入气缸右腔，这时气缸左腔与大气相通，因此活塞高速向前运动。当活塞尾部配气杆关闭进气孔道后，气缸右腔压气膨胀做功，继续推动活塞向前运动。当活塞大头关闭排气孔 5 后，气缸左腔废气开始压缩，当活塞大头打开排气孔后，气缸右腔压力下降，这时活塞在惯性作用下，继续向前高速滑行打击钎尾。同时配气杆打开了配气体上回程气孔道，活塞返回开始。

（2）活塞返回行程。如图 3－3（b）所示。由操纵阀进入柄体的压气，经返程气道进入气缸左腔后，其行程和工作原理一样，通过进气、膨胀做功及惯性滑行阶段后，活塞即完成返程动作。其具体过程不再叙述。

（3）启动阀的作用与工作原理。为了防止活塞配气杆可能关闭右腔进气孔道，使压气不能进入左、右腔，而使活塞停止运动，产生"死点"造成凿岩机无法启动，在配气体 8 中（见图 3－2）安装了一个启动阀杆 9。其工作原理是当冲击机构的操纵阀打开后，压气经气孔 A 进入气缸右腔推动活塞前进，离开"死点"位置，完成启动作用。同时由于启动阀杆 9 前后端面积太小等，产生压力差，使启动阀杆克服弹簧 10 的阻力向左移动，关闭气孔 A，使活塞在正常气路下往复运动。当关闭冲击部分操纵阀停止冲击时，启动阀杆两端压力差消失，因此它在弹簧推动下复位，为下次启动做好准备。

C　YGZ－90 型凿岩机的转钎工作原理

YGZ－90 型凿岩机的转钎机构由齿轮式风马达驱动。其工作原理如图 3－4 所示，风马达由一对啮合的齿轮 2 和 5，以及风马达体 1 和端盖组成。当压气从风马达的右侧气孔 A 进入而左侧气孔 B 与大气相通时，压气在风马达齿轮上产生压力差，使两个啮合的齿轮按图示方向旋转。压力充满于齿沟中，并沿着齿轮旋转方向流入风马达的左侧，由左侧风道排入大气。反之，当风马达的左侧气孔 B 进入压气而右侧气孔 A 与大气相通时，风马达齿轮反转。因风马达齿轮正转成反转，使钎尾可以左转或右转，便于钎杆连接和拆卸。

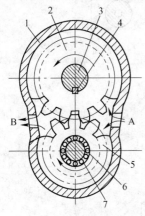

图 3 - 4　齿轮工作原理图

1—风马达体；2，5—齿轮；
3—主轴；4—键；
6—滚动轴承；7—固定轴
A—进气孔；B—排气孔

3.1.1.2　YG - 80 型导轨式凿岩机和 CTC - 700 型凿岩台车

　　YG - 80 型导轨式凿岩机的机头与 YGZ - 90 型凿岩机相似。该机的主要特点：配气阀为碗状阀，配气方式为控制阀式，转动机构是双向的，能带动钎具正转，退出钎杆时，钎杆机构带动钎杆反转，使螺纹松脱。它与夹钎器配合，可实现机械化卸钎，以减轻体力劳动。YG - 80 型凿岩机噪声很大，为了减少噪声，带有消声装置。这种凿岩机通常适用于中硬和坚硬的岩石中凿岩。最大凿岩深度可达 30m，但多控制在 25m 以下。YG - 80 型凿岩机常与 CTC - 700 型凿岩台车配套使用。

　　CTC - 700 型凿岩台车是我国目前使用较多的采场凿岩台车。整机由推进器部分、叠形架部分、底盘部分、液压系统和气功系统组成。推进器的作用是使凿岩机进退，并给予一定推力。推进器前端的夹钎器，可使接卸钎杆机械化。叠形架的作用是根据凿岩要求，将推进器调整到所需的位置和角度。底盘部分由底盘、前后轮、前后液压千斤顶、前轮转向机构和后轮行走机构组成。液压系统的主要部件有油泵、液压缸（台车共有十个液压缸）、单向阀（装在油泵的出油口处）以及液压操纵阀（台车共有九个相同的液压操纵阀）。气功系统是将压气由总的进风阀经过滤网和注油器后分三路分别进入各种操纵阀来控制各部件。CTC - 700 型凿岩台车的特点是在车上只装有一台凿岩机进行接杆凿岩，胶轮行走机构，可专门用来凿上向扇形和平行中深孔。

3.1.2　凿岩工具

　　接杆凿岩的工具与浅孔凿岩工具基本相同，包括钎头、钎杆、钎尾和连接套。

3.1.2.1　钎头

　　钎头多采用镶硬质合金片的一字形和十字形钎头。凿出孔径为 55 ~ 75mm，由于凿孔径较大，故用超前刃的塔形钎头，如图 3 - 5 所示。用塔形钎头凿岩时，由于孔内大部分岩石是在两个自由面的情况下破碎，因此其凿岩速度比较高，另外由于塔形钎头的超前刃先凿入孔底，钎头不易歪斜，凿出的孔较圆。但其两个缺点是修磨和制造都比较困难。

3.1.2.2　钎杆

　　钎杆多采用 95 铬钼、35 硅锰钼钒、40 铬等制成的 25mm 的中空六角钢和 32mm 的中空圆钢，钎杆长 1.6 ~ 2m，两端各有 80mm 长的螺纹段，作为钎杆与钎头或钎杆与钎尾连接之用。接杆凿岩的钎杆如图 3 - 6 所示。

图 3 - 5　塔形钎头

3.1.2.3　钎尾

　　钎尾的材料与钎杆相同，其形状和规格如图 3 - 6 所示。钎尾随凿岩机不同而异，X01 - 38 型凿岩机的钎尾一般有四种长度，即 0.3m、0.8m、1.3m、1.8m，钎尾一端车有螺纹，以便与

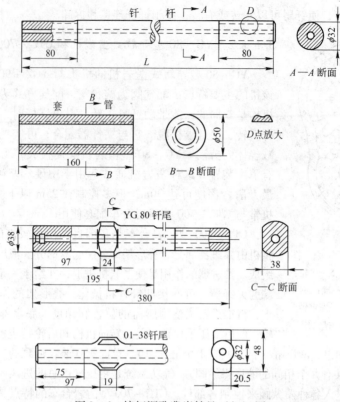

图 3 - 6　接杆深孔凿岩钻具（组）图

钎头和钎杆连接。YG - 80 凿岩机比较特殊，钎尾只有一种规格，钎尾长 380mm，前端直径 32mm，车有螺纹，后部直径 38mm，中部有凸起挡环，钎尾与钎杆用连接套连接。

3.1.2.4　连接套

连接套，一般用40 铬、20 铬和45 号钢制成，用来连接钎杆与钎杆、钎杆与钎尾之用，其长度为 160mm，外径为 46 ~ 50mm，套内车有螺纹。而连接螺纹的形式多采用波形和波形与锯齿形的复合形式，以适应冲击凿岩和便于接卸钎杆。

3.1.3　接杆式深孔凿岩机的现场操作

与此法操作有关的炮孔布置问题和安全操作规程，在4.2 节和5.2 节中介绍。

3.2　潜孔式深孔凿岩机

潜孔式深孔凿岩机，又称潜孔钻。目前我国使用较多的潜孔钻机有 CLQ - 80、YQ - 100A、YQ - 150A、KQ - 200 型等，现以 YQ - 100A 型潜孔钻机为典型实例，介绍其主要结构。

3.2.1　潜孔式深孔凿岩机的结构

YQ - 100A 型潜孔钻机主要用于井下采矿和天井掘进时钻凿通风孔。该钻机由冲击机构、回转机构、推进机构、钻具组、支柱、注油器和操纵系统组成。

3.2.1.1　冲击机构

冲击机构是独立的，它组装在冲击器内。冲击器前端直接与钻头连接，后端连接钻杆，钻孔时，冲击器用钻杆送入孔内，活塞直接冲击钻头，使钻头有效地凿到矿岩上破碎矿岩。图3－7为C－100型冲击器的结构图。

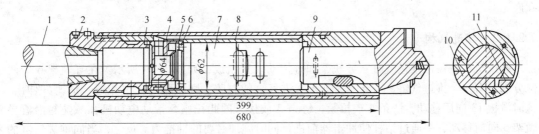

图3－7 C－100型冲击器结构图

1—钻杆；2—接头；3—密封圈；4—阀柜；5—阀片；6—阀盖；

7—活塞；8—缸体；9—钻头；10—扁销；11—止动销

它的配气阀，由阀盖6、阀片5和阀柜4组成，属于活阀式配气类型。当冲击行程时，压气从钻杆1的中心孔进入冲击器，经过阀柜气道和阀盖中心孔进入气缸后腔，推动活塞向前运动冲击钻头，完成冲击行程。此时，活塞通过排气孔，则气缸后腔与大气相通，压力下降至大气压，而气缸前腔气体受压缩，压气经缸体气道和阀柜侧孔，推动阀柜使其向前运动，从而关闭阀盖中心孔，使阀柜侧孔通气，返程开始。此时气经阀柜侧孔和缸体气道进入气缸前腔，推动活塞往后运动，完成返回行程。当活塞通过排气孔后，气缸前腔与大气接通，这时气缸后腔气体受压缩，经阀盖中心孔推动阀片，使阀片向后运动，打开阀盖中心孔，关闭阀柜侧孔，又开始冲程。

3.2.1.2 回转机构

YQ－100A型潜孔钻机的回转机构主要由回转电动机、回转减速箱、供风装置、连接头和卸钎器组成。其结构如图3－8所示。电动机壳体1用螺栓与减速箱体11固定，风管接头12拧接在减速箱体上，在减速箱内装有六个正齿轮如图中的2～7正齿轮，其中的正齿轮2与电动机轴固定，齿轮7与空心轴8固定，而套筒14用螺母压紧在空心轴上，在套筒上套装有连接头15，卸钎器16套装在连接头上，它们之间用螺钉固定。钻机的钻杆穿过卸钎器的中心孔，拧接在连接头的螺纹上。

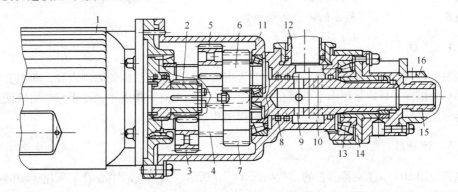

图3－8 回转机构图

1—电动机壳体；2～7—正齿轮；8—空心轴；9—圆孔；10—环形槽；11—减速箱体；

12—风管接头；13—单列圆锥滚子轴承；14—套筒；15—连接头；16—卸钎器

当电动机转动时，通过减速箱中的齿轮减速后带动空心轴、套筒及连接头，使钻杆和冲击器转动实现转钎作业。而压气通过输风管进入旋转的空心轴，并经钻杆中心孔至冲击器到达孔底。

3.2.1.3　推进机构

推进机构主要由推进气缸、导轨架和链传动装置组成，如图 3 – 9 所示。在导轨架 6 的两侧分别各有一个推进气缸 9，当压气进入推进气缸的右腔，则左腔与大气相通，活塞杆伸出，这时滑板 13 向后移动，链条 4 被拉紧，链条 3 放松，因此托座 5 带动电动机和减速箱沿着导轨架 6 向前移动，并通过钻杆使冲击器前进，同时施加必要的轴推力。反之，当向推进气缸的左腔通入压气时，右腔与大气相通，活塞杆缩回，链条 3 被拉紧，托座带动电动机和减速箱向后移动，钻杆和冲击器也同时后退。冲击器的进退速度快慢和轴推力的大小，主要取决于进入气缸的压气量；因此，只要使压气的流向和流量改变，就能控制冲击器运动的方向和速度以及改变轴推力的大小。

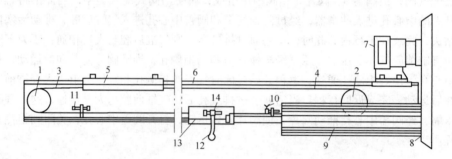

图 3 – 9　推进机构图

1，2—链轮；3，4—链条；5—托座；6—导轨架；7—托钎器；8—挡板；9—气缸；
10，11—挡铁；12—手柄；13—滑板；14—滑套

托座 5 的行程，主要通过滑套 14 中的手柄 12 来控制，手柄放在不同位置，托座行程不一样。正常凿岩手柄放在中间置，手柄的前、后位置为卸钎使用。

托钎器在导轨架的前端，用它将钻杆托住，以防钻杆弯曲。在托钎器的后端有一个四方框，其上有孔，从孔中插入叉子夹住钻杆上的槽子，便于接卸钻杆。在导轨架的前端还装有一块挡板 8，以防止从孔中排出的岩渣污染机器。

3.2.1.4　支柱

该钻机有两根螺旋支柱，竖立在前面的为主支柱，竖立在后面的为副支柱，两根支柱上装有可移动的横臂，导轨架用卡子卡紧在横臂上。主支柱上有手摇绞车，便于移动钻机使用，当钻机全部定位后，拧紧连接螺栓，以防钻机横向移动。

3.2.1.5　注油器

该机使用 804 型注油器。它的结构如图 3 – 10 所示。当压气沿中心管 1 高速运动时，一部分压气经孔 4 和小管 3 进入注油器壳体 2 内，对油施加压力的同时，压气还流经孔 5，并在孔口处形成负压，因此润滑油经孔 6 和孔 5 向外喷出，立即被压气吹成雾状，同时随压气进入一个运动部位进行润滑。当需要控制油量时，调节螺钉 7。打开盖子 8，可向注油器内加油。

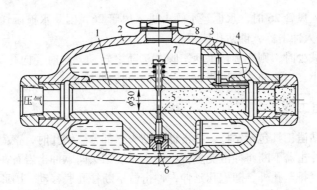

图 3-10 注油器结构图

1—中心管；2—壳体；3—小管；4，5，6—孔；7—螺钉；8—油盖

3.2.1.6 操纵系统

钻机的操纵系统包括两部分，即电动控制部分和气动部分。电动控制部分主要由三相闸刀开关、磁力启动器和按钮组成。按钮盒上有三个按钮，分别控制电动机正转、反转和停转，气动控制部分主要使用风水控制器，其结构如图 3-11 所示。

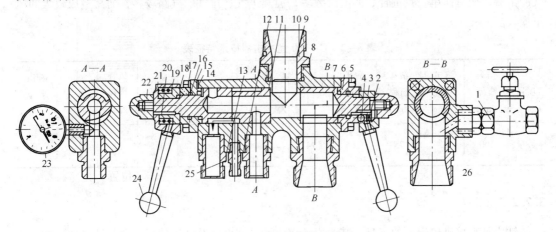

图 3-11 风水控制器结构图

1—水阀；2—弹簧；3—转动套；4—钢球；5—螺栓；6—端盖；7—阀芯；8—端盖；9—进风管；
10—壳体；11—阀芯；12，13—风管接头；14—胶垫；15—端盖；16—密封圈；17—螺栓；18—挡圈；
19—弹簧；20—键；21—转动套；22—螺帽；23—压力表；24—手柄；25—排气管；26—风管接头

在壳体 10 上有进风管 9、排气管 25 和风管接头 12、13、26，在壳体内有两圆柱形阀芯 7 和 11，阀芯 7 控制冲击器，阀芯 11 控制推进气缸，分别用手柄操纵。阀芯 11 有一个中心圆孔与进风管相通，中心孔旁有两个径向孔和两个槽子，因此压气经中心孔通过右侧径向孔及风管 12，进入推进气缸使钻杆前进。而推进气缸另一端压气经 13 通过左侧槽子，从气管 25 排出。

当钻杆后退时，把手柄转动 180°，这时阀芯 11 也旋转 180°，使左径向孔和右槽子转到下方。则压气经左径向孔和风管 13 进入推进气缸而使钎杆后退。这时推进气缸另一端的压气经风管 12 和右槽子从排气管排出。随着阀芯的转动，月牙槽（如 A—A 剖面图所示）与风管的接触面积也随着改变，从而控制进入气缸的压气量。

壳体 10 内的阀芯 7 内有一个中心圆孔与进风管相通，圆孔旁边有一个径向孔。当压气中心圆孔及径向孔进入风管 26 时，水也经水阀 1 进入风管 26，因此水被压气吹成雾状，形成风水混合经风管 26 进入冲击器，供钻孔使用。

当需要供风量减少时，则要旋转手柄，阀芯 7 随之转动，这时径向孔与风管 26 接触面积减小，供风量也变小；当径向孔与风管 26 不通时，冲击器停止工作。

3.2.2　潜孔式凿岩工具

潜孔式钻机的钻凿工具包括钻杆、冲击器和钻头三部分。钻孔时，整个钻具随同钻机回转机构一起转动，而冲击器不断将冲击能量传给钻头，使钻头间歇冲击岩石，在钻孔过程中所形成的岩粉，通过压气排至孔外，随炮孔延伸，冲击器不断往孔底移动，因此冲击器又称潜孔冲击器。

3.2.2.1　冲击器

冲击器和凿岩机一样，也是以钻头直径、气缸内径、单次冲击功、冲击次数、耗风量等指标来表示冲击器的技术特征的。地下潜孔钻机 YQ－100A 型及 YQ－100 型所用的冲击器为 C－100 型冲击器，其技术特征如表 3－2 所示。这种冲击器是旁侧排气的冲击器。所谓旁侧排气冲击器是指冲击器的工作废气及一部分压气由冲击器的缸体排至孔壁，然后进入孔底。旁侧排气冲击器，构造简单、重量轻、冲击次数多，但其进气、排气的气路较多，而易造成较大的风量损失。

表 3－2　C－100 型冲击器技术特征表

项目	钻头直径/mm	气缸内径/mm	活塞行程/mm	活塞重量/kg·m	冲击功/J	冲击次数/次·min^{-1}	消耗风量/m^3·min^{-1}	风压/MPa	风管内径/mm	类型	冲击器重/kg
数量	100	62	75	1.65	74	1900	6	0.5	32	旁侧排气	13

3.2.2.2　钻头

钻头是直接破碎岩石的工具。其凿岩效率、钻进速度以及钻头使用寿命与钻头的结构形式和材质有很大关系。钻头在凿岩时一般要承受很大的动载荷和摩擦作用，因此要求钻头体要有较好的耐磨性、较好的表面硬度和足够的冲击韧性。地下潜孔式凿岩机所用的钻头，通常为镶硬质合金片的超前刃钻头，如图 3－5 所示的塔形钻头。这种钻头应用很多，现在多用十字形超前刃钻头和十字形钻头。

超前刃钻头成孔规则，钻刃磨损较慢，有较高钻进速度，但这种钻头由于超前刃部分受力较大而易折断，制造和修磨较困难，因此，有些矿山采用十字形钻头，宜于实现中心排气，并且合金片刃角易修磨，结构形式较好。也有些矿山采用柱片混装型钻头，如图 3－12 所示。这种钻头的周边镶焊刃片而中心处嵌装柱齿，根据钻头破碎岩石的特点，即钻头中心破碎岩石体积小而周边破碎岩石体积大而制造，能比较好地解决钻头径向快速磨损问题，凿岩效果较好，但其制造工艺比较复杂。

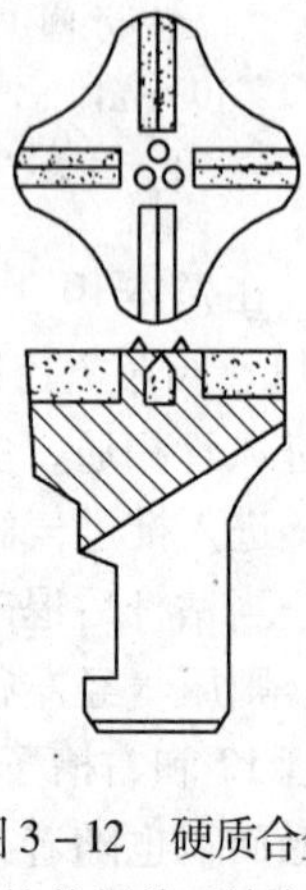

图 3－12　硬质合金柱状超前刃钻头

3.2.2.3 钻杆

钻杆是由无缝钢管焊接而成的，钻杆的前端加工有外螺纹，后端车有内螺纹，接杆时一根钻杆的外螺纹拧接在另一根钻杆的内螺纹上，另外在每根钻杆的后端有两处锻造成对接平面，便于接卸钻杆使用，其结构如图3-13所示。

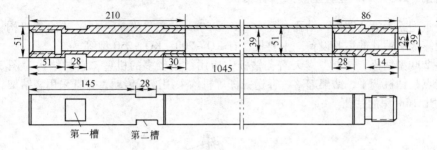

图3-13 钻杆结构

3.2.3 潜孔钻机的生产技术参数

潜孔钻机的生产能力，主要取决于矿岩性质和工作风压。在风压为0.5MPa的条件下，几种钻机生产能力见表3-3。

表3-3 潜孔钻机生产能力

钻机型号	冲击器型号	钻头直径 /mm	岩石静态轴抗压强度 /MPa	穿孔速度 /m·h⁻¹	台班效率 /m·（班·台）⁻¹
CLQ－80	J－100 QC－100	110	60～80	8～12	40～50
			100～120	5～7	30～40
			120～140	3～4	20～30
			160～180	2～3	12～16
YQ－150A	J－150	155	60～80	10～15	60～70
	QC－150B	165	100～120	6～8	35～45
	J－170	175	120～140	4～5	25～35
	W－170		160～180	2.5～3.5	18～22
KQ－200	J－200	210	60～80	12～18	70～80
			100～120	7～9	40～50
	W－200	210	120～140	4.5～6	30～40
KQ－250	QC－250	250	160～180	3～4	20～25

3.2.4 潜孔式凿岩机的特点

潜孔式凿岩机是利用潜入孔底的冲击器和钻头对岩石进行冲击破碎的。它与接杆式深孔凿岩机相比较，具有钻孔深度大的优点。接杆式深孔凿岩机钻孔能量小，钻孔的深度和孔径受到一定的限制，当深度和孔径增加时，其凿岩生产率急剧下降，所以难以满足深孔崩矿的需要。但是潜孔式凿岩机是用钻杆将冲击器送入孔内进行钻孔的，这样可以减少由于钎杆传递冲击功而造成的能量损失，从而减小钻孔深度较大对凿岩效率的影响；另外，潜孔钻机的回转机构及推进机构均在孔外用较大的动力驱动，因此，潜孔钻机能量大，能够钻凿大孔径的深孔，凿岩效率高。

潜孔式凿岩机主要用在井下采矿钻大直径探孔，此外还可用来钻天井掘进时的通风孔，其直径可达 100～130mm。

3.2.5 国产 KQ－200 型重型露天潜孔钻机

国产重型露天潜孔钻机，钻孔直径为 180～250mm，重量为 30～45t，有自行机构，可作为大、中型露天矿钻孔的主要设备。主要机型有 KQ－200、KQ－250 型等。

KQ－200 型钻机，是重型露天潜孔钻机中应用数量较多的机型，它的结构为图 3－14 所示。其特点是钻机调平、钻架起落、存送钎杆等机构采用液压传动，并且采用高钻架，一次可以连续钻出 16m 深的钻孔。

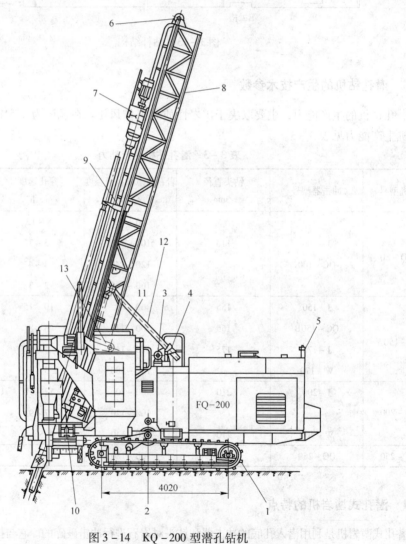

图 3－14 KQ－200 型潜孔钻机
1—行走履带；2—行走传动机；3—钻架起落电机；4—钻架起落机构；5—托架；
6—提升链条；7—回转供风机械；8—钻架；9—送杆器；10—空心环；
11—干式除尘器；12—起落齿条；13—钻架支撑轴

　　该潜孔钻机的钻架，是由钢管或方钢管、角钢、槽钢等型钢焊接成空间行架。机架，用工字钢、槽钢、钢板等型钢焊接成。钻架和机架连接，可绕铰接轴转动，以适应各种钻孔方向。

　　钻架上安装有回转供风机构、推进提升机构、钻具、接送杆机构。钻架的平台上布置有机棚、除尘系统、司机室。机棚内安装有变压器、控制柜、空压机、油泵站、行走传动装置或主传动装置。

　　图3-15就是KQ-200型钻机的平面布置图。钻架和机架受力复杂，作用载荷大，所以应有足够的强度和刚度。机架通过横梁，坐落在履带架上。

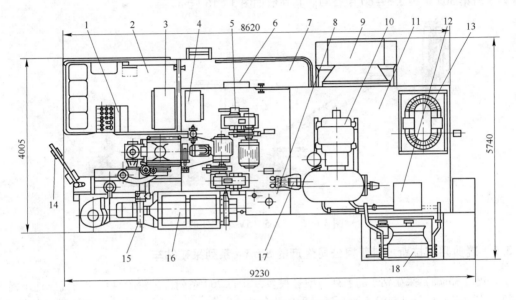

图 3-15　KQ-200 型钻机平面布置图

1—操纵台；2—司机室；3—1 号电控柜；4—2 号电控柜；5—行走传动机构；6—梯子；7—走台；
8—水箱；9—机棚空气净化装置；10—空压机；11—底盘；12—空压机电控柜；13—变压器；
14—悬臂吊；15—高压离心通风机；16—干式除尘器；17—水泵；18—空压机油冷却器

　　KQ-200 型钻机采用开口架。钻架上布置回转机构、推进提升机构与推杆机构等，安装、检修内部机件方便；但为了保证开口一侧的刚度，钻架截面尺寸较大。

　　KQ-200 型钻机的回转供风机构、推压提升机构、接卸钻杆等内容，可以查看第 6.3.4 节提到的《中国采矿设备手册》和《采掘机械和运输》等参考资料。

3.3　深孔钻车和伞形钻架简介

　　国外生产的钻车已形成系列产品，瑞典阿特拉斯·科普柯（Atlas Copco）公司、美国的汤姆洛克（Tamrock）公司、瑞典的山特维克（Sadvik）公司❶，已经成为当今世界上液压钻车占有率最高的公司。

---

❶山特维克公司，成立于 1862 年，总部位于瑞典山特维肯，是获得中国劳动和社会保障部批准的第一家实行企业年金的外国企业；2006 年销售额 777 亿瑞典克朗。汤姆洛克公司，是世界上著名的岩石开采机械供应商，主要生产岩石钻探挖掘设备、全套隧道挖掘设备、地表钻探设备等，为建筑及采矿工业提供产品及服务，该公司的总部位于美国印第安纳州哥伦布市。

3.3.1　山特维克（Sadvik）公司生产的采矿深孔钻车

山特维克公司生产的深孔采矿钻车主要有 Quasar 和 Solo5 – 5 系列。

其中的 Quasar1 L、Solo5 – 5V 钻车，适用于中小型地下矿山，最小的作业断面为 2.9m ×
2.9m，最大作业断面为 7.0m × 4.6m，凿岩孔径为 48 ~ 64mm，可钻的孔深为 23m。万能钻臂，
可以多方位钻孔，回转角度 360°。平行钻孔范围为 5.4m，适用钻杆为 R32、T38。液压控制，
测量参数为钻孔角度、深度。其主要的技术规格指标可以从 6.3.4 节所列的《中国采矿设备手
册》上册第 305 页表 2.3 – 60 中查阅。其外形如图 3 – 16 所示。

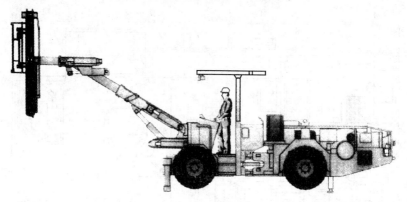

图 3 – 16　Solo5 – 5V 采矿外形图

3.3.2　瑞典阿特拉斯·科普柯公司生产的 Simba 系列采矿钻车

辛巴（Simba）采矿钻车的系列与型号很多，Simba260 系列，是轮胎自行式高气压地下潜孔
钻机。它的底盆与 Simba250 系列顶锤式采矿钻车结构完全一样，钻臂、滑台、旋转器的型号也完
全一样，只是推进器、夹钎器与凿岩机具有所不同；Simba260 系列是用潜孔冲击器，而 Simba250
系列是顶锤式液压凿岩机。Simba260 系列包含 Simba260/261/262/263/264 五个型号，我国曾经引
进多种 Simba261 型地下潜孔钻机，目前 Simba260 系列的五个型号中，因 Simba260 和 Simba261 两
种钻机不能打平行孔，已经很少使用，最常用的是 Simba262、Simba263、Simba264 三个型号。
Simba262、Simba263、Simba264 的外形尺寸见图 3 – 17，凿岩孔径为 51 ~ 89mm，可钻孔深达 50 多
米。其他技术规格见《中国采矿设备手册》上册第 218 页表 2.3 – 3。

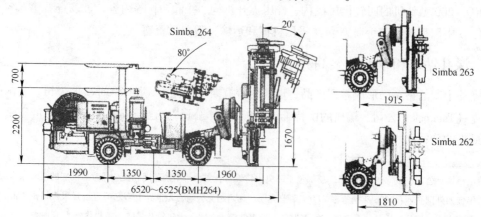

图 3 – 17　Simba262/263/264 地下潜孔钻机外形尺寸图

3.3.3 国内生产的高气压环形潜孔钻机

3.3.3.1 CS-100 型高气压环形潜孔钻机

长沙设计研究院机械厂生产的 CS-100 型高气压环形潜孔钻机，是地下轮胎式潜孔钻机，它是借鉴了瑞典阿特拉斯·科普柯公司 Simba260 和加拿大连续采矿公司 CD360 等潜孔钻机的先进结构和控制技术研制而成的，属于井下深孔凿岩设备。它的钻臂 3 前倾角为 10°，后倾角为 75°，推进器 5 可回转 360°，其结构如图 3-18 所示，主要技术规格见《中国采矿设备手册》上册第 226 页表 2.2-9，凿岩孔径为 76~127mm，可钻孔深达 100m。

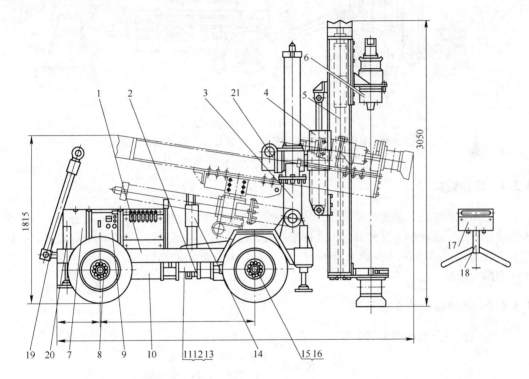

图 3-18 CS-100 型地下轮胎式高气压环形潜孔钻机

1—机架；2—驱动系统；3—钻臂；4—补偿架；5—推进器；6—回转头；7—安车棚位；8—后桥；9—电控系统；
10—动力系统；11—液压系统；12—气水系统；13—油筒；14—操作台；15—前桥；16—转向系统；
17—钻机操作台；18—钻进操作支架；19—托架；20—支腿油缸；21—推进器环形外转器

3.3.3.2 T-150 高气压环形钻机

安徽铜陵铜冠机械公司生产的 T-150 高气压环形钻机，如图 3-19 所示。它与其他钻机相比，具有如下特点：

(1) 设计工作风压 1.7MPa，可提高生产能力；拆卸杆系统减轻了作业人员劳动强度。

(2) 远程控制系统可设置在安全、方便的位置，深孔施工完全在操作台上监控操作。

(3) 可实行 360° 回转钻架，提供全方位凿岩；支撑机构稳定可靠保证了钻孔精度。

(4) 四轮独立驱动，钻机行走通过能力强；大扭矩马达直接驱动，结构简单，效率高。

(5) 电子脉冲注油系统，有效润滑冲击器，液压主泵的双向滤油保护，使用寿命长。

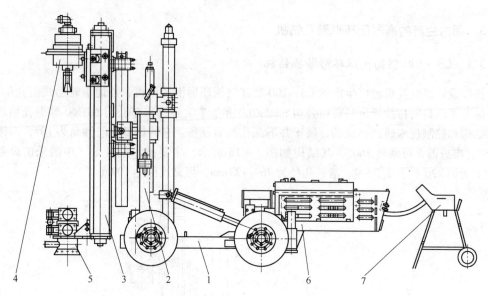

图 3 - 19　T - 150 高气压环形钻机

1—底盘行走机构；2—钻架定位机构；3—推进器总成；4—回转机构；

5—辅助工作机构；6—动力架；7—移动操作台

3.3.4　牙轮钻机

牙轮钻机的穿孔，是通过推压和回转机构给钻头以高钻压和扭矩，将岩石在静压、少量冲击和剪切作用下破碎的。这种破碎形式称滚压破碎。牙轮钻机是一种高效率的穿孔设备，一般穿孔直径为 250 ~ 310mm，少数为 380mm，并有向 420mm 发展的趋势。目前，牙轮钻机广泛用于大型露天爆破。

3.3.4.1　牙轮钻机的类型

牙轮钻机的分类如图 3 - 20 所示。

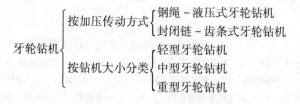

图 3 - 20　牙轮钻机的分类

3.3.4.2　牙轮钻机的优缺点及选择

牙轮钻机的优点如下：

（1）与钢绳冲击钻机相比，穿孔效率高 3 ~ 5 倍，穿孔成本低 10% ~ 30%。

（2）在坚硬以下岩石中钻直径大于 150mm 的炮孔，牙轮钻机优于潜孔钻机，穿孔效率高 2 ~ 3 倍，每米炮孔穿孔费用低 15%。

牙轮钻机的缺点如下：

（1）钻压高，钻机重，设备购置费用高。

（2）在极坚硬岩石或 ϕ < 150mm 时，钻头使用寿命低，每米凿岩成本比潜孔钻机高。

牙轮钻机的选择，必须与爆破规模、岩石性质、装运设备相适应，参考情况见表3-4；而国产牙轮钻机型号及技术性能见表3-5。

表3-4 牙轮钻机选择的参考表

炮孔直径/mm	岩石硬度		
	中 硬	坚 硬	极 硬
120~150	ZX-150 KY-150	KY-150	
170~270	KY-250 YZ-35 45-R	YZ-35 45-R KY-250	YZ-35
270~310	60-R（Ⅲ） YZ-55	60-R（Ⅲ） KY-310 YZ-55	60-R（Ⅲ） KY-310 YZ-55
310~380	YZ-55 60-R（Ⅲ）	YZ-55 60-R（Ⅲ）	YZ-55 60-R（Ⅲ）

表3-5 国产牙轮钻机主要型号及技术规格

名 称	钻 机 型 号					
	KY-310	YZ-55	KY-250	YZ-35	KY-150	ZX-150A
钻孔直径/mm	250~310	250~380	220~250	170~270	120~150	150
钻孔方向/(°)	90	90	90	90	60、75、90	90
钻孔深度/m	17.5	16.5	17	16.5	19.3	21
钻杆直径/mm	219、273	219、273、325	159、194	140、219	104、114	114
钻杆长度/m		15、16、18.5			9.2	7.5
加压方式	封闭链	封闭链	封闭链	封闭链	封闭链	钢绳-液压缸
钻压/kN	交流给进500 直流给进310	550	420	350	130	110
提升力/kN	154	电力135 液力400	430	230		50
给进速度/m·min^{-1}	0~4.5	0~2	0.8	9.2		2.8
提升速度/m·min^{-1}	11.9~20	0~30	10	36.7		17
钻具回转速度/r·min^{-1}	0~100	0~120	0~115	0~90	45、60、90	90、150
钻机爬坡能力/(°)	12	14	12	8	14	15
行走方式	履带	履带	履带	履带	履带	履带
排渣方式	干、湿	湿	干、湿	干、湿		干
主空压机型号	LG31-40/35	滑片式	LG31-30/3.5	滑片式		BH12/7G

名　称	钻　机　型　号					
	KY - 310	YZ - 55	KY - 250	YZ - 35	KY - 150	ZX - 150A
主空压机/m³·min⁻¹	40	37	30	27.8	25	12
主空压机风压/MPa	0.35	0.28	0.35	0.28	0.4 ~ 0.7	0.45
回转电动机/kW	54	100	50	30		30
提升行走电动机/kW	54	100	75			2 × 16
主空压机电动机/kW	225	155	160	135		75
电动机总容量/kW	388.3		369.3		304.1	
油泵机/kW	22		13			17.5
钻架立起规格 长×宽×高/m×m×m	13.8×5.7× 17	14.5×6.1× 27	11.9×5.5× 17.9	13.3×5.9× 24.5	7.8×3.2× 14.5	7.2×3.2× 11.7
钻架放倒时规格 长×宽×高/m×m×m	17.5×5.7× 7.6	14.5×6.1× 5.6	17.1×5.48× 6.6		13.6×3.2× 5.68	10.8×3.2× 4.27
运输宽度/m	5.7	6.11	5.48	5.9	3.2	3.2
钻机质量/t	118.5	130	88	85	35	30
制造厂家	江西采矿机械厂	衡阳冶金机械厂	江西采矿机械厂	衡阳冶金机械厂	江西采矿机械厂	吉林重型机械厂

3.3.4.3　牙轮钻机的生产技术指标

牙轮钻机生产能力主要取决于岩石性质和钻机工作参数。几种钻机的生产能力见表 3 - 6。

表 3 - 6　牙轮钻机生产能力

岩石名称	单轴压强 /MPa	钻机型号	钻头直径 /mm	穿孔速度 /m·h⁻¹	生产能力 /km· (台·a)⁻¹	孔爆破量 /t·m⁻¹	爆破量 /kt· (台·a)⁻¹
软到中硬: 玢岩、蚀变千枚岩、石灰岩、风化闪长岩、混合岩、绿泥片岩、页岩	50 ~ 80	KY - 150	150	30	50	140	7000
		KY - 250	220	26 ~ 45	50		
		45 - R	250	26 ~ 45	75	140	9000 ~ 11000
中硬到坚硬: 硅化灰岩、花岗岩、白云岩、斑岩、赤铁矿、安山岩、花岗片麻岩、辉绿岩	100 ~ 140	KY - 150	150	15	35	110	4000
		KY - 250	250	18 ~ 25	40		
		45 - R	250	25 ~ 30	50	100 ~ 110	5000 ~ 5500
		60 - R（Ⅲ）	310	25 ~ 30	60	100 ~ 110	6000 ~ 6600

续表 3 - 6

岩石名称	单轴压强 /MPa	钻机型号	钻头直径 /mm	穿孔速度 /m·h⁻¹	生产能力 /km· (台·a)⁻¹	孔爆破量 /t·m⁻¹	爆破量 /kt· (台·a)⁻¹
坚硬岩石: 　灰色磁铁矿、细 粒闪长岩、细晶花 岗岩、重密含铜砂 岩等	140 ~ 160	45 - R	250	10 ~ 16	30	80	2400
		KY - 310	310	10 ~ 16	36	125	4500
		60 - R（Ⅲ）	310	10 ~ 16	45	125	5630
极坚硬岩石: 　致密量磁铁矿、 致密量磁铁石英岩、 透闪石、钒钛磁 铁矿	160 ~ 180	KY - 310	310	6 ~ 8	25	80 ~ 90	2100
		60 - R（Ⅲ）	310	8 ~ 10	30	80 ~ 90	2500

3.3.5　伞形钻架

伞形钻架是主井掘进中应用最普遍的凿岩机具，其外貌如图 3 - 21 所示。

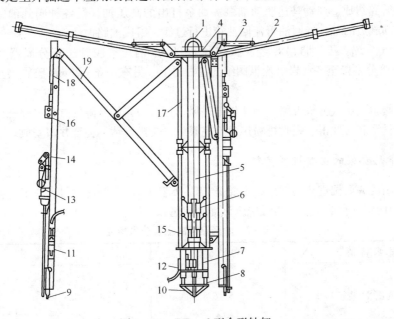

图 3 - 21　FJD - 6 型伞形钻架

1—吊环；2—直撑臂油缸；3—升降油缸；4—顶盘；5—立柱钢管；6—液压阀；7—调离器；
8—调离器油缸；9—活尖顶；10—底座；11—操纵阀组；12—风马达及油泵；13—YGZ - 70 型凿岩机；
14—滑轨；15—滑道；16—推进风马达；17—动臂油缸；18—升降油缸；19—动臂

3.3.5.1　伞形钻架的组成结构

FJD - 6 型伞形钻架是由中央立柱、支撑臂、动臂、推进器、液压系统以及压气系统组成，各部分的作用如下：

（1）中央立柱。它是伞形钻架的躯干，上面安装有 3 个支撑臂、6 个（或 9 个）动臂和液压系统。立柱钢管兼作液压系统的油箱。在立柱底盘上的 3 个同步调高器油缸，可在工作面不平时调整伞形钻架的高度。顶盘上的吊环和下端底座用来吊运、停放和支撑伞钻。

（2）支撑臂。由三组升降油缸、支撑臂油缸组成，和立柱顶盘羊角座构成转动杆机构。由升降油缸将支撑臂油缸从收拢位置（垂直向下）拉到工作位置（水平向上 10°~15°）。然后将中央立柱底座置于井筒中心，调整 3 个支撑臂油缸，调直立柱后，使其支脚牢固地支撑在井壁上。

（3）动臂。在中央立柱周围对称布置 6 组（或 9 组）相同的动臂。动臂与滑道、滑块、拉杆组成曲柄摇杆机构。用动臂油缸推动滑道中的滑块，使动臂运动，从而使与动臂铰接的推进器做径向移动。此外，动臂能沿圆周转动，可使安置在推进器上的凿岩机在 120° 扇形区域内凿岩。

（4）推进器。在 6 个或 9 个动臂上分别装有 6 组（或 9 组）推进器，每组由滑轨、风马达、升降气缸、活顶尖等组成。当动臂把推进器送到要求的位置后，升降气缸把滑轨放下，并使活顶尖顶紧在工作面上，以保持推进的稳定。滑轨上装风马达，带动丝杠旋转，丝杠与安装凿岩机的滑架螺母咬合，从而可使滑架连同凿岩机上、下移动。压气和给水系统，由安设在滑轨一侧的操纵阀组来控制。

（5）液压系统。液压系统由油箱、油泵、油缸、液压阀（包括手动换向阀、单向节流阀、溢流阀）和管路组成。风动马达驱动油泵。油泵打出的高压油，经各种阀到油缸，推动活塞进行工作。卸载后的油，经回油管流回油箱进行过滤，组成油路循环。

（6）压气系统。压气自吊盘经一根直径 $\phi100mm$ 的压气胶管送至分风器后，再用 6 条 $\phi38mm$ 的胶管分别接至各凿岩机操纵阀组的注油器上，另有一条 $\phi25mm$ 胶管接至油泵风马达的注油器上。

经操纵阀组的压气分成五路：一路供推进风马达；一路供升降气缸；另外三路接 YGZ - 70 型凿岩机，供回转、冲击、强吹排粉用。打完眼后，收拢伞钻，提至井口安放。

3.3.5.2　伞形钻架的主要技术特征

金属矿山的井筒掘进伞形钻架，主要是 FJD - 6 和 FJD - 9 两种型号，它的主要技术特征指标如表 3 - 7 所示，在矿山生产实践中应该准确记忆和掌握。

表 3 - 7　伞形钻架的主要技术特征

技　术　特　征		FJD - 6 型	FJD - 9 型	备　注
支撑臂数/个		3	3	
支撑臂支撑范围[①]（直径）/m		5~6.8	4.9~9.5	
动臂个数		6	9	
动臂工作范围：				
水平摆动角/(°)		120	80	
垂直炮眼的圈径范围/m		1.34~6.8	1.64~8.6	
配用凿岩机	型　号	YGZ - 70	YGZ - 70	钎尾 25mm×159mm
	数量/台	6	9	
动力形式		风动 - 液压	风动 - 液压	
油泵风马达型号		TJ8	TJ8	

续表 3 – 7

技 术 特 征	FJD – 6 型	FJD – 9 型	备 注
功率/kW	6	6	
油泵型号	YB – A25C – FF	CB – C25C – FL	
油泵工作压力/MPa	5	6	
推进器形式	风马达 – 丝杠	风马达 – 丝杠	
推进行程	3	4	
推进风马达型号	TBIB – 1	TM1 – 4	
功率/kW	1	4	
工作风压/MPa	0.5 ~ 0.6	0.5 ~ 0.6	
工作水压/MPa	0.4 ~ 0.5	0.4 ~ 0.5	
最大耗风量/$m^3 \cdot min^{-1}$	50	80	
外形尺寸:			
高/m	4.5	5	
外接圆直径/m	1.5	1.6	
总质量/t	5	8.5	

①FJD – 6 型伞形钻架，支撑臂加长后，支撑范围可到 7.5m。

复习思考题

3 – 1　接杆深孔凿岩机有几种，国内矿山常用哪些？

3 – 2　YGZ – 90 型和 YG – 80 型凿岩机的主要特点是什么？

3 – 3　接杆凿岩的凿岩工具包括哪些，各采用什么材料制成？

3 – 4　简述我国引进和研制先进采矿钻车的主要情况。

3 – 5　国产 KQ – 200 潜孔钻机的主要技术性能指标有哪些？

3 – 6　YQ – 100A 型潜孔凿岩机的结构及其动作原理是怎样的？

3 – 7　牙轮钻机的类型有几种，它的穿孔工作原理是怎样的？

3 – 8　牙轮钻机有哪些生产能力指标，每小时能打多少米钻孔？

3 – 9　用牙轮钻机穿孔的主要优缺点是什么？

3 – 10　伞形钻架是用来做什么的？

3 – 11　FJD – 6 型伞形钻架由哪些结构组成，各自的作用是什么？

4　采掘作业的炮孔布置

本章提要：进行凿岩工作除了要对凿岩的方法和所使用的机械设备有所认识以外，还应该对不同炮孔的种类、炮孔作用与布置要求也有一个清醒的认识。因此，本章学习巷道掘进炮孔布置和深孔采矿炮孔布置方面的应知、应会知识。

4.1　巷道掘进的炮孔布置

4.1.1　巷道掘进的炮眼种类

巷道掘进是在只有一个自由面的狭小工作面上布置炮孔，要达到理想爆破效果，必须将各种不同作用的炮孔合理地布置在相应位置上，使每个炮孔都能起到应有的爆破作用。掘进工作面的炮眼，按其用途和位置可分为掏槽眼、辅助眼和周边眼三类（如图4-1所示）。其爆破顺序必须是，先起爆掏槽眼，其次辅助眼，最后再起爆周边眼，才能保证爆破效果。

4.1.1.1　掏槽眼

掏槽眼的作用，是首先在工作面上将一部分岩石破碎并抛出，在一个自由面的基础上再崩出第二个轴向自由面来，以便为其他炮眼的平行爆破创造条件。掏槽的效果好坏对循环进尺起着决定性的作用。

掏槽眼一般布置在巷道断面中央和底板以上一定距离处，这样便于掌握方向，并有利于其他类型炮眼爆破的岩石借助自重崩落。

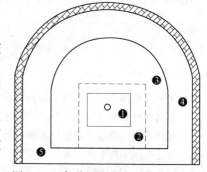

图4-1　各种用途的炮眼名称示意图
○—定位眼；❶—掏槽眼；
❷—辅助眼；❸—崩落眼；
❹—周边（帮）眼；❺—底眼

4.1.1.2　辅助眼

辅助眼在生产现场，有时又称为"接眼"（"小接眼"、"大接眼"）与崩落眼，它们的作用是将第二个轴向自由面周边的围岩进一步崩落下来，为周边眼的爆破和形成巷道轮廓创造条件。

4.1.1.3　周边眼

周边眼又分为顶眼、底眼、帮眼，它们的共同作用是爆破巷道轮廓周边岩石和让巷道轮廓达到预期要求。这三种炮眼中，一般是先爆破帮眼，然后再爆顶眼或底眼；巷道底板边拐角处的周边眼最后爆破。

4.1.2　巷道掘进的炮眼布置图表

下面是某矿-250m中段水平巷道，采用直眼掏槽、光面爆破的布置，如图4-2所示。平巷掘进的炮眼爆破图表，是指导施工的技术文件。内容包括三部分：第一部分是爆破原始条件；第二部分是炮眼布置、装药量与起爆顺序说明；第三部分是预期爆破效果。详细内容见表4－1、表4－2和表4－3。

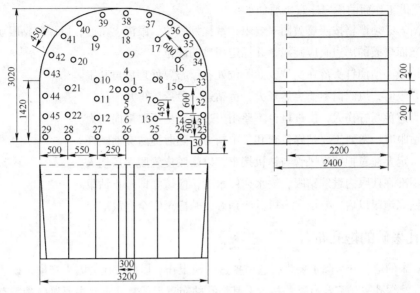

图4－2　光面爆破炮眼排列图

表4－1　爆破原始条件

名　称	数　量	名　称	数　量
掘进断面/m²	8~73	炮眼数目/个	45
岩石的坚固性系数 f	4~7	雷管数目/个	44
炮眼深度/m	2.2	总装药量（2号岩石硝铵炸药）/kg	27.5

表4－2　炮眼装药量与起爆顺序

眼　号	炮眼名称	眼数/个	眼深/m	装药量 单孔 卷数/个	装药量 单孔 质量/kg	装药量 小计 卷数/个	装药量 小计 质量/kg	爆破顺序	连线方式	装药结构
1	空　眼	1	2.3							
2~5	掏槽眼	4	2.3	7	1.05	28	4.20	I		
6~11	一圈辅助眼	6	2.2	5	0.75	30	4.50	II		连续反向装药
12~22	二圈辅助眼	11	2.2	5	0.75	55	8.25	III	串联	
31、32 44、45	帮　眼	4	2.2	2	0.30	8	1.20	IV		
33~43	顶　眼	11	2.2	2	0.30	22	3.30	IV		
23~30	底　眼	8	2.2	5	0.75	40	6.00	V		

表4－3　预期爆破效果

名　称	数　量	名　称	数　量
炮眼利用率/%	91.0	每米巷道炸药消耗量/kg	13.8
每循环工作面进尺/m	2.0	每循环的炮眼总长度/m	99.5
每循环爆破的实体/m³	17.5	每立方米岩石雷管消耗量/发	2.5
炸药消耗量/kg·m⁻³	1.6	每米巷道雷管消耗量/发	22.0

4.1.3   巷道掘进工作面的凿岩注意事项

巷道掘进工作面的凿岩注意事项如下：

（1）凿岩必须严格按照爆破图表要求，掌握好眼位、眼深、角度，以保证钻眼质量。

（2）光面爆破的周边眼应画线，并标定周边的眼位。

（3）钻眼必须使钎头落在实位，如眼位处有浮石要处理后再开眼。

（4）开眼时，风阀门不要突然开大，待钻进一段后，再开大风门。

（5）为避免断钎伤人，推进机台不要用力过猛，更不要横向用力。

（6）钻眼时，凿岩工要站好位置和集中精力，随时提防突然断钎。

（7）一定要注意把胶皮风管与钻机接牢，以防胶皮管脱落后伤人。

（8）不准在残眼内继续钻眼；缺水或停水时，应该立即停止钻眼。

（9）钻完炮眼以后，要把凿岩机具清理好，并撤至安全存放地点。

4.2   深孔采矿的炮孔布置

金属矿床的地下开采除了要进行巷道掘进的浅眼作业以外，还会因大规模采矿需要而钻凿大量的深孔。深孔采矿究竟有哪些特点？其炮孔的布置形式有几种？主要爆破参数有哪些？现场施工后如何验收？这也是凿岩工应熟悉和掌握的内容。

4.2.1   深孔爆破的特点

深孔爆破，是相对于浅眼爆破而言的。一般是指炮孔直径大于 50mm，孔深超过 5m 以上的炮孔爆破方法。国内深孔爆破对于孔径 50 ~ 75mm、孔深 5 ~ 15m 的炮孔，一般采用接杆凿岩机钻孔；对孔径大于 75mm、孔深为 15m 以上的炮孔，则多采用潜孔钻机或牙轮钻机钻孔。由于每个炮孔装药量较大，所以每一次爆破的规模比较大。

深孔爆破与浅眼爆破相比较的优点是：

（1）一次爆破的装药量较大，可采掘大量矿石；

（2）炸药单耗低，装药次数少，劳动生产率高；

（3）爆破工作集中，便于管理，爆破管理安全性好；

（4）工程速度快，有利于缩短工期和提高回采强度；

（5）有利于地压活动的防治与集中管理等。

深孔爆破的缺点是：

（1）需要专门的钻孔设备，并对钻孔工作面有一定要求；

（2）对钻孔技术要求比较高，容易出现超挖和欠挖的现象；

（3）由于爆破药量相对集中，块度不均匀，大块率较高，二次破碎量大。

但是总的来看，深孔采矿爆破比浅眼采矿爆破的效果更好，所以得到了广泛使用。

4.2.2   深孔排列的特点和布置形式

深孔排列的布置形式，是一项重要的技术工作内容。它将直接影响回采爆破效果。一般是根据矿体的轮廓、所使用的采矿方法、采场结构和采准切割条件等布置。

　　根据炮孔与炮孔之间的空间位置不同，深孔排列的方式可以分为平行孔、扇形孔和束状孔（束状孔用得较少）这三种。根据炮孔的方向不同，又可以分为上向孔、下向孔和水平孔三种。见图 4 - 3 ~ 图 4 - 5。

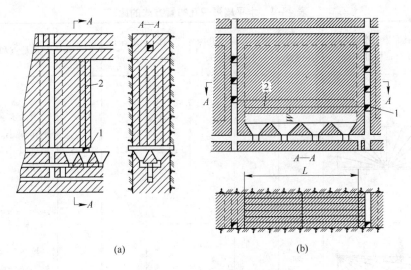

(a)　　　　　　　　　　　　　(b)

图 4 - 3　平行深孔崩矿
（a）上向平行深孔崩矿；（b）水平平行深孔崩矿
1—凿岩巷道；2—深孔

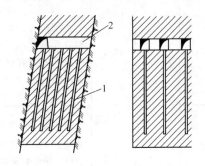

图 4 - 4　下向平行深孔崩矿
1—深孔；2—穿脉凿岩巷道

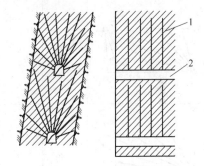

图 4 - 5　上向扇形深孔崩矿
1—深孔；2—沿脉凿岩巷道

　　扇形排列炮孔与平行排列炮孔相比较的优点是：
　　(1) 每凿完一排孔才移动一次凿岩设备，辅助时间少，可提高凿岩效率；
　　(2) 对不规则的矿体来布置深孔，十分灵活，可减少采矿的损失与贫化；
　　(3) 装药和爆破作业集中，节省时间，在巷道中作业条件好，比较安全；
　　(4) 所需掘进的巷道工程量少，采矿准备的时间短。
　　扇形排列炮孔与平行排列炮孔相比较的缺点是：
　　(1) 炸药在矿体中的分布不太均匀，孔口密，孔底稀，爆落块度不均匀；
　　(2) 平均起来计算，每米炮孔崩矿量比平行排列炮孔的崩矿量少。
　　从比较中可知，扇形排列优点突出（特别是井巷掘进量少，辅助时间短）；因而广泛应用于生产实际。下面就扇形深孔中的三种排列方式进行介绍。

（1）水平扇形深孔布置。多为近似水平，但一般向上呈 3°～5°倾角，以利于排除凿岩产生的岩浆或孔内积水。水平扇形孔的多种排列方式，如表 4-4 所示。

表 4-4 水平扇形深孔布置方式的比较

编号	炮孔布置示意图 （40m×16m 标准矿块）	凿岩天井位置	炮孔数 /个	总孔深 /m	平均深 /m	最深孔 /m	每米崩矿 /m³	优缺点和应用条件
1		下盘中央	18	345	19.2	24.5	15.5	凿天井或凿硐室总炮孔深小。井巷工程掘进量小。可用接杆式钻机或潜孔式凿岩机施工
2		对角	20	362	18.1	22.5	14.9	挖掘边界整齐，不易丢矿，总炮孔深小。在深孔崩矿实践中应用较多
3		对角	18	342	19.0	38.0	15.7	控制边界尚好，交错处孔易炸透。使用于潜孔式凿岩机的崩矿爆破
4		一角	13	348	26.8	41.5	15.5	掘进量小，凿岩设备移动少，但大块率较高，单孔长度过大。用于潜孔式凿岩崩矿爆破
5		矿块中央	24	453	18.9	21.5	11.9	总炮孔深，难控制边界，易丢矿。分次崩矿对天井维护困难。多用在矿体稳固时崩矿
6		中央两侧	44	396	9.0	12.0	13.6	大块率低，凿岩工作面多，施工灵活性大，但难以控制边界。用于矿体稳固时的接杆凿岩深孔爆破崩矿

水平扇形炮孔的作业地点，可设在凿岩天井或凿岩硐室中。在用凿岩硐室凿岩时，上下硐室要尽量错开布置，避免硐室之间垂直距离小而发生意外事故。

（2）垂直扇形排列。垂直扇形排列的炮孔排面，为垂直或近似垂直。按深孔的方向不同，又可以分为上向扇形排列和下向扇形排列。

垂直上向扇形排列与下向扇形排列相比较的优点是：

1）适用于各种机械凿岩（而垂直下向扇形只能用潜孔钻或地质钻机凿岩）；

2）岩浆容易从孔口排出、凿岩效率高等。

垂直上向扇形排列的缺点是：

1）钻具磨损；

2）排岩浆过程中，岩浆容易灌入电机（对潜孔而言），作业环境差；

3）当炮孔钻到一定深度时，钻具重量加大，凿岩效率会有所下降。

垂直下向扇形炮孔排列的优缺点正好相反。生产上广泛应用垂直上向深孔。

（3）倾斜扇形排列。倾斜扇形深孔排列，目前应用有限。国内用于无底柱崩落采矿法崩矿爆破，如图4-6所示。用倾斜扇形深孔崩矿的目的是为放矿椭球体发育良好，避免覆盖岩石过早混入，从而减少矿石的贫化损失。

国外一些矿山，采用侧向倾斜扇形深孔崩矿（图4-7所示），也可增大自由面，使垂直扇形炮孔的爆破自由面提高1.5～2.5倍，爆破效果好，大块率可减少3%～7%；特别是对边界复杂的矿体，也可以降低采矿的损失和贫化。

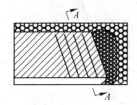 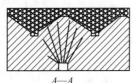 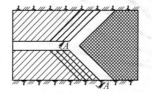 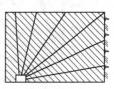

图4-6 无底柱崩落倾斜扇形炮孔   图4-7 侧向倾斜扇形炮孔

4.2.3 深孔采矿的爆破参数

深孔采矿的爆破参数主要有孔径、孔深、最小抵抗线、孔间距和炸药单耗等。

4.2.3.1 炮孔直径

在我国冶金矿山中，采用接杆凿岩时，孔径主要取决于钎杆连接套筒直径和装药，一般为50～75mm，多用55～65mm。用潜孔钻机凿岩时，常用80～120mm，以95～105mm较多。

4.2.3.2 炮孔深度

炮孔深度对凿岩速度、采准工作量、爆破效果均有较大影响。一般说来，随着孔深的增加，凿岩速度会下降，凿岩机的台班效率也会下降。例如，某铜矿用BBC-120F凿岩机凿岩。现场测定，当孔深在6m以内时，台班效率为53m/（台·班），孔深在20.8m时，台班效率为32m/（台·班）。

合理孔深主要取决于凿岩机类型、采场结构尺寸等。若采场结构条件已确定，从凿岩机考虑用YG-80、YG-90和BBC-120F凿岩机时，孔深以10～15m为宜，最大不超过18m；若用YQ-100潜孔钻机，孔深一般为10～20m，最大不超过25～30m。

4.2.3.3　邻近系数 m、最小抵抗线 W、孔间距 a

在采场崩矿中，扇形孔的最小抵抗线是排间距，而孔间距是指排内相邻炮孔之间的距离。对扇形炮孔，一般用孔底距和孔口距表示，如图 4-8 所示。孔底距常用两种表示方法：当相邻两炮孔的深度相差较大时，指较浅炮孔的孔底与较深炮孔间的垂直距离；若两相邻炮孔的深度相差不大或近似相等时，用两孔底间的连线表示。

孔口距是指孔口装药处的垂直距离。布置扇形深孔时，用孔底距控制排面上孔网的密度，孔口距在装药时用于控制装药量。由于每个炮孔的装药量多用装药系数来控制，所以孔口距在生产上不常用。

炮孔的邻近系数又称炮孔密集系数，是孔底距与最小抵抗线的比值，即

$$m = \frac{a}{W}$$

（1）邻近系数 m。目前各冶金矿山是根据各自的实际条件和经验来确定邻近系数的。大致情况是：平行炮孔邻近系数 $m = 0.8 \sim 1.1$，以 $0.9 \sim 1.1$ 较多；扇形炮孔，孔底距邻近系数为 $m = 1.0 \sim 2$。有些矿山采用小抵抗线大孔底距，前后排炮孔错开布置，如图 4-9 所示，邻近系数取 $m = 2.0 \sim 3.0$。

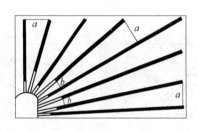

图 4-8　扇形深孔的孔间距
a—孔底距；b—孔口距

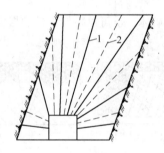

图 4-9　深孔排间错开布置
1—前排炮孔；2—后排炮孔

（2）最小抵抗线 W。据深孔排列不同有多种。

1）平行排列炮孔时，最小抵抗线可根据一个炮孔所能爆下矿石需要的炸药量 Q 与该孔实际能装炸药量 Q' 相等的原则，进行推导。

一个深孔需要的炸药量（kg）为：

$$Q = WaLq = W^2 mLq \qquad (4-1)$$

式中　W——最小抵抗线，m；

　　　m——炮孔邻近系数；

　　　L——孔深，m；

　　　q——炸药单耗，kg/m³。

一个深孔实际能装炸药量（kg）为：

$$Q' = \frac{1}{4}\pi d^2 \Delta L \psi \qquad (4-2)$$

式中　d——炮孔直径，mm；

　　　Δ——装药密度，kg/mm³；

ψ——炮孔装药系数，0.7~0.85。

将以上各参数代入，并项得

$$W = d \sqrt{\frac{7.85\Delta\psi}{mq}} \qquad (4-3)$$

2）扇形排列时，最小抵抗线的确定可以利用式4-3计算，但应将式中的邻近系数和装药系数改为平均值。也可以根据最小抵抗线和孔径值选取，即 $W = (23~40)\ d$。

3）最小抵抗线，还可以从一些矿山的实际资料中参考或者直接选取。

目前我国金属矿山常采用的最小抵抗线，大致数值如表4-5所示。

表4-5　W 与 d 的关系对应表

d/mm	W/mm	d/mm	W/mm
50~60	1.2~1.6	70~80	1.8~2.5
60~70	1.5~2.0	90~120	2.5~4.0

以上三种方法确定的最小抵抗线是初步的，需要在生产实践中不断加以修正。

（3）孔间距。根据 $a = mW$ 计算确定。

4.2.3.4 单位炸药消耗量

实际资料表明，单位炸药消耗量将直接影响矿石的爆破质量。炸药单耗过小，虽然深孔的钻凿量会减少，然而大块产出率会增大，二次破碎炸药量会增加，出矿劳动生产率降低；增大单位炸药消耗量，虽能降低大块产出率，但是增大到一定值时，大块率的降低就不显著了，反而会出现崩下矿石在采场内的过分挤压。因此，应该合理确定单位炸药消耗量。

4.2.4　深孔的施工布置（设计）

4.2.4.1　深孔布置（设计）的基本要求

深孔的施工布置是回采工艺的重要环节，其合理的布置应该是：

（1）炮孔能有效控制矿体边界，尽可能使回采过程中的损失贫化率低；

（2）炮孔布置均匀，有合理的密度和深度，使爆下矿石的大块率低；

（3）炮孔的效率要高，材料消耗少；

（4）炮孔施工方便、作业安全。

4.2.4.2　施工布置设计的主要内容和工作步骤

深孔布置设计，具体做法不完全一致，但其基本上包括下列内容：

（1）选择深孔凿岩的参数和深孔凿岩机的类型；

（2）在采矿方法设计图上确定炮孔的排位和排数，并作出剖面图；

（3）在凿岩巷道或者硐室的剖面图中，确定支机点和机点的坐标；

（4）在剖面图上作出各排炮孔，然后编号，量出各孔深度和倾角，并标在图上或填入表中。

如在剖面图上，以支机点为放射点，取 $a = 2\mathrm{m}$ 为孔底距，自左至右或自右至左画出排面上的炮孔，如图4-10所示。

布置炮孔时，先布置控制爆破规模和轮廓的炮孔，如 1
号、7 号、4 号、10 号孔，然后根据孔底距布置其余炮孔。为
使凿岩过程中排粉通畅，边孔不能水平，应有一定的仰角：
一般孔深在 8m 以下时，仰角取 3°~5°，孔深在 8m 以上时，
仰角取 5°~7°。

全排炮孔绘制完后，再根据其稀密程度和死角，对炮孔
之间的距离加以调整，并适当增减孔数。最后，按顺序将炮
孔编号，量出各孔的倾角和深度。

（5）编制炮孔设计卡片。内容包括分段（层）名称、排
号、孔号、机高、方向角、方位角、倾角和孔深等，表 4 - 6
就是第一分段第一分层右侧每一排炮孔的设计卡片。

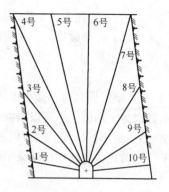

图 4 - 10　深孔布置图

表 4 - 6　炮孔设计卡片

分　段	排　号	孔　号	机高/mm	方向角	方位角/(°)	倾角/(°)	孔深/m	说　明
第一分段	右侧第一排	1 号	2480 + 1. 2	N16°W	344	8	6.0	
		2 号	2480 + 1. 2	N16°W	344	25	6.5	
		3 号	2480 + 1. 2	N16°W	344	46	7.9	
		4 号	2480 + 1. 2	N16°W	344	79	11.5	
		5 号	2480 + 1. 2	N16°W	344	85	10.7	
		6 号	2480 + 1. 2	N16°W	344	104	10.5	
		7 号	2480 + 1. 2	N16°W	344	126	10.9	
		8 号	2480 + 1. 2	N16°W	344	138	9.4	
		9 号	2480 + 1. 2	N16°W	344	150	8.3	
		10 号	2480 + 1. 2	N16°W	344	175	6.2	

4.2.5　炮孔施工的验收

炮孔布置完成后，开施工单交测量人员现场标设。施工人员根据施工单进行炮孔施工。施
工要求边施工、边验收，以便及时发现差错和及时纠正。炮孔的验收内容包括炮孔的方向、倾
角、孔位和孔深。方向和倾角用深孔测角仪或罗盘测量，孔深用节长为 1m 的木制或金属制成
的折尺测量。

测量时，对于炮孔的误差，各个矿山的要求有所不同。如某矿对垂直扇形深孔的施工误差
允许 ±1°（排面）、倾角 ±1°、孔深 ±0.5m。验收的结果要填入验收单，对于孔内出现的异常
现象（如偏离、堵孔、透孔、深度不足等），均要标注清楚。根据这些标准和实测结果要计算
炮孔合格率（指合格炮孔占总炮孔的百分比）和成孔率（指实际钻凿炮孔数与设计炮孔总数
的百分比），一般要求两者均应合格。

验收完毕之后，要根据结果绘成实测图，填写表格，作为下一步爆破设计、计算采出矿量
和损失贫化等指标的依据和重要资料。

复习思考题

4 - 1 巷道掘进的炮眼有哪些，起爆顺序是怎样的？

4 - 2 掏槽眼有哪些形式，它的作用是什么？

4 - 3 周边眼有哪些，它的作用是什么？底眼为何后起爆？

4 - 4 深孔采矿爆破有哪些优点，其基本的应用条件是什么？

4 - 5 深孔排列的布置形式有哪些，各自的特点又是什么？

4 - 6 扇形深孔布置与平行深孔布置相比较有哪些优缺点？

4 - 7 深孔采矿的炮孔布置有哪些要求，其施工的基本内容是什么？

4 - 8 炮孔施工验收的指标有哪些，其允许的误差值各自又是多少？

5　凿岩工的安全操作规程

本章提要：矿山凿岩有掘进凿岩、地下采矿凿岩、露天穿孔三种情况。根据其使用的设备和岗位不同，安全操作规定是不一样的。本章对这三种基本情况的安全操作内容进行介绍。

5.1　掘进凿岩工的安全操作规程

A　作业前的必需准备

（1）检查通风、照明情况，防止炮烟中毒。

（2）认真检查和处理好顶、帮浮石，喷雾洒水。

（3）发现残药、盲炮后，要通知爆破工及时处理。

（4）检查安全通道是否畅通、风水管连接是否牢靠，认真做好作业前的准备工作。

B　开动凿岩机、停机作业的注意事项

（1）凿岩机先开水，后开风；停机时，先停风后停水。

（2）禁止在无水情况下打眼，严禁在残存的炮孔中打眼。

C　凿岩过程中的注意事项

（1）凿孔时，人要站在机子侧面，不能站在机子前面和下面；以防断钎、机子倒下伤人；向下凿孔禁止骑在机子上面。

（2）要随时注意顶板和边帮的变化情况，发现问题及时停机处理。

（3）根据中、腰线及炮孔设计图，合理布置好炮孔，顶板应形成拱形。

（4）工作面发现突然涌水或其他威胁安全的异样现象，立即停止作业并及时向值班领导或有关部门汇报；经检查和处理安全后方可作业。

（5）风压管连接的滑丝螺栓，不准凑合使用，以免滑丝甩出来伤人。

（6）靠近采区凿孔时，必须采取措施防止冒顶、片帮和坠入空区。

（7）在漏斗口上方或附近凿孔时，漏斗要充满矸石，漏斗下要封闭牢固。

D　其他注意事项

（1）严禁从人行道、天井往下丢钎杆、钎头等工具。

（2）提升或下放机件时，绳子应捆绑牢，信号要清楚。

（3）向上传递或往下放机件时，不准有人站在天井口的下方。

（4）机台移动和安装时，至少两人进行，要动作协调，配合一致。

（5）作业完毕后，要清理好机具和风水管，并撤至安全地点存放。

E　用吊罐法掘进天井必须遵守的规定

（1）先检查吊罐卷扬机、钢丝绳、绳卡、钩头、刹车等是否完好与可靠。

（2）再核对上下联系信号，提升设备和上下联系信号正常时才能开车。

（3）吊罐提升到位后，马上将两套制动阀拉到位，并用铁丝把手闸绑牢。

（4）开卷扬的工人在没有信号通知的时候，也一定要坚守自己的岗位。

（5）人员上下提升必须站在罐内，严禁站在罐顶，凿孔应系好安全带。

（6）吊罐提升到任何位置，均不准从吊罐上往下投掷工具和材料。

（7）起爆前，应将吊罐移至安全地点，以免吊罐被打坏。

（8）定期检查防坠器，断绳保险支撑是否灵活可靠。

5.2 中孔凿岩台车操作标准

A 范围

本标准适用于中孔凿岩台车操作工岗位（标准包括其职责、工作程序、检查与考核要求等）。

B 上级主管岗位

班长

C 任职资格

（1）教育：具有初中以上学历，经本岗位培训取得作业证。

（2）经历：具有一年以上的工作经验。

（3）技能：熟练掌握中孔凿岩台车的操作技能。

（4）能力：掌握中深孔凿岩台车的工作原理和技术性能。

D 主要职责

（1）执行本岗位安全操作规程，完成本班任务。

（2）保证施工质量，符合设计图纸上的技术要求。

（3）节约材料和减少备品备件的消耗，降低成本。

（4）做好设备的维护保养，配合维修工检修设备。

E 工作程序

工作程序见表 5 - 1。

表 5 - 1 中孔凿岩台车工作程序

项目	工作程序	具体工作内容
接班	1. 进入工作地点	按规定时间进入工作地点
	2. 询问工作情况	询问交班人员设备施工和安全状况
	3. 检查及试运行	（1）检查工作区域顶帮板状况。 （2）检查工作区域照明情况是否良好。 （3）检查工作区域风、水、管、电是否完好
	4. 问题的处理	（1）处理简单的漏油问题及进行简单的油管更换。 （2）对设备工作部分螺栓紧固。 （3）对设备发生的疑难故障及时汇报到工区领导，并协助技术人员和维修工来加以处理
	5. 履行交接班	（1）听取现场交班人员叙说工作和安全状况。 （2）查看上班次交班记录内容，完成交接班手续
作业	1. 作业前准备	（1）看柴油机的机油、柴油、液压油、空压机油位。 （2）检查轮胎磨损及压力。 （3）检查传动轴、轮胎螺栓的紧固、齐全情况。 （4）定期检查更换柴油发动机油浸式空滤中的油质。 （5）查发动机风扇是否完好和皮带张紧度是否合适。 （6）检查系统各润滑点，按时加注所需润滑油。 （7）检查其他方面有无异常情况。 （8）检查完毕后，做好记录

项目	工作程序	具体工作内容
作业	2. 作业过程 （以 Simba1354 凿岩台车为例）	（1）启动。 1）打开电瓶开关，插入启动钥匙。 2）打开钥匙开关，按下检验灯的按钮，检查仪表盘 8 个信号灯是否完好。 3）启动柴油机，一经启动立即松开启动开关，使其恢复到零位。 4）启动后使其慢转 3～5min 再逐步提高转速。 5）每次启动时间不能超过 10s，每一次启动间隔不少于 1min，如 3～4 次启动均不成功，须全面检查方可重新启动，启动后立即松开。 （2）行驶。 1）打开车灯，收回支腿。 2）松开停车制动。 3）行走前观察前后路况。 4）打开刹车闸手柄不要立即行车，要等刹车的气缸松开后再行车。 5）台车行驶过程中注意驾驶台上的压力表指示，行驶时调整所需挡位，根据行车路线、顶板高度，适时调整顶棚高度。 6）如红灯自动报警器响，应立即停车检查。 7）带电缆行驶时，须低速行走，并同时操纵电缆卷筒控制手柄，适时收放电缆。 （3）钻孔前的准备。 1）将 Simba1354 凿岩台车开进掌子面后定位，起支腿，调平车身，接水电，检查压力流量。 2）看电柜上指示灯是否发亮，转主开关到位置 1。 3）将操作台放在台车前方安全位置，连接信号电缆，并将信号电缆放置在保护管架内。 4）按下故障检查灯按钮，看是否有指示灯损坏。 5）将钻孔控制盘上的所有操作杆置于零位，看压力、润滑、夹钎器旋钮夹紧位置，转动泵。 6）推进器置于水平位置，将储杆器指向上方；同时将钻杆存放到内圈钻杆的空格位置。 7）打开机械手桥臂夹持器卡爪，向储杆器插入一根钻杆，检查已放置的钻杆，再照原样将钻杆置于储杆器内；合上卡爪，并将钻杆转入内层空格位置。 8）重新打开卡爪，转动桥臂夹持器退回孔中心；动作分度换位操作杆，按照钻杆从孔中取出的方向（顺时针）对储杆器再做一次换位，直到下一内圈钻杆空格位置接杆正确为止。 9）将推进器调整到所需钻孔方向并伸到岩石上，按图调整回转和仰俯角度后，撑紧上下顶撑。 （4）钻孔。 1）用机械手夹持器夹着联结凿岩机钎尾的钻杆，把钎尾与钻杆的螺纹松脱。 2）用机械手夹持器带着钻杆摆动到准备位置，将钻头安装到凿岩机钎尾上。 3）打开夹钎器，凿岩机前移到钻头进入夹钎器。 4）用夹钎器夹住钻头，将钎尾松脱，将凿岩机往后退到推进梁的末端。 5）机械手夹持器带钻杆到钻孔中心放入钻杆。 6）夹持器于导向位置，把钻杆上端螺纹旋入。 7）打开夹持器，机械手夹持器摆动到准备位置。 8）合上夹钎器，继续向前移动钻头到岩石面上。 9）打开水阀，使夹钎器处于导向位置。将钻孔选择器放到位置 2，开始钻凿炮孔。

项目	工作程序	具体工作内容
作业	2. 作业过程 （以 Simba1354 凿岩台车为例）	10）钻头已钻进岩石时，钻孔选择器转到位置3，进行中速钻进。 11）孔打了一根钻杆后，将选择器推进到位置4。 12）在钻杆联结头到达之前打开夹钎器。 13）当钻杆已完全钻进孔时，冲击器向前推进将自动切断，回转和冲渣继续，直到手动切断。 14）将钻孔选择器转到位置1，以便切断回转。动作钻孔操作杆上的开关，开始冲击1~2s，使钻杆接头松开。将钻孔选择器推到位置0。 15）分度换位操作杆由1挡在钻孔方向对储杆器分度换位。看夹持着钻杆的位置是否正确。 16）用夹钎器夹住钻杆接头，将钎尾的联结脱开，凿岩机退回到推进器的后端停止。 17）从储杆器中采集一根新钻杆，机械手夹持器摆动到钻孔中心位置。 18）将钻杆下部螺纹连接上，夹持放到导向位置，然后将上部接头螺纹连接上。 19）将机械手夹持器准备位置，开夹持器。 20）打开冲渣水，水从钻孔中流出前，不许钻孔，重复14~20次，直到钻杆已钻进孔为止。 21）转动顶住钻孔底的钻头，冲击大约10s，松开钻杆接头，使用水冲渣，清洗钻孔。 22）后拉凿岩机到第一根钻杆接头进到夹钎器，合上夹钎器，检查夹钎器已打开，将机械手夹持器摆动到钻孔中心位置。 23）合上夹持器，旋入钻杆下部连接并紧固。 24）将夹持器放到导向位置，松脱上部接头，直到摆动到储杆器的端部没有卡位为止。 25）用夹持器将钻杆合上，并松脱其下部接头。 26）将钻杆摆动到储杆器里，打开夹持器，并将机械手摆出准备位置。 27）在钻杆提出方向进行储杆器分度换位，直到下一个钻杆的空格位置为止。 28）将凿岩机钎尾与钻具组相连接，打开夹钎器，重复23）~28），直到整个钻具提出
	3. 特殊问题处理	设备使用过程中，一旦发现任何报警灯亮，应立即停车，交维修工处理
交班	1. 交班前准备	（1）控制盘上的所有控制部分都移到零位。 （2）用控制盘停止按钮，关闭主泵，关闭电瓶开关。 （3）检查电气柜的信号指示灯是否失效。 （4）对钻孔期间任何故障做好记录和交班。 （5）清洗钻机，关闭总电源
	2. 向接班人汇报	向接班人员汇报设备工作和安全状况
	3. 接受现场检查	协助接班人员检查各方面工作
	4. 问题处理	对设备发生的疑难故障向接班人员汇报
	5. 履行交班手续	（1）填写交接班记录。 （2）向接班员叙说有关注意事项。 （3）完成交接班
	6. 下班	遗留问题向班、组长交代清楚后下班

F　工作要求

（1）凿岩中严格按照图纸和施工技术方案布眼，时刻注意孔眼方位和角度。

（2）班中经常对设备进行巡查，发现隐患及时处理，禁止用带病设备作业。

G　检查与考核

（1）对本岗位的要求和《标准》履行情况，受上级领导和主管部门的检查。

（2）按照《×××铜矿职工奖励条例》与区、队经济责任制相关规定考核。

5.3　深孔凿岩台车操作标准

A　范围

本标准适用于深孔凿岩台车操作工岗位。

B　上级主管岗位

班长

C　任职资格

（1）教育：具有初中以上学历，经本岗位培训取得作业证。

（2）经历：具有一年以上的工作经验。

（3）技能：熟练掌握深孔凿岩台车的操作技能。

（4）能力：掌握深孔凿岩台车的工作原理和技术性能。

D　主要职责

（1）执行本岗位安全操作规程，完成本班任务。

（2）保证施工质量，符合设计图纸上的技术要求。

（3）节约材料和减少备品备件的消耗，降低成本。

（4）做好设备保养，配合维修工检修设备并做监护工作。

E　工作程序

工作程序见表5－2。

表5－2　深孔凿岩台车工作程序

项目	工作程序	具体工作内容
接班	1. 进入工作地点	按规定时间进入工作地点
	2. 询问工作情况	询问交班人员设备施工和安全状况
	3. 现场检查及试运行	（1）检查工作区域顶帮板状况。 （2）检查工作区域照明情况是否良好。 （3）看工作区域风、水、管、电是否完好
	4. 问题的处理	（1）处理简单漏油问题及进行简单的油管更换。 （2）对设备工作部分螺栓紧固。 （3）对设备发生疑难故障及时汇报区部，并协助技术人员和维修工加以处理
	5. 履行交接班手续	（1）查看上班次交班记录内容。 （2）听取现场交班人员叙说安全工作状况。 （3）完成交接班

项目	工作程序	具体工作内容
作业	1. 作业前的准备	（1）看柴油、液压油、脉冲油和增压机油位。 （2）检查轮胎磨损及压力。 （3）检查传动轴、轮胎螺栓紧固情况。 （4）检查更换柴油发动机油浸式空滤的油。 （5）看液压、燃油系统的漏油、渗油现象。 （6）检查发动机风扇和电动机皮带的适宜度。 （7）检查各仪表和照明灯是否完好。 （8）检查系统各润滑点，按时加注润滑脂。 （9）检查制动、转向系统各机件是否正常。 （10）检查其他方面有无异常情况。 （11）检查灭火器材。 （12）检查完毕，做记录
	2. 作业过程 （以 Simba261 的操作为例）	（1）启动。 1）打开电瓶开关，插入启动钥匙。 2）打开钥匙开关，按下验灯按钮，检查仪表盘信号灯是否完好。 3）启动柴油机后即松开开关，使其恢复零位。怠转 3～5min 后逐步提高转速。 4）柴油机每次启动时间不超过 5s，每次启动间隔不少于 20s，如 3～4 次不能启动，全面检查，启动立即松开。 （2）行驶。 1）打开车灯，收回支腿。 2）松开停车制动。 3）行走前观察前后路况，行驶时，调整所需挡位，并根据行车路线顶板高度调整顶棚高度，注意各指示灯指示。 4）打开刹车闸后等刹车缸松开后行车。 5）台车行驶中注意驾驶台压力表指示。 6）若红灯报警或有异常，立即停车检查。 7）带电缆行驶低速行走，并同时操纵电缆卷筒控制手柄，适时收放电缆。 （3）停车。 1）拔出熄火拉手，待发动机停机后按下。 2）按下停车制动，挡位归零。 3）关闭车灯，拔出钥匙（长时停车支腿）。 （4）钻孔前准备。 1）Simba261 台车开进掌子面定位后，起支腿，接通风高压风管、水管、电源（检查相序）。 2）根据图纸所标孔位，保持车身水平，将操作台放在安全位置，连接好信号电缆，并将电缆放在保护管架内。 3）检查指示灯亮否，转动主开关到 1。 4）按下故障检查灯钮，看是否有损坏。 5）将钻孔控制盘上所有操作杆置于零位，夹钎器旋钮置于合上位，启动泵。 6）将推进梁置于垂直，捕尘罩口贴紧底板，松开上夹紧缸。 7）辅助工将冲击器抬到下夹紧缸上站立，牙扣向上，并扶住冲击器，操作工用上夹紧缸夹紧后，辅助工手松开。 8）操作工将手柄推进，待回转头母丝扣与冲击器公丝扣接触时，改为正转，待牙扣拧紧后，打开上下夹紧缸。

项目	工作程序	具体工作内容
作业	2. 作业过程 （以 Simba261 的操作为例）	9）推进器上提，推进手柄，待冲击器露出捕尘罩后停止。 10）装上开孔钻头与销子。 11）根据施工图，调好仰俯角和回转角度，然后推进器向下，使捕尘罩紧贴岩面，上下顶撑撑紧。 12）打开水、风开关。 13）将钻孔选择器置于 2，调合适推力与转速，使夹钎器处于导向位置，然后开始开孔。 14）当钻头已钻进岩石时，钻孔选择器转到 3 位置，进行中速钻进。 15）钻头钻进岩石 50cm 时，打开夹钎器，推进反提数次，以便将孔底岩石碎屑吹干净。 16）上下顶撑收掉，推进器上提，待钻头露出孔口时停止。在孔内放入长度适合的孔口套管，保持套管口高出地面 20cm。 17）拆开孔钻头与销子，装打眼钻头。 18）推进器向下，捕尘罩与地面紧贴。 19）将冲击器与钻头下放到孔里，上下撑紧，启动增压机、钻孔选择器，正常钻进。 20）当冲击器全部钻进岩石后，操作手将手柄上提，以便高压风吹净碎屑。 21）操作手将手柄推进到底，关闭钻孔选择器，夹住下夹紧缸，将手柄置于反转，待回转头接手公母牙扣脱开后，反提手柄，辅助工将钻杆加接并扶住操作手将手柄推进并正转，待牙扣拧紧后，打开下夹紧缸，将钻孔选择器置于 4 挡，正常钻进。 22）如此重复到图纸标明孔深为止。 23）打开钻孔选择器 4 挡，反复推进反提，直到孔底岩石碎屑全部吹干净。 24）关闭水闸阀，将孔底余水吹干净。 25）增压机停车。 26）推进手柄反提，待最后一根钻杆的母丝扣露出下夹紧缸后停止。 27）夹住上下夹紧缸，操作拆卸缸反转，反转数次后，打开下夹紧缸，操作手柄反转并上提，待公母牙扣脱开后，夹住上夹紧缸，操作手柄反转，脱开回转头与钻杆牙扣后再上提。 28）待辅助工抓紧钻杆后，操作手松开上夹紧缸，辅助工将钻杆提起并码放于杆架上，并在牙扣上涂抹黄油。 29）推进，待回转头接手于钻杆拧紧后停止，松开下夹紧缸。 30）重复 26）~29）过程，直到所有钻杆与冲击器提出孔口为止。 31）如果钻孔未结束，下班前要将孔粉吹洗干净，然后提起至少一根杆子长度，并且用夹紧缸夹紧钻杆，保证推进缸不受力。 32）钻进过程中，注意观察岩石情况，适时调整推进力与钻速
	3. 特殊问题的处理	设备使用过程中，一旦发现报警灯亮，应立即停车，交维修工处理
交班	1. 交班前准备自查	（1）控制盘上的所有控制部分都移到零位。 （2）按操作台上停止按钮、关闭电瓶开关。 （3）检查电气柜的信号指示灯是否失效。 （4）对钻孔期间任何故障做好记录和交班。 （5）清洗钻机，关闭风水闸阀，放净增压机内的余风余水，切断电源。 （6）搞好硐室文明生产

项目	工作程序	具体工作内容
交班	2. 向接班人汇报	向接班人员汇报设备工作和安全状况
	3. 接受现场检查	协助接班人员检查各方面工作
	4. 问题处理	针对设备发生的疑难故障向接班人员汇报
	5. 履行交接手续	（1）填写交班记录。 （2）向接班员叙说有关注意事项
	6. 下班	把遗留问题向班组长交代清楚后下班

F 工作要求

（1）凿岩中严格按照图纸和施工技术方案布眼，时刻注意孔眼方位和角度。

（2）班中经常对设备进行巡查，发现隐患及时处理，禁止用带病设备作业。

G 检查与考核

（1）对本岗位的要求和《标准》履行情况，受上级领导和主管部门的检查。

（2）按照《×××铜矿职工奖励条例》与区、队经济责任制相关规定考核。

6 井下凿岩工职业技能鉴定

6.1 井下凿岩工的应知应会

（包括各种采掘、凿岩机与台车、天井吊罐凿岩机修理等岗位）

6.1.1 初级井下凿岩工的应知应会

初级井下凿岩工的应知：

（1）本工种的安全规程、生产技术规程、设备使用维护规程、岗位责任制及有关的规章制度。

（2）掌子面的巷道规格及巷道坡度，以及一般的凿岩机、凿岩工具。

（3）所用台车、天井吊罐的技术性能、使用方法及易损件名称、规格和维护保养方法。

（4）装药器构造、规格、性能、使用方法和本单位凿岩爆破工作的手势与术语信号。

（5）钎头、钎杆的规格及钎头的使用注意事项。

（6）炮孔堵塞材料、长度及在爆破中的作用，盲炮产生原因。

（7）爆破参数的相互关系，炮眼排列、爆破自由面的利用方法。

（8）所用凿岩机的工作原理与岩石爆破与起爆工作原理。

（9）一般的照明用电基础知识和爆破用电常识。

（10）掘进作业的设计要求，中心线、腰线、方井四角线的作用。

（11）班组全面质量管理的一般知识。

初级井下凿岩工的应会：

（1）识别工作面的矿石和岩石。

（2）独立使用凿岩机并对其进行正常维护与保养。

（3）根据工作面岩石情况，确定掏槽方法与炮眼排列。

（4）在正常情况下独立进行凿岩爆破作业的盲炮处置。

（5）识别工作面危险情况，并做出正确的简单处理。

（6）看懂掘进断面的炮眼布置图与设计炮孔施工图。

（7）装卸凿岩机和更换凿岩机的钻头等零部件。

（8）掌握采掘作业面的一般安全规定。

6.1.2 中级井下凿岩工的应知应会

中级井下凿岩工的应知：

（1）本单位所使用的多种凿岩机与台车、天井吊罐及其附属设备的类型、工作原理和使用范围以及维护保养方法。

（2）中深孔凿岩、爆破理论及其在实际工作中的应用情况。

（3）一般采矿知识，电工、钳工知识和识别图与制图知识。

（4）一般的凿岩原理以及大断面和大硐室的凿岩爆破方法。

（5）凿岩设备开动台数与风、水压及其管径的关系。

（6）竖井、斜井中的激光导向作用。

（7）各种非电导爆种类、原理、性能、使用方法、适用条件。

（8）分析矿石的贫化和损失与凿岩爆破的关系。

（9）本单位使用的采矿方法以及凿岩爆破器材应用情况。

（10）本单位凿岩工具，炸药起爆方法与盲残产生的原因。

（11）井巷与硐室的支护方法、锚杆安装方法、喷锚支护原理。

（12）有关采矿方面的技术经济指标以及计算方法。

中级井下凿岩工的应会：

（1）操作本单位的凿岩机、台车、吊罐设备，并能做好保养工作。

（2）按设计要求和作业面情况，正确选择炮眼排列与爆破方法。

（3）能计算出装药量、消耗器材、爆破进尺、爆破的矿石量。

（4）在凿岩作业中，能及时发现异常与处理自身的危险情况。

（5）做好巷道之间、井巷之间的贯通工作和竖井延深工作。

（6）根据爆破后的矿岩变化，及时调整炮孔布置与起爆方法。

（7）对自己所使用的凿岩机，能进行一般的简单修理。

（8）培训新工人，讲授凿岩操作的经验。

6.1.3 高级井下凿岩工的应知应会

高级井下凿岩工的应知：

（1）凿岩机工作参数与凿岩速度的关系。

（2）本单位采矿场的构成要素、生产工艺与凿岩爆破的特点。

（3）简单的地质矿床知识，喷锚支护原理、锚杆安装方法。

（4）国内外先进凿岩爆破技术状况和爆破材料的部分改进情况。

（5）矿山常用爆破器材的性能、储藏、运输、保管、销毁方法。

（6）本单位简单的有关水文地质知识。

（7）现代矿山企业班组管理的一般知识。

（8）与本工种有关的国内外新技术应用与发展趋势。

高级井下凿岩工的应会：

（1）熟练操作本单位的凿岩机、凿岩台车、天井吊罐设备，并能熟练拆装这些设备，及时排除故障和做好维护保养工作。

（2）掌握多种凿岩方法、爆破方法、起爆实际操作与一般简单计算，并能及时检查、发现和纠正不正确的凿岩与爆破方法。

（3）对不同爆破材料进行正确的鉴别、检查、存放、运输。

（4）参与有关安全技术规程和设备使用规程的修改。

（5）领导与组织班组的采掘工程工作。

（6）参与采掘方案的编制与审查工作。

（7）改进操作方法、工艺过程和工具。

（8）从理论与实践上培训初中级工人。

6.2 凿岩技师的培训教学计划与大纲

井下采矿凿岩技师培训教学计划详见安徽工业职业技术学院 2006 年 5 月制定的《井采技

师培训教学计划》。

　　井下采矿凿岩技师培训教学大纲详见安徽工业职业技术学院制定的《井下采矿凿岩技师培训教学大纲》另附。

6.3　井下凿岩工的职业技能鉴定考试

　　井下凿岩工的职业技能鉴定包括：理论考试、实践技能操作考试或者口试或答辩考核。下面给出凿岩工参考资料（见附件1）、凿岩工理论知识考试参考样卷（见附件2）、中级井下凿岩工技能鉴定考试样卷（见附件3）、井下采矿工技能鉴定现场考核方案（见附件4）、凿岩工口试或答辩部分（参考）题目（见附件5），以供参考。

附件1

凿岩工参考资料

[1] 连生瑞. 凿岩爆破. 1986 年通过冶金部技工学校教材编审办公室审查.
[2] 朱嘉安. 采掘机械和运输. 2 版. 北京：冶金工业出版社，2008.（大专教材）
[3] 孙本壮. 采矿概论. 北京：冶金工业出版社，1999.（中等专业学校教材）
[4] 刘念苏. 井巷工程. 安徽工业职业技术学院 2007 年编印的高职适用教材.
[5] 刘念苏. 金属矿床开采. 安徽工业职业技术学院 2007 年编印教材.
[6] 王运敏. 中国采矿设备手册（上下册）. 9 版. 北京：科学出版社，2007.
[7] 苑忠国. 采掘机械. 北京：冶金工业出版社，2009.

附件2

凿岩工理论知识考试参考样卷

（国家职业技能鉴定凿岩工统一考试卷）

作废

注意：

1. 考试时间：120 分钟。

2. 请首先在试卷装订线外侧填写姓名、准考证号码和工作单位的名称。

3. 仔细阅读题目要求，在规定的位置填写答案，不在试卷上填写无关内容。

题　号	一	二	三	总　分
得　分				

得　分	
评卷人	

一、填空题（每空 1 分，共计 1 × 20 = 20 分）

1. 金属矿床地下开采，一般按_____、_____和_____三个步骤进行。

2. 矿床开采由大到小划分的单位是_____、_____、_____或_____。

3. 在采矿中由于废石混入而使矿石品位降低的指标，叫矿石的_____率；在采矿过程中，损失的矿量与工业储量的百分比，叫矿石_____率。

4. 金属矿床开拓的方法有：_____开拓、_____井开拓、_____井开拓、斜坡道开拓这四种基本开拓方法和联合开拓法。

5. 矿山巷道一般分为两个大类：_____或_____的通道，统称为"井"；_____的通道，称为"巷"。两者合称为"井巷"。

6. 井下气候条件是指空气的_____、_____和风速这三者的综合作用。

7. 巷道掘进的工序有_____、_____、_____、_____与临时支护等。

8. 矿用炸药按用途和特点分为_____、_____和发射药三类。

9. 铵梯炸药主要是由_____、_____和木粉这三种物质成分混合成的。

10. 火雷管的结构主要是由_____和_____加强帽这三部分组成。

得　分	
评卷人	

二、选择题（每题 1 分，共计 $1 \times 50 = 50$ 分）

注意：将各题对应的字母填入括号中，评卷按填写的正确字母计分。

例如，按普氏分级法划分的 I 级岩石，其坚固性系数 $f = $（**A**）。"√"

A. 20　　　　　**B. 10**　　　　　**C. 1**　　　　　**D. 0.3**

1. 岩石的坚固性常用 "$f = R/100$" 表示。其中 "R" 表示岩石的（　　　）。
   A. 极限抗压强度　B. 抗拉强度　　　C. 抗剪强度　　　D. 抗扭转强度

2. 在矿山采掘工作中打出的炮孔和炮眼，按其深度划分为（　　　）。
   A. 2 种　　　　　B. 3 种　　　　　C. 4 种　　　　　D. 5 种

3. 矿山掘进的浅眼深度一般在（　　　）。
   A. 5m 以下　　　B. 8m 以上　　　C. 10m 左右　　　D. 10m 以上

4. 矿山钻凿的深孔深度，一般是（　　　）。
   A. 6m 左右　　　B. 8m 左右　　　C. 10m 左右　　　D. 15m 以上

5. 目前国内平巷掘进的炮眼深度多在（　　　）。
   A. 1m 以下　　　B. 1.2 ~ 3m　　　C. 4m 以上　　　D. 5m 以上

6. 浅眼的直径一般为（　　　）mm。
   A. 20 左右　　　B. 20 ~ 30　　　C. 34 ~ 45　　　D. 50 以上

7. 深孔的直径为（　　　）mm。
   A. 30 左右　　　B. 30 ~ 40　　　C. 40 ~ 45　　　D. 50 ~ 70 以上

8. 01 - 45 型气腿式凿岩机主要是用来打（　　　）。
   A. 水平眼　　　B. 上向孔　　　C. 下向孔　　　D. 扇形炮孔

9. YT - 24 型凿岩机，是（　　　）凿岩机。
   A. 手持式　　　B. 气腿式　　　C. 向上式　　　D. 导轨式

10. YT - 25 型凿岩机的主机重量，是（　　　）kg。
    A. 24　　　　　B. 25　　　　　C. 45　　　　　D. 80

11. 7655 凿岩机，是（　　　）凿岩机。

A. 风动   B. 电动   C. 液压式   D. 内燃式

12. 凿岩机，根据其冲击频率不同分为（   ）。
　　A. 2 种   B. 3 种   C. 4 种   D. 5 种

13. 冲击频率为 2000 次/分以下的，是（   ）凿岩机。
　　A. 低频   B. 中频   C. 高频   D. 超高频

14. YG－80 型导轨式凿岩机的冲击频率，为（   ）次/分。
　　A. 1800   B. 2100   C. 3000   D. 4500

15. 在下列平巷掘进的掏槽方式中，属于斜眼掏槽的是（   ）。
　　A. 楔形掏槽   B. 龟裂掏槽   C. 桶形掏槽   D. 螺旋掏槽

16. 平巷掘进的掏槽眼，一般应比其他炮眼超深（   ）。
　　A. 5～10cm   B. 10～15cm   C. 15～20cm   D. 20～25cm

17. 炮孔堵塞的主要作用是（   ）。
　　A. 隔离空气   B. 减少毒气外逸   C. 减少污染   D. 提高爆破质量

18. 在下列平巷掘进的工序中，用时最多的一项作业是（   ）。
　　A. 凿岩   B. 爆破   C. 通风   D. 出渣

19. 在下列竖井掘进的一次循环中，用时最多的一项工作是（   ）。
　　A. 交接班   B. 装岩出渣   C. 支护模板   D. 凿岩

20. 在下列几种天井掘进方法中，不打深孔的掘进方法是（   ）。
　　A. 吊罐法   B. 爬罐法   C. 钻进法   D. 深孔爆破法

20 题以后的省略。

得　分	
评卷人	

三、判断题（每题 1.5 分，共计 1.5×20＝30 分）

注意：对的在括号里填"√"，错的在括号里填"×"。

例如，矿石，不是全部都含有用成分的矿物集合体。（√）

1. 废石，是一点都不含有用矿物成分的岩石。　　　　　　　　　　　　　　（　　）

2. 铁矿石的品位一般都是用"％"表示。　　　　　　　　　　　　　　　　（　　）

3. 铜矿石的品位一般都是用"千克/米^3"表示。　　　　　　　　　　　　（　　）

4. 在我国含铜品位为 5％ 的，就被人们称为是"富铜矿"。　　　　　　　　（　　）

5. 金矿石的品位一般都是用"千克/米^3"表示。　　　　　　　　　　　　（　　）

6. 地下开采应遵循的技术总方针是：采掘并举，掘进先行。　　　　　　　（　　）

7. 开采过程损失的矿量与工业储量的百分比，叫矿石的损失率。　　　　　（　　）

8. 采矿中实际开采出的矿量与工业储量之比，叫矿石的回收率。　　　　　（　　）

9. 在井巷掘进凿岩中的"四要"是指：操作凿岩的动作要快、打的眼要直、气腿支架要稳、打眼的方向和位置要准确。　　　　　　　　　　　　　　　　　（　　）

10. 在巷道掘进凿岩中的"三勤"是说：勤看凿岩机的钎子是否在孔中心转动，勤听凿岩机转动的声音是否正常，勤调节操作阀门。　　　　　　　　　　　（　　）

11. 凿岩机凿岩时常见的故障是：断钎子、卡钎子、掉钎头、不排粉和钻不进这四种。（　　）

11 题以后的省略。

附件3

中级井下凿岩工技能鉴定考试样卷

（××年采矿专业技能鉴定实践操作考试适用）

准考证号码：＿＿＿＿　　姓名：＿＿＿＿　　得分：＿＿＿＿

一、题目

按下列掘进断面的炮眼布置图，打一茬炮的炮眼。

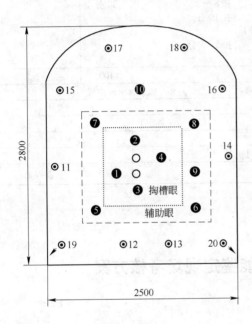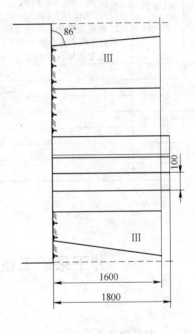

二、说明

1. 考生按抽签号进入工作面上机操作；不到作业时间请在外耐心等候。

2. 岩石的 $f=8\sim10$，跨度2.5m，净高2.8m，按平巷掘进的断面操作。

3. 上机凿岩，须按安全规程操作；否则，酌情扣分或做出停止考试的处理。

4. 每一茬炮眼共配时间240分钟，打每一个炮眼的纯凿岩不得超过12分钟。

5. 其他情况的说明，请注意考试现场小黑板上的提示。

三、评分标准及现场记录表

签号	内容	评分标准	配分	扣分	得分
××掌子面	安全操作	1. 不按规定穿戴劳动用品上机操作　扣5分 2. 工作中违反安全操作规程一次　扣5分 3. 出现卡钎现象不会及时处理　扣5~8分	20分		
	完成进度	1. 完不成任务进尺米数30%的　不给分 2. 完成进尺任务30%~80%的按完成的进尺米数多少得　10~49分 3. 完成任务进尺米数80%以上　不扣分	50分		
××号炮眼	作业内容及质量	1. 眼深和超前量考核（10分） 误差5cm以内的　　　　　不扣分 误差5~10cm以内的　　　扣4分 误差10~20cm以内的　　扣6分 误差20~30cm以内的　　扣8分 误差30cm以上的　　　　扣10分 2. 炮眼角度质量考核（10分） 质量考核不符合要求的　　扣5~8分 3. 眼距考核（10分）	30分		
		合计	100		
上机时间：		考试地点：　　　　　××矿-××m中段			
考评员		（签字）			
考试时间		201　年　月　日			

附件4

井下采矿工技能鉴定现场考核方案

1. 鉴定类型：中高级井下采矿工
2. 考核要点：平巷掘进断面的一茬炮凿岩
3. 考核内容：主要有三项，按5:3:2比例配制
(1) 定时间打眼，按实际完成的进尺米数考核为50分。
　　完成进尺30%以下的，最多得20分；进尺30~80%，得30~45分；完成进尺80%以上的，最多得50分。
(2) 从作业质量上看三种炮眼的把握情况，考核为30分。
　　对掏槽眼从眼深、角度、眼距考核；
　　对辅助眼，从眼距眼深方面把握；
　　对帮眼和顶底眼，从眼深、角度方面把握。
(3) 从打眼操作的规程方面考核为20分。
　　如出现卡钎现象不会及时处理，扣5~8分。
4. 考核程序
(1) 入场先看实例，并询问或测量各眼的深度、角度、眼距等；

（2）抽签后进入各个掌子面按要求打眼，时间一到，拔钎停机；

（3）考评员测量并做好记录之后，参加考试的人员离开现场；

（4）考评员在现场核对记录、评分、汇总；

（5）收拾现场，全部撤离。

5. 考场准备

（1）将示范现场的一茬炮打出来，在打好的 5 个炮眼中插 5 根 1.8 ~ 2 米的炮棍，并配一名技术员回答他人的询问；

（2）就近准备 3 个掌子面，每个掌子面要 2 台机和 1 名考评员；

（3）考场设立警戒线，不是当时考试的人员，不进入考核现场；

（4）考场要把顶板和两帮的浮石处理好，并配安全员和机修工。

（5）…

6. 现场鉴定所需的物品清单

省略。

附件 5

凿岩工口试或答辩部分（参考）题目

1. 冲击式浅孔凿岩机按其动力形式不同，可分为哪几种类型？

2. 7655 型凿岩机是风动还是电动凿岩机、还是液压式凿岩机？

3. YT – 25 型凿岩机是手持式还是气腿式凿岩机、还是导轨式凿岩机？

4. 冲击式浅孔凿岩机由哪几个主要机构组成？

5. 冲击式浅孔凿岩机使用的钻头有哪些？其钎杆起什么作用？

6. 冲击式凿岩机根据其冲击频率不同分为几种？

　　冲击频率为 2000 次/分的，是哪种频率的凿岩机？

7. YG – 80 型导轨式凿岩机的冲击频率为每分钟多少次？

8. 矿山采矿打的深孔深度一般多少米？其钻孔直径是多少毫米？

9. 巷道掘进的炮眼，按其作用分几种类？周边眼的作用是什么？

10. 巷道掘进的掏槽方式有几种？掏槽眼应比其他眼超深多少？

11. 掘进的炮眼是"浅眼"吗？其直径一般为多少毫米？

12. 目前国内平巷掘进的炮眼深度一般为多少毫米？

13. 冲击式浅眼凿岩机凿岩时，常见的故障有哪些？

14. 在平巷掘进凿岩中说的"四要"是指什么？

15. 井巷掘进凿岩中的"三勤"又是什么？

16. 井下深孔落矿时，应该注意到哪些主要因素？

17. 矿石或岩石的硬度愈大，就愈难打眼爆破吗？为什么？

18. 01 – 45 型气腿式凿岩机，为什么不能用来打平巷掘进的水平眼？

19. 在任何一个地下矿山，为什么都有许多人在进行掘进作业？

20. 井巷掘进中，为什么不准打"干眼"？

7 炸药爆炸的基本理论

本章提要：炸药爆炸是一个复杂的过程，对这个过程的了解程度，直接影响对工程爆破参数的选取和理解。了解爆炸现象，理解炸药的化学反应形式、起爆和传爆原理，炸药的氧平衡及其爆炸参数等内容，对在工程中合理选择炸药和起爆器材与爆破设计施工工具有重要意义。

7.1 炸药爆炸的基本概念

7.1.1 爆炸现象

自然界中广泛存在爆炸现象。根据产生的原因和特点，爆炸可分三类：

（1）物理爆炸。爆炸前后，仅发生物态的急剧变化，而物质的分子组成并未改变，这类爆炸称为物理爆炸。如锅炉爆炸是由于炉内的水受热后转化为水蒸气，随着水蒸气的增多，压力不断升高，当炉内蒸汽压力值超过炉壁强度时（假设调压阀失控）就会发生爆炸，炉壁破裂和飞散。这种爆炸过程仅是物质形态发生转化，而物质分子组成并未改变，所以属物理爆炸。

（2）化学爆炸。爆炸前后，不仅使物态发生急剧的变化，而且产生化学反应，使物质的分子组成发生变化，这类爆炸称为化学爆炸。如炸药获得外界一定能量作用后，会迅速产生化学反应，产生大量气体，释放出大量能量对外做功。炸药爆炸前后，不仅物态发生变化，而且物质的分子组成也发生变化，原来炸药的绝大部分变成新的分子组成物，所以炸药爆炸是化学爆炸。

（3）核爆炸。某些物质的原子核发生裂变或聚变的连锁反应，在瞬时释放出巨大能量，形成高温高压并辐射多种射线，这种反应称为核爆炸。

总之，爆炸是能量瞬间转化的过程，一般会伴随着激烈的声、光和热效应。

7.1.2 化学爆炸必备的条件

在工程中，多用工业炸药的爆炸来破碎岩石和矿石。用炸药爆破矿岩时，爆炸瞬间可以看到火光、烟雾、飞石，随即听到响声。这表明爆炸反应是放热的，有大量气体产物，而且反应速度极快。这是炸药爆炸的三个基本特征，是形成化学爆炸的三个必备条件，又称化学爆炸三要素。

（1）放热反应。这是炸药爆炸最基本的特征。放热才有能量使其反应过程不断传播，否则不能形成爆炸。如草酸铵在吸热反应条件下不爆炸；而草酸银在放热反应条件下会发生爆炸，即：

$$(NH_4)_2C_2O_4 \longrightarrow 2NH_3 + H_2O + CO + CO_2 - 263.3kJ/mol \tag{7-1}$$

$$Ag_2C_2O_4 \longrightarrow 2Ag + 2CO_2 + 123.3kJ/mol \tag{7-2}$$

炸药爆炸释放出来的热量是做功的能源。爆炸放出热量的多少是炸药做功能力的基本标志，常以此作为比较炸药性能的指标。1kg 炸药爆炸可释放出的热量为 2500~5500kJ，瞬时可以把炸药的爆炸产物加热到 2000~5000℃高温。

（2）反应速度极快。这是炸药爆炸区别于一般化学反应的标志。1kg 煤在空气中燃烧可放出 10032kJ 热量，比 1kg 炸药爆炸反应时放出的热量多很多却并不能形成爆炸。由此可见，仅有反应过程大量放热的条件，还不足以形成爆炸，还必须要快速反应才能产生爆炸。因为只有高速的化学反应，才能忽略能量转变过程中热传导和热辐射造成的损失，使反应所释放的热量全部都用来加热气体产物，使其温度、压力猛增，借助气体的膨胀对外做功，从而产生爆炸现象。

一般工业炸药的爆炸反应速度可达到 3000~6000m/s 以上。一个 20cm 长的普通小药卷可在 10^{-3}~10^{-4}s 内反应完毕，其反应速度是非常快的。

（3）反应生成大量气体。炸药是通过化学反应产生气体产物对外界做功的媒介物。由于气体具有可缩性和有很高膨胀系数，所以瞬间产生的气体产物处于强烈的压缩状态，在爆炸反应所释放的热量作用下形成高温气体急剧膨胀，并对周围的介质产生巨大压力而造成破坏。也就是说，炸药的内能借助于气体膨胀迅速转变为对外的机械功。如果没有大量气体产生，反应放热量很大，反应速度很快，也不会形成爆炸。一般工业炸药爆炸气体生成量为 700~1000L/kg。

综上所述，产生化学爆炸的三个条件是相辅相成的，缺一不可。凡能同时具备上述三个条件的物质，当其受到外界能量作用激发后，化学反应就能自动进行，并以爆炸形式在瞬间完成。

7.1.3 炸药进行化学反应的基本形式

炸药在进行化学反应时，随着炸药所处的环境条件不同，发生反应的形式也就不同。炸药按其化学反应的速度和传播性质，可以分为以下四种反应形式：

（1）热分解。在常温常压下，炸药会自行分解。这种分解作用是在整个炸药内部展开的，没有集中反应的区域。对同一种炸药而言，其热分解反应速度的快慢，取决于环境的温度。当温度升高时反应速度就会加快。当温度升高到一定值时，热分解就会转化为燃烧，甚至导致爆炸。不同性质的炸药，热分解的速度也不同，热安定性差的炸药，在较低温度下也能发生快速热分解。

研究炸药热分解性质，对于炸药的库存有实际意义。因为炸药在常温下能自行分解，所以在一个库房中贮存的炸药量不宜过多、堆放不宜过密，并应保持通风良好，以保持低温，防止库内温度过多升高，避免热分解加剧，严防炸药燃烧或爆炸事故的发生。另外，因为炸药热分解必然导致炸药贮存一定时间后的爆炸性能下降，所以超过保质期的炸药需要进行销毁处理。

（2）燃烧。在火焰或其他热源作用下，炸药可燃烧。燃烧反应是从炸药的某个局部开始，然后沿着炸药的表面或条形的轴向方向以缓慢的速度传播。通常反应的传播速度只有每秒几厘米、几十厘米，最多不超过每秒数百厘米。燃烧是靠热传导向未反应区传播的。在一定的温度、压力和物化性质和结构条件下，炸药的燃烧过程是稳定的。只要压力、温度不改变，燃烧性质就不会改变，直到炸药全部烧尽为止。当压力、温度升高时，燃烧速度也明显增大；而压力、温度超过某一极限值时，燃烧的稳定性会被破坏，燃烧反应就会转变为爆炸（轰）。炸药在密闭条件下燃烧时，由于产生的气体不易排出，不易散热，压力、温度急剧上升直至爆炸；所以当炸药意外燃烧时不可以用砂土覆盖灭火。销毁炸药时，应该在露天旷野将炸药铺成松散薄层，点燃后炸药可以平静稳定燃烧，而不致转化成爆炸。值得注意的是，炸药的燃烧会放出大量的有毒气体。

（3）爆炸。爆炸是指炸药以每秒百米至数千米的速度进行的化学反应过程。爆炸反应从局部开始，靠冲击波向未反应区迅速传播，无论在密闭条件还是敞开条件下，均可产生较大压力。爆炸的反应速度是不稳定的，根据外界条件可以从低速变化到最高速度，而达到爆轰。

炸药的燃烧与爆炸，是有量质区别的。炸药燃烧时，反应区的高温高压气体会冲击未反应的邻近炸药，但化学反应速度不是太快；而炸药爆炸的传播速度，大于在该炸药内部的声速，以每秒数千米的速度传播。

（4）爆轰。炸药以最大的反应速度稳定传播的过程称为爆轰。爆轰速度可达每秒数千米。不同炸药的爆轰速度不同，但对于任何一种炸药来说，均有一个固定的爆轰速度值，只要达到爆轰条件，爆轰速度则不会再增加。炸药的爆轰与爆炸无本质区别，只是传播速度不同而已。

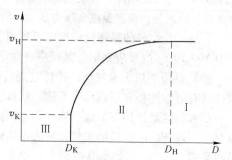

图 7-1　爆炸与爆轰的关系示意图
Ⅰ—理想爆轰区；Ⅱ—稳定爆轰区；
Ⅲ—不稳定爆轰区
v_K—临界爆炸速度；v_H—极限爆轰速度；
D_K—临界直径；D_H—极限直径

爆轰是炸药化学反应最充分的形式，释放能量最多。利用炸药进行工程爆破，应该使炸药达到爆轰状态。爆炸与爆轰的关系见图 7-1。

上述四种反应形式的化学变化，性质虽然不相同，但它们之间有密切联系可进行转化。如炸药的热分解在一定条件下可转变为燃烧，而炸药的燃烧在一定条件下又可转变为爆炸或爆轰；而爆轰在温度和压力下降时也可以向爆炸、燃烧和热分解转化。研究炸药化学变化形式，是为控制库存和炸药爆破的外界条件，使炸药的变化符合工程使用的要求。

7.2　炸药的起爆和传爆过程

7.2.1　炸药的起爆

7.2.1.1　炸药的起爆能

炸药在本质上是不稳定的化学物体。但它在正常的环境中处于相对稳定状态，若未受到一定的外界能量作用，一般不会发生爆炸反应；但它在受到足够的外界能量作用时，原体系的稳定性受到破坏后，即会发生爆炸反应。通常把炸药在外界能量作用下发生爆炸反应的过程称为起爆。而这种引起炸药爆炸的外界能量，称为起爆能。一般工业炸药的起爆能有三种形式：

（1）热能。利用导火索的火焰引爆火雷管，利用电雷管桥丝加热引爆电雷管等，属热能起爆。

（2）机械能。通过撞击、摩擦等机械作用，使受到机械作用的局部炸药分子活化，产生强烈的相对运动，并在瞬间产生热效应（即由机械能转化为热能）使炸药起爆的形式，是机械能起爆。

由于机械能起爆炸药操作不方便和不安全，在工程爆破中一般不直接使用。而在炸药运输、贮存、使用时，还必须充分考虑机械能有可能引爆炸药这一因素，以防止意外事故的发生。

（3）爆轰冲能。利用起爆药爆轰产生的爆轰波和高温高压气体产物流，可使起爆药包周围的炸药起爆。这种起爆能，就是爆轰冲能。爆轰冲能，是利用最广泛的起爆能。

7.2.1.2　炸药的起爆机理

外界能量的作用能否引起炸药爆炸，取决于能量的大小及能量的集中程度。根据活化理论，化学反应只是在具有活化能量的活化分子间，相互接触和碰撞才能发生。为了促使炸药起爆，必须有足够的外能集中作用，才能使局部炸药分子获得能量成活化分子。活化分子数目越多越有利。

图7-2表示炸药发生爆炸过程。图中 A、B、C 三点分别表示炸药的初态、过渡态（分子活化并相互作用的状态）和终态（爆炸反应终了状态），它们相对应的分子平均能量级为 E_1、E_2、E_3。能量级 E_2 是活化分子发生爆炸反应所必须有的最低能量。为了使炸药分子从初态 A 的能量级 E_1，增至活化状态 B 的能量级 E_2，必须使炸药分子的能量增加 E，E 就是活化能。起爆时，外能的作用就在于使处于 A 状态部分炸药分子获得活化能 E，达到状态 B，使足够数量的活化分子互相接触、碰撞而发生爆炸反应。

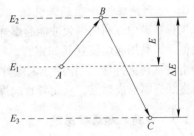

图7-2　炸药爆炸反应能量变化图
A—炸药初态；B—炸药过渡态；C—炸药终态

爆炸反应之后，由能量级 E_2 至 E_3，反应过程释放的能量 $\Delta E = E_2 + E_3$。由于 ΔE 远大于 E，这部分能量又促使其他未获得能量的 A 状态炸药分子继而获得能量，形成更多的活化分子，加速了爆炸反应的进行。

从分析得知，外能越大，越集中作用于炸药的某一局部，该局部形成的活化分子数目越多，爆炸的可能性越大。反之，如果外能均匀地作用于炸药整体，需要更多外界能才能引起炸药爆炸。

A　炸药在热能作用下的起爆原理

炸药在热能作用下，会放热分解，但不一定都导致爆炸。只有在一定的温度和压力下，炸药放热反应速度大于散热速度，产生热量积累，温度不断升高，使反应加速，才能导致爆炸。

例如，火雷管里的起爆药就是在导火索的火花的火焰作用下，迅速产生分解反应，转变为爆炸的。猛性炸药和混合炸药受热作用时不易引起爆炸，但有可能引起燃烧。

B　炸药的机械能起爆机理

炸药受到撞击或摩擦作用时发热，即由机械能转化为热能。假若所产生的热来不及均匀分布到全部炸药中去，只集中在承受机械作用的个别或几个小点上，如个别结晶的两面角，特别是多面棱角或小气泡周围，则当这些小点的温度达到爆发点时，便首先爆炸，并扩展开去。

这些小点称为热点。热点的形成主要有三种情况：

（1）炸药颗粒之间、颗粒与杂质之间发生强烈摩擦生成热点。热点形成的难易与炸药组分的颗粒大小、导热性、硬度等有关。组成的颗粒过小，因总接触面积增大而使热量分散不利于热点的形成；若炸药组分的颗粒过大，不仅热点散热快，而且不利于从热点开始的微小爆炸的扩展和汇集。在炸药中添加某些物质，能促成或阻止热点的形成，从而提高或降低炸药的感度。

根据摩擦生热原理，摩擦系高、导热性差、硬度大的物质，如镁、硬金属和玻璃、细砂等，能促成热点的形成，属于敏化剂（在铵梯炸药中常用的有铝粉）。而黏性物质如胶体石墨、石蜡、沥青、硬脂酸和凡士林等，都会阻止热点的形成，属钝化剂。

（2）高速黏性流动发热形成热点。高速冲击不含气泡的液体炸药时，有可能因黏性流动产生热量形成热点，从而使其炸药爆炸。

（3）微小气泡的绝热压缩形成热点。在水胶和乳化炸药中，常加入发泡剂或多孔性物质，如树脂微球、珍珠岩粉和玻璃微球等，以提高炸药的感度。

实验证明，热点在以下条件之一者，能发展为爆炸：热点温度在 $300 \sim 600℃$，视炸药品种而定；热点的半径为 $10^{-3} \sim 10^{-5}$ cm；热点的作用时间 10^{-7} s 以上；热点的热量达 $4.18 \times 10^{-8} \sim 4.18 \times 10^{-10}$ J 以上。

C　炸药的爆轰冲能起爆机理

工程爆破中，利用爆轰冲能起爆炸药是最广泛的起爆方法，其起爆的机理与机械能起爆机理相似，即利用起爆装置（如雷管、导爆索、加强药包等）瞬时产生的高温、高压气体和强烈冲击波（爆轰冲能），作用于未爆炸药，使炸药受到强烈冲击和压缩，局部的密度、温度、压力突跃升高形成热点，从而导致起爆；再进一步扩展，直至使炸药全部爆炸完毕。

7.2.1.3　炸药的起爆敏感度

炸药的起爆敏感度（简称感度），是指炸药在外能作用下发生爆炸反应的难易程度。炸药感度的高低，以激起其爆炸反应所需外界能量的多少来衡量。所需起爆能越少，表明炸药的感度越高；反之，表明炸药的感度低或者钝感。在工程爆破中，炸药的用量较大，一般不采用高感度的炸药，而选用具有工业雷管感度的炸药，这有利于施工安全并且起爆简便。

应当指出，炸药对不同形式的起爆能所表现的感度是不一样的。也就是说，炸药的感度与不同形式的起爆能并不存在固定的比例关系。如二硝基重氮酚，对热能感度高，对机械能感度较低；梯恩梯在静压下压力达 500MPa 不爆，但是在不大的冲击作用下即可起爆。因此，不可简单地以炸药对某种起爆能的感度，等效地衡量它对另一种起爆能的感度。

A　炸药的热感度及测定

炸药在热能作用下起爆的难易程度，称为热感度。根据加热方式不同，炸药的热感度相应地分为爆发点和火焰感度。

（1）爆发点。在一定试验条件下，在规定的时间内，将炸药加热到爆炸时所需的最低加热温度，称为爆发点。

爆发点测定装置如图 7-3 所示。它主要为一铁罐，内装低熔点伍德合金液，罐壳与合金液间装隔热层防止热损失。合金浴用电热丝加热，温度可调节，并由温度计指示。

测定时，电热丝通电，先将合金浴预热到 $100 \sim 150℃$，再将内装 0.05g 所测炸药的铜管插入合金液中（深度不小于铜管长度的 2/3），然后以每秒增加 20℃ 的速度继续加热。爆炸瞬间合金液的温度，即为被测炸药的爆发点。表 7-1 列出了部分炸药的爆发点。

（2）火焰感度。炸药在火焰或火花的作用下，发生爆炸的难易程度，称为火焰感度。一般用炸药对导火索喷出火焰的最大引爆距离值来表示，单位

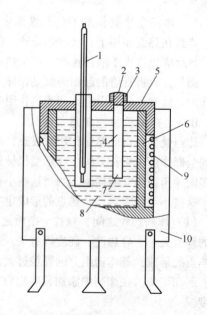

图 7-3　爆发点测定器

1—温度计；2—塞子；3—螺套；4—试管；
5—盖；6—圆桶；7—炸药；8—合金浴；
9—电热丝；10—外壳

为 mm。

　　试验时，将 1g 受试炸药装入火帽中，导火索的一端对准火帽中的炸药，点燃另一端。燃至最后喷出火焰作用于炸药的表面，观察其是否发火。一般采用六次测验平均值；六次 100% 发火的最大距离为上限，它表征炸药的点火感度；六次 100% 不发火的最小距离为下限。

表 7 – 1　部分炸药的爆发点

炸药名称	炸药的爆发点/℃	炸药名称	炸药的爆发点/℃
DDNP	170 ~ 175	泰 安	205 ~ 215
雷 汞	170 ~ 180	黑索金	215 ~ 235
氮化铅	330 ~ 340	TNT	290 ~ 295
硝化甘油	200 ~ 205	硝铵炸药	280 ~ 320

B　炸药的机械感度及其测定

炸药的机械感度主要有冲击感度和摩擦感度。表 7 – 2 为几种炸药的冲击感度和摩擦感度。

表 7 – 2　几种炸药的冲击感度、摩擦感度

炸药名称　　感度	2 号岩石硝铵炸药	3 号高威力岩石炸药	4 号高威力岩石炸药	煤矿 2 号岩石硝铵炸药
冲击感度/%	32 ~ 40	4 ~ 8	8	0 ~ 4
摩擦感度/%	16 ~ 20	32 ~ 40	24 ~ 32	4 ~ 16

　　（1）冲击感度。一般常用垂直落锤仪进行测定，装置如图 7 – 4 所示。测定时，将 0.05g 炸药试样置于击砧套筒内上、下两击柱中间，然后用 10kg 重锤，落高 25cm，自由下落冲击击柱，来观察是否爆炸。用 25 次试验中测得试样爆炸次数的百分数，表示受试炸药的冲击感度。

　　（2）摩擦感度。测定采用摆式摩擦仪，装置如图 7 – 5 所示。测定时，取试样 0.02g，装入上下击柱间，通过装置给上下击柱 5MPa 的静压力。摆锤重 1500g，摆角 90°，摆锤打击击杆，上下击柱产生水平相对位移，摩擦炸药试样，观察其是否爆炸。用 25 次试验中测得试样爆炸次数的百分数，表示受试炸药的摩擦感度。

　　C　炸药的爆轰冲能感度及其测定

炸药的爆轰冲能感度，是指炸药在爆轰冲能作用下发生爆炸的可能性。工业炸药的爆轰冲能感度，常用殉爆距离来衡量。殉爆距离的测定方法如图 7 – 6 所示。

　　试验时，先将均匀的细砂整平并适当捣固，再用直径与药卷直径相似的木棒在细砂地面上压出半圆形凹槽。然后将插有 8 号雷管的主爆药卷和

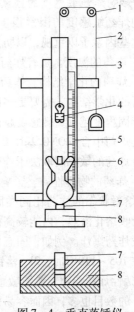

图 7 – 4　垂直落锤仪
1—滑轮；2—钢丝绳；3—导轨；4—钢爪；
5—刻度尺；6—落锤；7—击柱；8—套筒

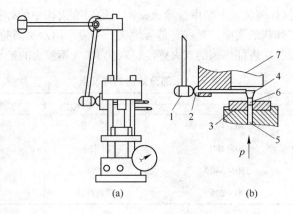

图 7 – 5　摆式摩擦仪

（a）摆式摩擦仪结构；（b）测定装置示意图

1—摆锤；2—击杆；3—导向套；4—击柱；5—活塞；6—试样；7—顶板

从爆药卷置于凹槽中，药卷纵轴在同一水平线上，相距 L，主爆药卷引爆后的爆轰冲能在一定距离内可激起从爆药卷爆炸。足以激起从爆药卷爆炸的最大距离，称为该试验炸药的殉爆距离，单位为 cm。常用炸药的殉爆距离参见第 8 章。

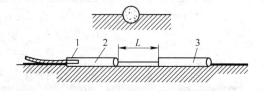

图 7 – 6　炸药殉爆距离的测定

1—雷管；2—主爆药卷；3—从爆药卷

D　影响炸药敏感度的因素

影响炸药敏感度的因素很多，在实际工作中应对这些因素予以重视，以防意外事故的发生：

（1）炸药的温度。随着炸药温度升高，炸药的分子运动加速，因而敏感度提高。

（2）炸药的化学结构。炸药分子中原子同原子之间结合得越牢固，则破坏这种结构而另行组成新的化学结构就需要更多的外界能量，因此这种炸药的敏感度也就越低；反之，炸药分子结构牢固程度越低，敏感度越高。例如，含—ONO_2 基团的炸药比含—NO_2 基团的炸药敏感度高；同类炸药中含—ONO_2 基团数目越多，敏感度越高。

混合炸药的敏感度取决于炸药中结构最脆弱成分的敏感度。

（3）炸药的物理性质。影响炸药敏感度的物理性质有相态、粒度和装药密度等。

1）熔融状态的炸药比同类固体状态炸药的敏感度高。这是因为炸药从固态转变为液态时，已吸收熔化潜热，内能较高；此外，在液态时炸药就具有较高的蒸气压，所以很小的外能即可激发炸药爆炸。例如，固态梯恩梯在 20℃时，2kg 落锤 100% 爆炸的落高为 36cm；而液态梯恩梯在 105 ~ 110℃时，2kg 落锤 100% 爆炸的落高只需 5cm。

2）猛性炸药的颗粒愈细敏感度愈高。颗粒度较小时，接受爆轰产物的能量就较多，形成活化中心的数目也多，因而容易引起爆炸反应，而且反应速度也快，易于起爆。

3）粉状炸药的装药密度有一最佳范围，超出此范围，随密度增大，炸药的敏感度下降。这是因为密度增大时，孔隙率减小，不利于吸收能量，同时会减小颗粒间相对位移，也就减少产生热点的机会，不利于起爆。国产 2 号岩石铵梯炸药装药密度控制在 0.95 ~ 1.10g/cm³ 时感度最高。

4）含水硝铵类炸药中含有的微细气泡在爆炸冲能作用下发生绝热压缩，是形成热点的重要原因之一。此类炸药有大量敏化气泡才具有工业雷管的感度。

5）混合炸药中，加入高熔点硬度的固体掺和物如铝粉、石英砂等能使其机械感度提高。石蜡、石墨等软质掺和物能在炸药颗粒表面构成包覆层而减弱药层的摩擦作用，会使炸药感度降低。

7.2.2 炸药的传爆过程

工程爆破中一般都用雷管来引爆炸药，雷管引爆产生的能量，激起邻近的局部炸药分子活化而爆炸，局部炸药一经起爆，就会引起全部装药爆炸。通常把炸药由起爆开始到所有的装药全部爆炸终了的整个过程称为传爆。但有时也会产生传爆中途熄灭而残留未爆炸药现象。因此，研究炸药传爆是如何进行的，即研究炸药从最初局部爆炸转变为整个装药全部爆轰，具有重大意义。

自19世纪以来，炸药和起爆器材有了很大的发展和完善，有关传爆过程的理论研究也出现了许多学说，其中比较接近生产实际的是建立在流体动力学基础上的爆轰波理论。流体动力学认为，炸药的传爆过程就是爆炸反应产生的爆轰波在炸药中传播的结果。

7.2.2.1 炸药爆炸传播的形式

A 冲击波

从物理学已知，在外界作用下，介质状态参数（压力 p、密度 ρ、温度 T、质点移动速度 v）会发生局部变化。介质状态的局部变化称为扰动。波就是扰动的传播，即介质状态变化的传播。扰动有强有弱。弱扰动时介质状态参数的变化量很小，呈连续性渐变；强扰动时，介质状态参数变化量很大，呈突跃式而不连续。波在传播过程的某一瞬间，扰动区与未扰动区之间的界面称对波阵面。按照扰动前后介质状态参数变化的不同，可以分为压缩波与稀疏波。

压缩波，是指扰动后介质状态参数增大，介质点运动方向与波的传播方向相同的波。稀疏波则是指扰动后介质状态参数减小，介质质点运动方向与波传播方向相反的波。波阵面上介质状态参数呈突跃增加的强扰动形成的压缩波，称冲击波。

B 爆轰波

通常把在炸药中伴随化学反应稳定传播的冲击波称为爆轰波。爆轰波速就是炸药的爆速。

炸药在外能作用下被引爆后，在炸药中产生冲击波。在初始冲击波作用下，未爆炸药有一薄层受到突然、强烈的压缩，如图7-7中的0—1中间一层。压缩层内炸药的状态参数突然升高。冲击波不断向前传播，又产生新的压缩层，原压缩层内炸药正在进行化学反应，此区称为化学反应区。化学反应区至图中2—2面结束，此区称为反应终了面，即所谓C-J面。反应区后面，为爆轰产物膨胀区。冲击波不断向前传播，不断产生新的压缩层、反应区。反应区放出的能量补充给冲击波，使其一直向前传播，直至使整个炸药反应结束。所以，爆轰波又称为后面带有一个高速化学反应区的强冲击波。

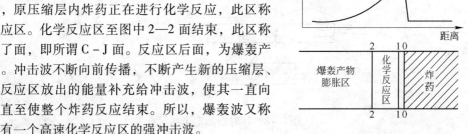

图7-7 爆轰波传播示意图

与冲击波相比，爆轰波有以下特点：

（1）爆轰波是炸药中传播的冲击波，波后面有一化学反应区，炸药反应完毕，爆轰也就结束；

（2）爆轰波的波阵面较厚，如图 7-7 中的 0—2 层，而冲击波波阵面较薄，如图中 0—1 层。一般的化学反应区的厚度视不同炸药而异，多数的为 1~10mm；

（3）由于反应区释放出的能量不断地供给冲击波，使得爆轰波不衰减，并以稳定不变的速度 v 传播下去，直至爆轰过程结束。

由上面分析可以看出，爆轰波具有一般冲击波的共性，即波阵面上的状态参数呈突跃升高，其波速大于未扰动介质中的声速，介质移动方向与波的传播方向一致。

C　理想爆轰和稳定传播

炸药起爆后，爆轰波如能以恒定不变的最高速度传播，则称为理想爆轰波。此时的爆轰传播速度称为极限爆速。炸药性质不同，极限爆速值不同，但每种炸药都有它自己的极限爆速。若因某种原因，爆轰波不能以最高速度传播，但能以与一定条件相应的正常速度传播，称为非理想爆轰或稳定传爆，如果爆速不稳定，则称为不稳定爆炸。

为充分利用炸药能量，提高爆轰效果，应该力求使炸药达到理想爆轰或保持稳定传爆。但在实际爆破工程中，有时起爆能不足、炸药质量不合格、药卷直径过小、装药密度过低或过高等不利条件，会造成不稳定爆炸，甚至爆速急剧衰减直至爆轰中断。故应尽力避免。

为保证稳定传爆，炸药应满足以下基本条件：

（1）炸药起爆的初始速度 v_{ch} 要大于或等于炸药的最低稳定传爆 v_s 速度，低了传爆不稳定。

（2）爆轰波波阵面所含反应区炸药颗粒反应时间 t，要小于或等于炸药受反应区气体产物向侧向扩散所需的时间 θ。θ 值主要与炸药卷直径和反应区气体产物侧向扩散速度有关。

7.2.2.2　爆速的测定方法

由炸药的传爆过程可知，爆轰波的传播速度就是爆速。如果炸药的爆速在增长到最大值后始终是稳定的，那么，炸药的爆炸就能进行到底，这就是稳定爆炸；反之，如果在传爆过程中爆速是逐渐衰减的，那么，炸药的爆炸就不能进行到底，这就是不稳定传播。可见，炸药爆速的变化，反映了炸药爆炸反应的完全程度，因此，它是衡量炸药爆炸性能的重要指标。

在进行爆破工作时，必须经常进行炸药的爆速测定，才能把握爆破的效果、质量和安全。传统的测试方法有导爆索对比法，现在常用的是电子仪器测试法。

常用电子仪器测试法有光线示波器测定法和计时器测定法两种方法。计时器测定法的原理是利用炸药爆炸时对探针的影响，使探针能在其周围炸药爆炸时产生脉冲电流，用专门电路进行计时，可得出炸药在传爆过程中经过相距 L 的炸药所需的时间 Δt，就可求出爆速，即爆速 $v = L/\Delta t$，如图 7-8 所示。

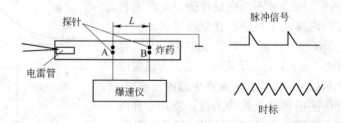

图 7-8　计时器测定爆速示意图

此方法需要专门仪器，测时准确可靠，如 BSS-1 和 BS-1 型爆速仪，测量精度可达 $\pm 0.1\mu s$。常见矿用炸药的爆速，将在第 8 章的有关内容中分别列出。

7.2.2.3 影响爆速的因素

在实际生产中，为了保证爆破效果，应力求炸药处于稳定爆轰状态和具有理想的爆速。但在生产实践中，影响爆速的因素很多。因此，分析影响爆速的诸因素，掌握其规律，具有重大意义。

A 药卷直径的影响

用相同起爆能量引爆不同直径的药卷，药卷的稳定传爆爆速有很大不同，随药卷直径增大，爆速和爆炸稳定性均有所提高。图7-9表示药卷直径与爆炸稳定性的关系。

当药卷直径较小时，随药卷直径增大，爆速增加较快，但药卷直径增大到某一数值后，爆速趋于恒定值，称此药径为极限直径 D_H，与 D_H 相对应的爆速为该炸药理想爆轰所能达到的极限爆速 v_H。反之，随着药径减小，爆速也迅速下降。药径减小到某一数值时，将产生不稳定爆炸，甚至拒爆，故称此药径为临界直径 D_K，与 D_K 对应的爆速为炸药临界爆速 v_K。当炸药直径介于 D_H 与 D_K 之间时，炸药爆速虽然不能达到 v_H，但仍能处于一种稳定传爆状态，即保持与某一直径 D 相对应的爆速进行传爆。关于临界直径，一般硝酸铵类炸药为18~20mm，泰安和黑索金为1~1.5mm，梯恩梯炸药为8~10mm，浆状炸药为13~16mm，水胶炸药大于15mm，乳化炸药为12~16mm。极限直径一般为临界直径的8~13倍。

药卷直径对爆速和爆轰状况产生影响的原因，在于侧向扩散作用对化学反应区结构的影响。图7-10表示药卷在非密闭状况下起爆后，侧向扩散对反应区结构的影响。前述爆轰波传播过程分为压缩区、反应区、爆轰产物膨胀区。药卷在非密闭状况下传播时，反应区所产生高温、高压气体必然发生径向膨胀（即侧向扩散），由此而引起径向稀疏波，并由药卷表面向药卷中心扩展。图7-10中①、②分别指扩散物界面和稀疏波波阵面。径向膨胀愈快，稀疏波向药卷中心扩展愈快，结果把圆柱形的化学反应区分成 A、B 两个部分的结构形式：A 区为侧向扩散影响区，B 区为有效反应区。在侧向扩展的气流中，不仅有化学反应完全的气体产物，也有反应不充分的气体，而且还含有未参加反应或反应不完全的炸药颗粒。由于这些气体和炸药颗粒的逸散，反应区的热效应降低。很显然，对于同一种炸药，稀疏波向药卷中心扩展速度相同时，药卷直径愈小，有效反应区厚度 L_e 就愈小，B 区释出的用以维持爆轰波稳定传爆的能量就愈少，炸药爆速和爆轰波压力也就相应降低。当药径小于临界直径 D_K 时，侧向扩散很快影响到药卷中心，有效反应区变得很小，释放的能量不能维持稳定传爆，甚至引起爆轰中断。

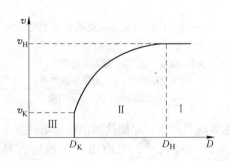

图7-9 爆速与药卷直径的关系

Ⅰ—理想爆轰区；Ⅱ—稳定爆轰区；Ⅲ—不定爆轰区

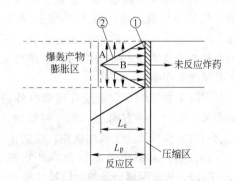

图7-10 侧向扩散对化学反应区结构的影响

B 炸药密度的影响

增大炸药的密度可提高理想爆速，临界直径和极限直径也会发生变化。由于炸药密度对临界直径的影响规律是随炸药类型的不同而变化的，因此，密度影响爆速的规律也是不同的。

在单质猛性炸药的药卷直径一定时，爆速随密度增大而增大，实验表明，爆速与密度之间存在直线关系。图7-11示出了梯恩梯密度对爆速的影响。

混合炸药的密度与爆速的关系比较复杂，如图7-12所示。随着炸药密度增大其爆速起初是增加的，当增加到某一范围（最优密度范围）时爆速值最大；之后随炸药密度的增大，爆速下降，爆轰变为不稳定，甚至拒爆。图7-12中的两条曲线为同品种而不同直径药卷的爆速随密度变化情况；在密度为$1.08 \sim 1.15 \mathrm{g/cm^3}$时，直径20mm和直径40mm的药柱爆速达到最大值。

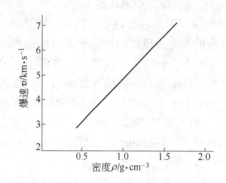

图7-11　梯恩梯炸药密度对爆速的影响　　　图7-12　混合炸药装药密度对爆速的影响

　　　　　　　　　　　　　　　　　　　　　　　1—药卷直径20mm；2—药卷直径40mm

C　径向间隙效应

混合炸药连续药卷，只要直径等于或大于临界直径，通常在空气中都能正常传播。但在炮孔中，药卷与炮孔孔壁间存在间隙，此间隙称径向间隙。径向间隙常常会影响爆轰波传播的稳定性，甚至可能出现爆轰中断或爆轰转变为燃烧的现象，这种现象称为径向间隙效应或称沟槽效应。

一般认为，因间隙存在，药卷起爆后在爆轰波传播过程中，高温高压爆轰气体产物迅速膨胀，压缩其前端间隙内空气，并且在间隙内形成一般超前于爆轰波传播的空气冲击波。在冲击波压力作用下，药卷内产生自药卷表面向内部传播的压缩波，使药卷变形和密度增大，如图7-13所示。当变形后的药卷直径小于临界面直径和密度大于临界密度时，爆速可能下降，甚至爆轰中断。

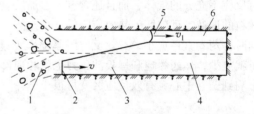

图7-13　径向间隙效应使药卷发生变形

v—爆速；v_1—冲击波速

1—爆轰产物；2—爆轰波波阵面；

3—受压变形炸药；4—未受压缩炸药；

5—冲击波波阵面；6—径向间隙

径向间隙效应的产生会使孔底部分炸药不爆炸而形成盲炮，一方面达不到爆破效果，同时还会引发安全事故。工程爆破中，应防止径向间隙效应的产生，才能达到预计的爆破效果。

试验证明，采用硝铵类混合炸药出现沟槽效应的间隙尺寸，大约相当于药卷直径的$0.12 \sim 0.13$，传爆距离最短的间隙尺寸相当于药卷直径的0.2。间隙尺寸小于该范围时，由于波的运动阻力和能量损耗增大，压力作用时间很短，一般不会产生明显的径向间隙效应。

防止径向间隙效应的措施是：

（1）采用散装炸药进行耦合装药消除间隙，可以从根本上避免径向间隙效应的产生；

（2）采用卷状炸药装药时，在炮孔内装一根导爆索，使所装药卷起爆，或采用同段雷管多点起爆等，也可以有效避免径向间隙效应。

7.3 炸药的氧平衡与性能参数

7.3.1 氧平衡的基本概念

炸药爆轰产物主要是气体，其成分有 CO_2、H_2O、CO、NO_2、NO、N_2、O_2、SO_2、H_2S 等，习惯上又称炮烟。在爆炸气体产物中，大部分是对人体有害或有毒的气体。爆炸产物中还有少量固体产物，如碳、杂质、金属颗粒等。炸药的成分不同或反应条件不同，爆轰产物中有毒有害气体的生成量或放热量也会不同，这会直接影响炸药能量的利用和爆破效果，并影响生产安全。通过理论研究或实验方法，定量分析和确定炸药爆轰产物，对合理配制和使用炸药是有意义的。

氧平衡，是衡量炸药中实际含氧量与炸药中碳、氢被完全氧化时所需要的氧量之间能否达到平衡的一种指标。工业炸药的主要成分是 C、H、O、N 四种元素。在炸药爆炸反应的过程中，碳、氢元素氧化所需要的氧元素，由炸药本身提供，而不受大气条件的影响。当炸药中的成分不同或者爆炸条件不同时，根据炸药的氧平衡不同，将可能产生以下几种情况：

（1）零氧平衡。炸药中氧的含量恰好能将碳、氢完全氧化，称为零氧平衡。此时氮元素不参加反应，四种主要元素的化学反应式为：

$$C + O_2 \longrightarrow CO_2 + 395kJ/mol \tag{7-3}$$

$$2H_2 + O_2 \longrightarrow 2H_2O + 242kJ/mol \tag{7-4}$$

（2）正氧平衡。炸药中的氧含量足够将碳、氢完全氧化，且有剩余，称为正氧平衡。除主要按式 7-3 和式 7-4 进行反应外，由于氧的剩余，在高温高压状态下，剩余的氧会与氮元素发生反应，生成 NO 和 NO_2，并吸收一定热量。其化学反应式为：

$$N_2 + O_2 \longrightarrow 2NO - 96kJ/mol \tag{7-5}$$

$$N_2 + 2O_2 \longrightarrow 2NO_2 - 17kJ/mol \tag{7-6}$$

（3）负氧平衡。炸药中氧的含量不足以将碳、氢完全氧化，称为负氧平衡。除主要按式 7-3 和式 7-4 进行反应外，由于氧的不足，部分 C 只能氧化为 CO，其化学反应式为：

$$2C + O_2 \longrightarrow 2CO + 110kJ/mol \tag{7-7}$$

上述三种不同的反应形式的结果对工程爆破有极大的影响。从释放能量的多少和是否生成有毒气体来看，可得出以下结论：

（1）零氧平衡。从理论上讲，反应为理想氧化反应，其生成的产物是：H_2O、CO_2 和 N_2，反应释放热量最大，不产生有毒气体。

（2）正氧平衡。爆炸反应产物有 H_2O、CO_2 和 N_2 外，还有游离氧，游离氧在高温下有可能与 N_2 化合，产生有毒的 NO 和 NO_2；而且由于此反应为吸热反应，会使炸药释放的热量减少。

（3）负氧平衡。由于氧不足，部分 C 没能充分氧化而形成 CO 甚至是 C，同时部分 H 也不能与氧反应，所以爆炸反应产物中除有 H_2O、CO_2 和 N_2 外，还会有 H_2、CO、C 等，反应释放热量不充分，并会生成 CO 这种有毒气体。

从以上各种反应式中可以看出，不同类型的反应生成物不同，反应热效应差别也很大。为了充分利用炸药能量，提高爆炸的威力，降低有毒气体的生成量和保证作业的安全，应力求在爆轰反应过程中，使炸药中的碳、氢元素被氧元素完全氧化成 CO_2 和 H_2O，避免生成 CO、NO 和 NO_2，即使其为零氧平衡。

7.3.2 炸药的氧平衡计算

炸药的氧平衡在数值上以氧平衡值（通常用氧平衡率%）表示。所谓氧平衡值，就是炸药中全部碳、氢元素完全氧化时，多余或不足的氧的摩尔质量与参加反应炸药的摩尔质量的比值。

7.3.2.1　单质炸药（或物质）的氧平衡计算

一般单质炸药（或可燃物质）只含碳、氢、氧、氮元素，可将它们的分子式改写成通式：

$$C_a H_b O_c N_d$$

式中，a、b、c、d 分别代表在一个炸药分子中碳、氢、氧、氮的原子数。

炸药发生爆炸反应时，碳、氢原子的完全氧化按下式进行：

$$C + O_2 \longrightarrow CO_2 \tag{7-8}$$

$$H_2 + \frac{1}{2}O_2 \longrightarrow H_2O \tag{7-9}$$

也就是说，a 个原子的碳氧化成 CO_2，需要 $2a$ 个氧原子；b 个原子的氢氧化成 H_2O，需要 $\frac{b}{2}$ 个氧原子，碳、氢完全氧化共需氧原子数是 $2a + \frac{b}{2}$。炸药本身所含的氧原子数是 c。这样，c 与 $\left(2a + \frac{b}{2}\right)$ 的差值就同三种氧平衡状态相互对应：

(1) 当 $c - \left(2a + \frac{b}{2}\right) > 0$ 时，为正氧平衡；

(2) 当 $c - \left(2a + \frac{b}{2}\right) = 0$ 时，为零氧平衡；

(3) 当 $c - \left(2a + \frac{b}{2}\right) < 0$ 时，为负氧平衡。

在实际运算中，氧平衡值用每克炸药内多余或不足的氧的质量来表示；氧平衡率用百分率表示。$C_a H_b O_c N_d$ 炸药的氧平衡按下式计算：

$$O \cdot B = \frac{\left[c - \left(2a + \frac{b}{2}\right)\right] \times 16}{M} \tag{7-10}$$

式中　16——氧原子的摩尔质量；

　　　M——炸药的摩尔质量，g/mol。

计算得到 $O \cdot B$ 值的"＋"和"－"号，分别表示正负氧平衡。

例　求硝酸铵的氧平衡值。

解　硝酸铵的分子式为 NH_4NO_3，改写为通式成为 $C_0 H_4 O_3 N_2$；各元素的原子数分别是 $a = 0$、$b = 4$、$c = 3$、$d = 2$、$M = 80(= 0 \times 12 + 4 \times 1 + 3 \times 16 + 2 \times 14)$。代入式 7-10，得：

$$硝酸铵的 O \cdot B = \frac{\left[3 - \left(2 \times 0 + \frac{4}{2}\right)\right] \times 16}{80} = +0.2g/g（或 +20\%）$$

硝酸铵氧平衡值是 $+0.2g/g$（或 $+20\%$），为正氧平衡。

另外，在表 7-3 中可直接查得。

7.3.2.2　混合炸药的氧平衡计算

混合炸药一般由氧化剂、敏化剂、可燃剂等多种成分混合而成。计算混合炸药的氧平衡时，首先需要知道组成成分及其在炸药中所占的比例，然后，通过计算或查表 7-3 得出混合炸药中各组成成分的氧平衡率，再分别乘以各成分在炸药中所占的百分数，最后求出各乘积的代数和，即得出该混合炸药的氧平衡率。其计算公式如下：

表 7-3 一些炸药和可燃物质的氧平衡率

单质炸药及可燃物质的名称	分子式	氧平衡率/%	单质炸药及可燃物质的名称	分子式	氧平衡率/%
二硝基重氨酚	$C_6H_2(NO_2)_2NON$	-58.0	硝化甘油	$C_3H_5(ONO_2)_3$	+3.5
特屈儿	$C_6H_2(NO_2)_4NCH_3$	-47.4	木 粉	$C_{50}H_{72}O_{33}$	-137.0
泰 安	$C_5H_8(ONO_2)_4$	-10.1	纸		-130.0
黑索金	$C_3H_6O_6N_6$	-21.6	石 蜡	$C_{18}H_{38}$	-346.0
梯恩梯	$C_6H_2(NO_2)_3CH_3$	-74.0	铝 粉	Al	-89.0
硝酸铵	NH_4NO_3	+20.0	柴 油	$C_{13}H_{20}$; $C_{16}H_{32}$	-327.2; -342.0
硝酸钾	KNO_3	+39.6	松 香	$C_{19}H_{39}COOH$	-297.0
沥 青	$C_{30}H_{18}O$	-276.0	硫 黄	S	-100.0
氯酸钾	$KClO_3$	+39.2	木 炭	C	-266.7

$$O \cdot B = \sum_{i=1}^{n} B_i K_i \qquad (7-11)$$

式中　B_i——混合炸药中某种成分的氧平衡率;

　　　K_i——相应成分在混合炸药中所占的百分率。

例　求铵油炸药（92-4-4）的氧平衡率。

解　已知成分和配比为：硝酸铵 $K_1 = 92\%$，木粉 $K_2 = 4\%$，柴油 $K_3 = 4\%$。查表 7-3 得各成分的氧平衡率分别为：硝酸铵 $B_1 = +20\%$，木粉 $B_2 = -137\%$，柴油 $B_3 = -327\%$，据公式 7-11 得该混合炸药的氧平衡率为：

$$O \cdot B = 92\% \times 20\% + 4\% \times (-137\%) + 4\% \times (-327\%) = -0.16\%$$

7.3.2.3　氧平衡的意义

炸药的氧平衡不同，爆炸反应时的热效应和有毒气体的生成量也不同。理论上，零氧平衡的炸药爆炸反应的放热量最大，爆轰产物中没有有毒气体；正氧平衡的炸药放热量也较大，但有多余的氧存在，在高温条件下，容易与爆轰产物中的氮产生二次反应，产生有毒气体，而且这个反应是一种吸热反应，会减少炸药的反应生成热，降低爆炸威力；负氧平衡的炸药，由于自身含氧量不足，将有部分碳不能完全被氧化或生成 CO，使放热量大为降低，且产生有毒气体。

综合上述，氧平衡是炸药的一项重要性能指标。它不仅是计算爆炸反应热的重要依据，而且是决定炸药合理配比的重要依据。为了使炸药爆炸反应的生成热量最大，威力最高，并且保证爆破作业安全，要求工程爆破中使用的炸药必须接近零氧平衡。

实践证明，炸药在工程应用中产生有毒气体的数量，不仅与炸药的氧平衡有关，而且与炸药的各成分粒度、混合程度、药卷外壳的约束条件、涂蜡量以及所爆破矿岩是否含硫等多种因素有关。

7.3.3　炸药爆炸的几个主要的特性参数

7.3.3.1　爆热

单位质量炸药在定容条件下爆炸所释放的热量称为爆热。测定炸药爆热值装置是高强度的爆热弹。这种测定方法只在生产炸药的厂家和研究单位使用。爆热是衡量炸药质量优劣的主要指标，爆热愈大，其做功的能力也愈大。几种炸药的爆热值列于表 7-4 中。

表 7 - 4   几种炸药的爆热值

炸药名称	硝化甘油	黑索金	梯恩梯	硝酸铵	岩石炸药
爆热值/kJ·kg^{-1}	6207	5359	4180	1438	3958

7.3.3.2 爆压

在炸药爆炸瞬间，高温高压气体在未向外膨胀做功之前，对周围介质造成的最大压力称为爆压。工业炸药爆炸反应时间只有十万分之一秒左右，在这一瞬间可把爆炸气体产物加热升温至 2000 ~ 5000℃ ，产生的爆压可达 ±1.5 × 10^{10} ~ 3.0 × 10^{10}Pa。爆压是对外做功的必要条件。

7.3.3.3 爆温

炸药爆炸时爆炸中心能达到的最高温度称为爆温，即爆炸热量尚未耗散时爆炸产物达到的最高温度。常用工业炸药爆温在 2000 ~ 3000℃ 之间，单质炸药爆温在 3000 ~ 5000℃ 之间。

7.3.3.4 爆炸功

炸药爆炸过程的做功能力称为爆炸功。常用爆炸产物作绝热膨胀时，从起始膨胀至温度到炸药初温时所做的全功来表示。用实验方法测得几种炸药的爆炸功如表 7 - 5 所示。

表 7 - 5   几种炸药的爆炸功

炸药名称	硝化甘油	TNT	黑索金	硝酸铵	硝铵炸药
爆炸功值/kJ·kg^{-1}	2.59 × 10^7	1.76 × 10^7	2.63 × 10^7	6.02 × 10^7	(3 ~ 4) × 10^7

由于炸药爆炸时化学反应不完全或侧向扩散等造成能量损失，真正有效的爆炸功只占炸药爆炸全功的一小部分，约为 10% 。对于爆破岩石来说，岩石在爆破时的压缩、变形、应力波在岩体内的传播以及岩石的破碎和抛掷等，均属于有用功，而爆破地震、空气冲击波以及过度粉碎和过分抛掷等，均属于无用功。爆破中应尽量设法增加有用功的比例，提高炸药能量利用率。

7.3.3.5 炸药的猛度

炸药的猛度是指炸药爆炸时对爆破对象的冲击、破碎能力，用它表征炸药的做功率、爆破产生应力波和冲击波的强度。它是衡量炸药爆炸特性和爆炸作用的重要指标。

对于某种爆破介质，如果爆破的总作用采用总冲量表示，则炸药的猛度可用动作阶段给出的冲量即爆炸总冲量的先头部分来确定。这部分冲量主要取决于炸药的爆轰压力。因此，炸药的密度和爆速愈高，猛度也愈高。

炸药的总冲量与其爆热的平方根成正比，即 $I \propto \sqrt{QV}$。因此，爆热相同或相近的炸药其冲量大体相同或相近。

炸药猛度的试验测定方法有多种，其原理都是找出与爆轰压力或头部冲量相关的某个参量作为猛度的相对指标。铅柱压缩法仍是目前普遍采用的测定方法。

铅柱压缩法简单易行，应用广泛。试验时将纯铅制成高 60mm、直径 40mm 的铅柱，置于钢砧上（图 7 - 14）；铅柱上端放置一块厚 10mm、直径为 41.5mm 的钢片，钢片上端放置重 50g、直径 40mm、密度为 1g/cm^3 的药柱试样，并捆扎固定在钢砧上。药柱用牛皮纸做外

壳，中心插入 8 号雷管进行引爆，爆炸后铅
柱压缩。用压缩前铅柱的高度 60mm 与压缩
后铅柱的高度 h 的差值 Δh 表示该炸药的猛
度（mm），即：

$$炸药猛度 = 60 - h \qquad (7-12)$$

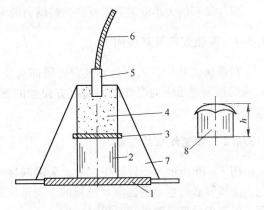

图 7 - 14　炸药猛度测定方法
1—钢砧；2—铅柱；3—钢片；4—炸药；5—火雷管；
6—导火索；7—细绳；8—爆后铅柱

7.3.3.6　炸药的爆力及其测定

A　爆力的概念

笼统地说，爆力是反映炸药爆轰在介质内
部做功的性能，是衡量爆炸作用性能的重要
指标。

炸药能量对外界做功的原因是在于爆炸瞬
间迅速释放出化学能，将爆炸生成的气体产物
立即加热到数千摄氏度的高温，并在气体产物
中造成数万兆帕的高压状态，导致气体产物向周围急速膨胀而做功。炸药这种爆炸做功的能
力，通常称为爆力。它主要取决于爆热和所产生气体的多少。

B　炸药爆力的测定

试验测定炸药爆力的方法也很多，其原理是找出与炸药做功能力有关的某个参量，作为相
对爆力的指标。常用的是铅铸扩孔法（又称特劳茨法）和抛掷漏斗对比法。

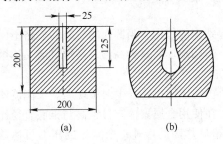

图 7 - 15　铅铸扩孔法爆力测定
(a) 爆炸前；(b) 爆炸后

（1）铅铸扩孔法。用纯铅铸成直径为 200mm、高
200mm 的圆柱体，柱体轴心处钻有直径为 25mm 的小
孔，孔深 125mm，铅铸体重 80kg 左右，如图 7 - 15 所
示。试验时将受试炸药 10g 用锡箔纸做外壳制成 $\phi =$
24mm 的药柱，一端插入 8 号雷管，并装入铅柱轴心孔
内，然后用 144 孔/cm² 的筛选过的石英砂填满圆孔，
引爆后孔被扩大成梨形空腔，如图 7 - 15（b）所示。
消除孔内残物，注水测量扩成梨形空腔容积。扩孔前、
后容积的差值，作为炸药爆力指标，单位 mL。

因环境温度对试验结果有影响，故规定标准试验温度为 15℃。若试验温度不同应进行
修正。

（2）抛掷漏斗对比法。在生产现场，常使用爆破抛掷漏斗作为比较炸药爆破做功能力评
判的标准。其原理是利用埋在均质岩土中的炸药卷爆破形成的漏斗形爆坑（即爆破漏斗）体
积，来比较不同炸药威力的大小。这种测定方法，没有统一规定的标准，因此，只能在同一具
体条件下测定的结果才有可比性。否则，由于条件不同，测得结果变化很大，就失去可比性。

测定方法是在均质岩土中钻一炮孔，然后将炸药集中装入孔底（药卷内插入雷管），填塞
炮孔后引爆。爆后在地面产生一个爆破漏斗（参见图 10 - 10）。爆后测出 D 值（各个方向多测
几次，取平均值）和 H 值，然后按下式计算漏斗体积 V（m³）：

$$V = \frac{1}{12}\pi D^2 H \qquad (7-13)$$

式中　D——爆破漏斗直径平均值，m；

　　　　H——爆破漏斗可见深度，m。

漏斗体积的大小就表征了受试炸药爆力的大小。

7.3.4　聚能效应及其应用

在爆破工程中，人们会看到雷管尾部有半球形或圆锥形凹穴，这是为什么呢？平底与穴底药包表现出来的爆炸能力却有方向性的区别。要回答这些问题，就要了解药包的聚能效应。

7.3.4.1　聚能效应的原理

图 7 – 16 所示为药包破甲试验。采用四种不同形式的药包进行对比：平底药包、纸锥药包、金属锥底药包、适当离开靶板的金属锥底药包。它们用同一药种，装药密度与药量均相等，但起爆后破甲效果却不相同。

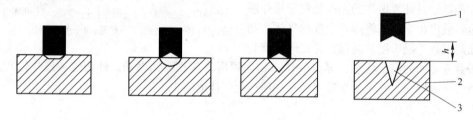

图 7 – 16　聚能药包破甲试验
1—药包；2—靶板；3—穿甲深度；h—炸高

上述对比试验证明：药包一端作成凹穴状，就能起到聚能作用，当凹穴的材质和规格不同时，聚能的程度也不同，即炸药的能量分布情况不同。炸药爆炸后这种高温、高压气流又称爆能流。

从图 7 – 16 不难看出，由于聚能穴的存在，爆轰产物的运动轨迹发生聚焦现象。聚能流使爆能集中的程度取决于聚能穴形状和穴面的光滑程度。在使用金属聚能穴且锥高与锥底直径比例合适时，聚能流速度可达 15000 ~ 100000m/s，大大超过炸药的爆速；聚能流的压力可达数十万兆帕，也大大超过炸药的平均爆压值。因此聚能效应可以获得极大的穿透能力。

聚能药包的形状确定之后，对应存在着一个聚能焦点，在该焦点处聚能流速度与能量密度最大。聚能焦点距药包的距离称为炸高。正确选择炸高，可获得最大穿透效果。

实践证明，带金属罩的聚能穴能量集中程度更大，这是因为金属本身在聚能流作用下被挤出，形成高速金属微粒子流，密度更大，能量更为集中。金属聚能穴的形状、锥角、高度和厚度均影响着聚能流的集中度和穿透能力，一般为圆锥形，锥角 45° ~ 55°，高度为底圆直径 1.5 ~ 2 倍，厚度为 0.75 ~ 1mm 的金属聚能穴效果为最佳。

7.3.4.2　聚能效应的具体应用

（1）工业雷管都带有聚能穴，可提高局部起爆能力，是聚能穴应用的生动例子；

（2）露天或井下二次破碎用的药包，其端部做成聚能穴，其破碎大块的效果十分明显；

（3）常用药包的底部做成聚能穴，可提高炸药的殉爆距离，增强对相邻药包起爆能力；

（4）用专门聚能药包处理残炮，可穿透未爆药包的炮泥，使处理拒爆炮孔的安全性改善；

（5）军事上的破甲弹、油气井使用的射孔弹、炼钢炉出钢口堵结时使用的处理药包等。

复习思考题

7－1　化学爆炸的三个必要条件是什么，炸药爆炸为什么要同时具备三要素？

7－2　炸药化学反应的形式有哪些，它们对炸药的保管和使用有什么启示？

7－3　起爆和传爆是一回事吗，为什么？影响炸药稳定传爆的因素有哪些？

7－4　何谓炸药的敏感度，其爆发点用什么衡量指标，研究它有何意义？

7－5　炸药受冲击、摩擦等机械能作用为什么会发生爆炸，研究它有何意义？

7－6　炸药的氧平衡是怎么回事，混合炸药的氧平衡对其使用效果有什么影响？

7－7　怎么求 2 号岩石硝铵炸药（硝酸铵 85%、梯恩梯 11%、木粉 4%）的氧平衡率？

7－8　何谓炸药的爆容、爆热、爆温、爆压、殉爆距离，它的猛度和爆力又有何区别？

7－9　聚能效应是如何产生的？在实际的工程爆破中，如何利用这种聚能效应？

8 矿山常用的工业炸药

本章提要：工业炸药是采矿工程中常用的重要材料，它的性能对爆破效果有直接的影响。了解其分类、组成和性能，不仅有助于在生产中正确选择炸药种类，而且有助于安全、正确地保管和使用炸药。根据采矿工程中的不同介质和要求，所用的炸药品种是不同的，其性能也有较大的差异，本章介绍采矿工程中常用工业炸药的成分、性能及适用条件方面的技术知识。

8.1 矿用炸药的特点与分类

8.1.1 矿用炸药的特点

炸药是一种在外能作用下可以发生高速化学反应并释放出大量热量和生成大量气体的物质。它的能量高度集中，反应很快，化学反应的过程中一般伴有激烈的声、光和热效应。

从本质上分析，一般工业炸药都具有如下几个特点：

（1）所含能量高度集中。炸药与其他一般燃料相比较，其单位容积所含热量很高。这一点可由炸药爆炸与燃料燃烧所释放出来的热量差异来予以说明。

从表 8－1 看出，单位质量炸药爆炸时放热量比相同质量的燃料与空气混合燃烧时所产生的热量少，但单位容积炸药爆炸时放热量比相同质量的燃料燃烧产生的热量大几百倍。这说明炸药能量的密度大，所含能量集中。从功率角度看，炸药所含的能量在瞬间（常以微秒或毫秒量级表示）释放出来，可以达到相当大的理论功率，产生巨大的做功效果，这是一般燃料无法比拟的。

表 8－1 几种炸药和燃料的能量比较

物质名称		单位质量的热量/kJ·kg^{-1}	单位容积的热量/J·L^{-1}	物质名称	单位质量的热量/kJ·kg^{-1}	单位容积的热量/J·L^{-1}
炸药	梯恩梯	4222	6772	碳氢混合物（完全燃烧）	8945	17.1
	黑索金	6207	9948			
	硝化甘油	5359	8569	氢氧混合物（完全燃烧）	13501	7.1

注：表中炸药的密度 $\rho = 1.6\text{g/cm}^3$。

（2）包含了爆炸反应所需的元素或基团。炸药本身同时拥有进行爆炸反应所需的氧化剂和可燃剂。当其受到一定的外能激发后，不需要外界物质参与即可进行高速爆炸反应。

（3）具有相对稳定的物质结构。炸药在常温、常压的环境中，一般不是"一触即发"的极不稳定的物质，特别是工业用炸药比较稳定。因为在炸药分子中，化学性活泼的碳、氢原子与氧原子之间，间隔有化学性稳定的氮原子，形成相对稳定的化学键，使炸药处于暂时相对稳定状态。当受足够外能作用时，碳、氢原子与氮原子的化学键断开并相互发生急剧的化学反应，形成稳定的新的化学结构，组成新分子，并释放出大量能量，这时才发生爆炸反应。

8.1.2 对工业炸药的基本要求

区别于一些特殊用途炸药类型（如军用炸药等），工业炸药是指可大规模生产和广泛应用于采矿、公路、铁路、水电等工程建设中的炸药。工业炸药一般应满足如下要求：

（1）爆炸性能良好，有足够的威力以满足各种矿石和岩石爆破的要求；

（2）机械感度低和有适度起爆感度，既能保证生产、运输、使用安全，又能顺利起爆；

（3）炸药配比接近零氧平衡，爆炸产物中有毒有害气体生成量少，不超过安全规定标准；

（4）有适当的稳定贮存期，在贮存期内，不会变质失效；

（5）原料来源广泛，加工工艺简单，操作安全，且价格便宜。

8.1.3 工业炸药的分类

工业炸药种类很多，一般按照其用途、使用场合和炸药的主要成分进行分类。

A 按用途分类

（1）起爆药。起爆药是一种对外能作用特别敏感的炸药。当其受到较小的外能作用时（如受机械、热、火焰的作用），均易激发而产生爆轰，并且反应速度极快；所以，工业上常用它来制造雷管，最常用的有二硝基重氮酚（DDNP）和氮化铅等。

（2）猛性炸药。猛性炸药与起爆药相比其敏感度较低，通常要在一定的起爆源（如雷管）作用下才会发生爆轰。猛性炸药具有爆炸威力大、爆炸性能好的特点；因此，是用于爆破作业的主要炸药种类。猛性炸药根据其构成，又可分为单质猛性炸药和混合炸药。

工业上常用的单质猛性炸药有三硝基甲苯（TNT）、黑索金和泰安等，其化学成分是单一的化合物，常用它们来做雷管的加强药、导爆索和导爆管的芯药以及混合炸药的敏化剂等。

混合炸药，是工程爆破中用量最大的炸药。它是由爆炸性物质和非爆炸性物质按一定配比混制而成的。大多数工业炸药都属于混合炸药，如常用的有粉状硝铵类炸药和含水硝铵类炸药等。

（3）发射药。常用的有黑火药，其特点是对火焰极敏感，可在敞开环境中燃烧，而在密闭条件下则会发生爆炸，但爆炸威力较弱，吸水后敏感度会大大降低。工业上主要用于制造导火索。

B 按使用场合分类

（1）煤矿许用炸药。煤矿许用炸药又称安全炸药。该类炸药主要针对有瓦斯和矿尘爆炸危险的煤矿生产环境设计，除严格要求控制其爆炸产物的有毒气体不超过安全规程允许量以外，还需在炸药中加入10%～20%的食盐作为消焰剂，以确保其爆破时不会引起瓦斯和矿尘爆炸。因此，煤矿炸药主要用于有瓦斯和煤尘爆炸危险的爆破作业，但也可用于其他工程爆破作业。

（2）岩石炸药。该类炸药是一种允许在没有瓦斯和矿尘爆炸危险、通风环境较差、作业空间狭窄的环境中使用的炸药。其特点是，有毒有害气体的生成量受到严格的限制和规定；因此，可以适用于没有瓦斯和矿尘爆炸危险的各种地下工程中。

（3）露天炸药。露天炸药是指适用于各种露天爆破工程的炸药。由于露天爆破用药量大，且爆破空间开阔，通风条件较好，故这类炸药的爆炸生成物中有毒有害气体含量允许较大。

（4）特种炸药。特种炸药泛指用于特种场合爆破作业的炸药，如在爆炸金属加工、复合、表面硬化工艺以及金属切割、石油勘探和开采的射孔、震源弹中使用的炸药等。

C　按主要成分分类

（1）硝铵类炸药。硝铵类炸药指以硝酸铵为主要成分（一般达 80% 以上）的炸药。因硝酸铵是常用化工产品，来源广泛，易于制造和成本低廉，所以这种炸药是目前国内外用量最大、品种最多的炸药。

（2）硝化甘油炸药。该类炸药的组成以硝化甘油为主要成分。由于感度高、危险性大，近年来铵油炸药的大量使用逐步取代了硝化甘油炸药，只在小直径光面爆破等爆破中有少量使用。

（3）芳香族硝基化合物类炸药。主要是苯及其同系物的硝基化合物，如梯恩梯、黑索金等。

（4）其他炸药。例如，黑火药和氮化铅等。

8.1.4　硝铵类工业炸药的主要成分

硝铵类炸药是目前使用广泛的工业炸药，它的主要成分一般有：

（1）氧化剂。氧化剂即硝酸铵，在炸药中的作用是提供爆炸反应时所需的氧元素。

（2）还原剂（亦称可燃剂）。常用的有梯恩梯、木粉、木炭、柴油、铝粉等。它的作用是与氧化剂进行剧烈的燃烧（氧化）还原反应。

（3）敏化剂。常用的有梯恩梯、二硝基萘、铝粉和一些发泡剂或发泡物质等。它的作用是增加炸药的敏感度，改善爆炸性能。

（4）加强剂。加强剂是为提高炸药威力而加入的物质，如梯恩梯、铝粉等。

（5）其他成分。这是为满足各种不同的使用要求，而加入的一些附加成分。例如加入消焰剂（食盐）、防潮剂（如石蜡）、疏松剂（如木粉）、黏结剂等。

以上诸多成分中，氧化剂和还原剂为必要成分，其他成分视需要而定。为了进一步了解各种硝铵炸药的组成及特性，现分别介绍常用两大类硝铵炸药，即粉状硝铵炸药和含水硝铵炸药。

8.2　粉状硝铵炸药

常用粉状硝铵炸药有铵梯炸药、铵油炸药、铵松蜡炸药和煤矿许用炸药，由于其组成的成分不同，性能指标和适用条件也各不相同。

8.2.1　铵梯炸药

铵梯炸药又称岩石炸药。它是国内外工业上用了近两个世纪的传统炸药，也是目前工业上使用最多的炸药品种。其主要成分是硝酸铵、梯恩梯和木粉。

8.2.1.1　铵梯炸药的主要成分

（1）硝酸铵。硝酸铵是一种应用广泛的化学肥料。纯硝酸铵为白色晶体，熔点为 160.6℃，温度达 300℃ 时便发火燃烧，高于 400℃ 时可转为爆炸。硝酸铵是一种弱性爆炸成分，钝感，需经强力起爆后才能引爆，爆速为 $2000 \sim 2500 m/s$，爆力为 $165 \sim 230 mL$。

硝酸铵具有较强的吸湿性和结块性。其吸湿现象的产生是由于它对空气中的水蒸气有吸附作用，并通过毛细管作用在其颗粒表面形成薄薄的一层水膜。硝酸铵易溶于水，因而水膜会逐渐变为饱和溶液。只要空气中的水蒸气压力大于硝酸铵饱和溶液的压力，硝酸铵就会继续吸收水分，一直到两者压力平衡时为止。硝酸铵吸水后，一旦温度下降，饱和层将部分或全部发生重结晶，形成坚硬致密的晶粒层，将硝酸铵黏结成块状。这种结块硬化过程会给加工炸药造成很大困难。

为了提高硝酸铵的抗水性，可加入防潮剂。常用的防潮剂有两类：一类是憎水性物质，如松香、石蜡、沥青和凡士林等。它们覆盖在硝酸铵颗粒表面，使它与空气隔离；另一类是活性物质，如硬脂酸钙、硬脂酸锌等，它们的分子结构一端为体积较大憎水性基团（硬脂酸根），另一端是体积较小亲水性基团（金属离子），这些物质加入后，亲水性基团将朝向外面，能起防水作用。

为了防止炸药中的硝酸铵吸湿后结块硬化，可在炸药中加入适量的疏松剂，如木粉等。

干燥的硝酸铵与金属作用极缓慢，有水时其作用速度加快。故溶化的硝酸铵与铜、铅和锌均起作用，形成极不稳定的亚硝酸盐，但硝酸铵不与铝、锡作用，故在制造硝酸炸药时均使用铝质工具和容器。同时，由于硝酸铵是强酸弱碱生成的盐类，要避免与弱酸强碱生成的盐类（如亚硝酸盐、氯酸盐等）混在一起，否则也会产生安定性很差的亚硝酸铵，容易引起爆炸。

（2）梯恩梯（TNT）。一种单质猛炸药，具有良好的爆轰性能，是军事爆破中常用的炸药品种。由于梯恩梯的制造工艺复杂，价格也较昂贵，故在炸药中尽量少用或改用其他敏化剂代替。梯恩梯有一定毒性，能通过皮肤和呼吸道对人体产生损害，故在炸药生产和使用中要注意个人防护。

（3）木粉。木粉除了可做疏松剂和可燃剂外，还能调节炸药的密度。要求它不含杂质、不腐朽、含水在4%以下，细度在0.83~0.35mm（20~40目）之间。

8.2.1.2 铵梯炸药的种类和性能

工程爆破所用铵梯炸药品种很多，几种常见的铵梯炸药的成分和性能列于表8-2中。

表8-2 几种炸药的成分和性能

	炸药品种 成分性能和指标	1号岩石 硝铵炸药	2号岩石 硝铵炸药	2号抗水岩石 硝铵炸药	2号露天 硝铵炸药	2号抗水露天 硝铵炸药	2号铵松蜡 炸药
组分 /%	硝酸铵	82±1.5	85±1.5	84±1.5	86±2.0	86±2.0	91±1.5
	梯恩梯	14±1.0	11±1.0	11±1.0	5±1.0	5±1.0	
	木粉	4±0.5	4±0.5	4.2±0.5	9±0.5	8.2±1.0	5±0.5
	沥青			0.4±0.1		0.4±0.1	
	石蜡			0.4±0.1		0.4±0.1	0.8±0.2
	轻柴油						1.5±0.5
	松香						1.7±0.3
性能	水分（不大于）/%	0.3	0.3	0.3	0.5	0.5	0.1~0.3
	密度/g·cm⁻³	0.95~1.1	0.95~1.1	0.95~1.1	0.85~1.1	0.85~1.1	0.95~1.0
	猛度（不小于）/mm	13	12	12	8	8	13~15
	爆力（不小于）/mL	350	320	320	250	250	320~360
	殉爆Ⅰ/cm	6	5	5	3	3	4~7
	殉爆Ⅱ/cm			3		2	
	爆速/m·s⁻¹		3600	3750	3525	3525	3500~3800
爆炸 参数 计算 值	氧平衡/%	0.52	3.38	0.37	1.08	-0.30	-1.092
	质量体积/L·kg⁻¹	912	924	921	935	936	
	爆热/kJ·kg⁻¹	4078	3688	3512	3740	3852	
	爆温/℃	2700	2514	2654	2496	2545	
	爆压/Pa		3306100	3587400	3169800	3169300	

注：殉爆Ⅰ是浸水前的参数；殉爆Ⅱ是浸水后的参数。

8.2.2 铵油炸药

铵油炸药是一种无梯炸药，主要成分是硝酸铵和柴油，也是我国冶金、有色金属矿山应用广泛的一种钝感猛性炸药。

8.2.2.1 铵油炸药的主要成分

（1）硝酸铵。氧化剂，性能如前述。

（2）柴油。柴油在炸药中作为可燃剂，碳氢元素含量达99.5%以上。柴油来源容易，运输、使用安全，有较高挥发性，能有效渗入炸药的颗粒中，从而保证炸药组分混合的均匀性和致密性。柴油高温时易渗油，低温时会凝固，温度适应性较差，应结合当地气温情况考虑。生产时常用轻柴油，一般多采用0号、10号、20号轻柴油。严寒冬季，为防止其冻结，可采用 -10号、-20号、-35号轻柴油。由于柴油爆热值高达41860kJ/kg，故加入柴油可以使铵油炸药的威力极大提高。

（3）木粉。主要用作疏松剂以防止炸药结块，同时还可起到可燃剂的作用。

在铵油炸药中，多孔粒状铵油炸药是一种较新型的工业炸药类型，它由多孔粒状硝酸铵和柴油组成。多孔粒状硝酸铵为白色颗粒状混合物，是一种内部充满空穴和裂隙的颗粒状物质，其堆积密度一般在 $0.75 \sim 0.85 g/cm^3$ 之间。多孔粒状铵油炸药可用于露天及地下无水爆破作业。它具有原料来源丰富、使用方便、成本低廉、不易结块、流散性好、装药时不易堵孔、性能可靠、贮存稳定、使用安全和易于机械化装药等特点，其用量正逐年提高。多孔粒状硝酸铵吸油率高，可以在现场直接与柴油混合加工成铵油炸药，因此简化了加工工艺。

8.2.2.2 铵油炸药的种类和性能

几种粉状铵油炸药和多孔粒状铵油炸药的成分与性能列于表8-3。

表8-3 铵油炸药及多孔粒状铵油炸药的组分、性能及适用条件

组分和性能		炸药名称			
		1号铵油炸药（粉状）	2号铵油炸药（粉状）	3号铵油炸药（颗粒状）	多孔粒状铵油炸药
组分/%	硝酸铵	92±1.5	92±1.5	94.5±1.5	94.5±0.5
	柴油	4±1	1.8±0.5	5.5±1.5	5.5±0.5
	木粉	4±0.5	6.2±1	8.5±0.1	
水分（不大于）/%		0.75	0.8	0.8	0.3
装药密度/g·cm⁻³		0.9~1.0	0.8~0.9	0.9~1.0	
爆炸性能	殉爆距离/cm	4~7	3~6	≥3	≥2
	猛度（不小于）/mm	12	18	18	15
	爆力（不小于）/mL	300	250	250	278
	爆速（不低于）/m·s⁻¹	3300	3800	3800	2800
炸药保证期/d		（雨季）7（一般）15	15	15	30
适用条件		露天或无瓦斯、无矿尘爆炸危险的中硬以上矿岩爆破	露天中硬以上矿岩爆破和硐室大爆破	露天大爆破工程	露天大爆破或无瓦斯矿尘的中深孔爆破

铵油炸药具有原料来源广、价格低廉、加工制造简单等优点，所以使用范围比较广泛。但铵油炸药也存在比较容易吸湿和结块的缺点，故其不能用于在有水的工作面进行爆破作业。

8.2.3 铵松蜡炸药

铵松蜡炸药由硝酸铵、木粉、松香和石蜡混制而成。它有利于克服铵梯和铵油炸药吸湿性强、保存期短的不足，其原料来源也较符合我国资源特点。这种炸药具有良好防水性能，主要因为：

（1）松香、石蜡都是憎水物质，可形成粉末状防水网，防止硝酸铵吸水；

（2）石蜡还可形成一层憎水薄膜，阻止水分进入；

（3）含有柴油的铵松蜡炸药中，松香与柴油可以共同组成油膜，也能防止水分进入。

表8-2列出了2号铵松蜡炸药的性能指标。

除铵松蜡炸药外，还有铵沥炸药、铵沥蜡炸药等。这些炸药的缺点是毒气生成量较大。

8.2.4 煤矿许用炸药

煤矿有煤尘和瓦斯。煤尘是在热能作用下能发生爆炸的细煤粉（粒径0.75~1.00mm以下），煤矿瓦斯实际上是沼气与空气的混合物，瓦斯浓度越高，越容易发生爆炸。煤尘不仅可单独爆炸，当沼气和煤尘达到一定浓度范围和受到爆破作用时也易引起爆炸，所以对煤矿炸药有以下要求：

（1）为使炸药爆炸后不引起矿井局部高温，要求煤矿用炸药爆热、爆温和爆压相对低些；

（2）有较好的起爆感度和传爆能力，保证稳定爆轰；

（3）排放的有毒气体符合国家标准，炸药配比应接近零氧平衡。

在煤矿许用炸药中要加入一定的消焰剂，其作用是：

（1）吸收一定的爆热，从而避免在矿井大气中造成局部高温；

（2）对沼气和空气混合物的氧化反应起抑制作用，能破坏沼气燃烧反应活化，阻止爆炸。

消焰剂是煤矿许用炸药必不可少的组分，常用的消焰剂是食盐，一般占炸药成分的10%~20%。

煤矿许用炸药的种类很多，表8-4是常用的煤矿许用粉状硝铵类炸药的相关参数。

表8-4 煤矿许用硝铵类炸药的组分、性能与爆炸参数计算值

	炸药品种	1号煤矿硝铵炸药	2号煤矿硝铵炸药	1号抗水煤矿硝铵炸药	2号抗水煤矿硝铵炸药	2号煤矿铵油炸药	1号抗水煤矿铵沥蜡炸药
组分/%	硝酸铵	68±1.5	71±1.5	68.6±1.5	72±1.5	78.2±1.5	81.0±1.5
	梯恩梯	15±0.5	10±0.5	15±0.5	10±0.5		
	木 粉	2±0.5	4±0.5	1.0±0.5	2.2±0.5	3.4±0.5	7.2±0.5
	食 盐	15±1.0	15±1.0	15±1.0	15±1.0	15±1.0	10±0.5
	沥 青			0.2±0.05	0.4±0.1		0.9±0.1
	石 蜡			0.2±0.05	0.4±0.1		0.9±0.1
	轻柴油					3.4±0.5	
性能	水分（不大于）/%	0.3	0.3	0.3	0.3	0.3	0.3
	密度/g·cm^{-3}	0.95~1.1	0.95~1.1	0.95~1.1	0.95~1.1	0.85~0.95	0.85~0.95
	猛度（不小于）/mm	12	10	12	10	8	8
	爆力（不小于）/mL	290	250	290	250	230	240
	殉爆Ⅰ/cm	6	5	6	4	3	3
	殉爆Ⅱ/cm		4	4	3	2	2
	爆速/m·s^{-1}	3509	3600	3675	3600	3269	2800

炸药品种		1 号煤矿硝铵炸药	2 号煤矿硝铵炸药	1 号抗水煤矿硝铵炸药	2 号抗水煤矿硝铵炸药	2 号煤矿铵油炸药	1 号抗水煤矿铵沥蜡炸药
爆炸参数值	氧平衡/%	- 0. 26	1. 28	- 0. 004	1. 48	- 0. 68	0. 67
	质量体积/L·kg⁻¹	767	782	767	783	812	854
	爆热/kJ·kg⁻¹	3584	3324	3605	3320	3178	3350
	爆温/℃	2376	2230	2385	2244	2092	2222
	爆压/Pa	3078298	3239978	3376394	3239978	2671578	1997338

注：殉爆 I 是浸水前的参数；殉爆 II 是浸水后的参数。

8.3　含水硝铵炸药

含水硝铵炸药包括浆状炸药、水胶炸药、乳化炸药等。它们的共同特点是将硝酸铵或硝酸钾、硝酸钠溶解于水后，成为硝酸盐的水溶液，当其达到饱和时便不再吸收水分。依据这一原理制成的防水炸药，其防水机理可简单理解为"以水抗水"。

8.3.1　浆状炸药

浆状炸药是 1956 年美国的库克和加拿大的法曼合作发明，并由埃列克化学公司正式投产的一种新型抗水炸药，在世界炸药史上被誉为"第三代炸药"。

8.3.1.1　浆状炸药主要成分

简单地说，浆状炸药是由氧化剂水溶液、敏化剂和胶凝剂等基本成分组成的悬浮状的饱和水胶混合物，其外观呈半流动胶浆体，故称为浆状炸药。其成分一般为：

（1）氧化剂水溶液。浆状炸药的氧化剂水溶液主要是硝酸铵或硝酸钾、硝酸钠的混合物，它的含量占炸药总量 65% ~ 85%，含水量占 10% ~ 20%。水作为连续相而存在的主要作用是：

1）使硝酸铵等固体成分成为饱和溶液，不再吸水；

2）使硝酸铵等固体成分溶解或悬浮，以增加炸药的可塑性和增大炸药的密度；

3）使炸药成为细、密、匀的连续相，各成分紧密接触，提高炸药的威力。

但必须注意的是，水为钝感物质，由于水分增加，炸药的敏感度将有所降低。

（2）敏化剂。浆状炸药敏化剂按成分不同可分为以下四类：

1）猛炸药的敏化剂，常用的有梯恩梯、黑索金、硝化甘油等，含量为 6% ~ 20%；

2）金属粉末敏化剂，如铝粉、镁粉、硅铁粉等，含量为 2% ~ 15%；

3）气泡敏化剂，如亚硝酸钠，加入量为 0.1% ~ 0.5%；

4）燃料性敏化剂，如柴油、硫黄等，含量为 1% ~ 5%。

（3）胶凝剂。这是浆状炸药的关键成分，可使氧化剂水溶液变为胶体液，并使各物态不同的成分胶结在一起，使其中未溶解的硝酸盐类颗粒、敏化剂颗粒等悬浮于其中，可使浆状炸药胶凝、稠化，提高抗水性能。胶凝剂有两类：一是植物胶，主要是白芨、玉竹、田菁胶、槐豆、皂胶等；二是工业胶，主要为聚丙烯酰胺，俗称"三号剂"。植物胶 2% ~ 2.4%，聚丙烯酰胺 1% ~ 3%。

（4）交联剂。又称助胶剂，交联剂的作用是使浆状炸药进一步稠化以提高抗水性能，常用硼砂、重铬酸钾等，其含量为 1% ~ 3%。使用交联剂，可以相对减少胶凝剂的用量。

（5）表面活性剂。常用十二烷基苯磺酸钠或十二烷基磺酸钠。它的作用是增加塑性，提高其耐冻能力；其次是能吸附铅粉等金属颗粒，防止与水反应生成氢而逸出。

（6）起泡剂。常用亚硝酸钠，其作用是加入后能产生氮氧化物和二氧化碳，形成气泡，以便在起爆时产生绝热压缩，增加炸药爆轰感度。这种气泡又称敏化气泡。采用起泡剂可以相对减少敏化剂梯恩梯的用量。另外，泡沫、多孔含碳材料等也可用作起泡剂。

（7）安定剂。加入适量的尿素等，可提高胶凝剂的黏附性和炸药的柔软性，以防炸药变质。

（8）防冻剂。加入乙二醇等可使冰点降低，增加炸药耐冻性。

浆状炸药敏感度较低，不能用普通8号雷管起爆，而需要用起爆药包来起爆。

8.3.1.2 国产浆状炸药的种类与性能

几种国产浆状炸药的组分及性能如表8-5所示。

表8-5 国产浆状炸药的组分和性能

炸药品种		4号浆状炸药	5号浆状炸药	槐1号浆状炸药	槐2号浆状炸药	白云1号抗冻浆状炸药	田菁10号浆状炸药
组分/%	硝酸铵	60.2	70.2~71.5	67.9	54.0	45.0	57.5
	硝酸钾				10.0		
	硝酸钠			10.0		10.0	10.0
	梯恩梯	17.5	5.0		10.0	17.3	10.0
	水	16.0	15.0	9.0	14.0	15.0	11+2
	柴油		4.0	3.5	2.5		
	胶凝剂①	（白）2.0	（白）2.4	（槐）0.6	（槐）0.5	（皂）0.7	田菁胶0.7
	亚硝酸钠		1.0	0.5	0.5		
	交联剂	硼砂1.3	硼砂1.4	2.0	2.0	2.0	1.0（交联发泡溶液）
	表面活性剂		1.0	2.5	2.5	1.0	3.0
	硫黄粉			4.0	4.0		2.0
	乙二醇					3.0	
	尿素	3.0				3.0	3.0
性能	密度/g·cm⁻³	1.4~1.5	1.15~1.24	1.1~1.2	1.1~1.2	1.17~1.27	1.25~1.31
	爆速/km·s⁻¹	4.4~5.6	4.5~5.6	3.2~3.5	3.9~4.6	5.6	4.5~5.0
	临界直径/mm	96	≤45		96	≤78	70~80

①白芨粉、槐豆胶、皂角粉、田菁胶。

浆状炸药的优点是：炸药密度高，可塑性较好，抗水性强，适于有水炮孔爆破，使用安全。其缺点是：感度低，不能用普通雷管起爆，需采用专门起爆体（弹）加强起爆，理化安定性较差，在严寒冬季露天使用受到影响。

8.3.2 水胶炸药

水胶炸药是浆状炸药改进后的新品种，在国外被列为浆状炸药。它与浆状炸药的不同之处在于主要使用的是水浴性敏化剂，这样使得氧化剂的耦合状况大为改善，从而获得更好的爆炸性能。

8.3.2.1 水胶炸药的主要成分

（1）氧化剂。主要是硝酸铵和硝酸钠。硝酸铵可用粉状也可用粒状。在生产水胶炸药时，将部分硝酸铵溶解成75%的水溶液，另一部分可直接加入固体硝酸铵。

（2）敏化剂。常用甲基胺硝酸盐（简称MANN）的水溶液。甲基胺硝酸盐比硝酸铵更易吸湿和溶于水，本身又是一种单质炸药。在水胶炸药中，既是敏化剂又是可燃剂。甲基胺硝酸盐不含水时可直接用雷管起爆，但当其为温度小于95℃，浓度低于86%的水溶液时，不能用8号雷管起爆。因此可用不同含量甲基胺硝酸盐制成不同感度的水胶炸药。由于其原料来源广泛，应用较广。

（3）胶凝剂。水胶炸药具有良好的胶黏效果，因而比浆状炸药具有更好的抗水性能和爆炸威力。国内多用田菁胶、槐豆胶，国外多用古尔胶作胶凝剂。

8.3.2.2　国产水胶炸药的种类和性能

几种国产水胶炸药的组分及性能见表8-6。

表8-6　几种国产水胶炸药的组分及性能

炸药系列或型号		SHJ-K型	W-20型	1号	3号
组分 /%	硝酸铵（钠）	53~58	71~75	55~75	48~63
	水	11~12	5~6.5	8~12	8~12
	硝酸甲胺	25~30	12.9~13.5	30~40	25~30
	铝粉或柴油	铝粉2~4	柴油2.5~3		
	胶凝剂	2	0.6~0.7		0.8~1.2
	交联剂	2	0.03~0.09		0.05~0.1
	密度控制剂		0.3~0.5	0.4~0.8	
	氯酸钾		3~4		0.1~0.2
	延时剂				0.02~0.06
	稳定剂				0.1~0.4
性能	爆速/km·s^{-1}	3.5~3.9	4.1~4.6	3.5~4.6	3.6~4.4
	猛度/mm	>15	16~18	14~15	12~20
	殉爆距离/cm	>8	6~9	7	12~25
	临界直径/mm		12~16	12	
	爆力/mL	>340	350		330
	爆热/J·g^{-1}	1100	1192	1121	
	储存期/月	6	3	12	12

水胶炸药的优点是：抗水性强，感度较高，可用8号雷管起爆，并具有较好的爆炸性能，可塑性好，使用安全。其缺点是：成本较高，爆炸后生成的有毒气体比2号岩石炸药多。

8.3.3　乳化炸药

乳化炸药是美国20世纪70年代发展起来的一种新型炸药，我国在70年代末期开始生产。它具有威力大、感度高、抗水性良好的特点，被誉为"第四代炸药"。它不同于水包油型的浆状炸药和水胶炸药，而是以油为连续相的油包水型的乳胶体。它不含爆炸性的敏化剂，也不含胶凝剂。炸药中的乳化剂可使氧化剂水溶液（水相或内相）均匀分散在含有气泡的近似油状物质的连续介质（外相）中，使炸药形成灰白色或浅黄色的油包水型特殊内部结构的乳胶体，故称乳化炸药。

8.3.3.1 乳化炸药的成分

（1）氧化剂水溶液。即硝酸盐水溶液，呈细小水滴的形式存在，其含量占55%～80%，含水量为10%～20%。

（2）可燃剂。一般由柴油和石蜡组成，其含量约为1%～8%，水相分散在油相之中，形成不能流动的稳定的油包水型乳胶体。

（3）发泡剂。可用亚硝酸钠、空心微玻璃球、珍珠岩粉或其他多孔性材料。发泡剂可提高炸药的感度，加入量约为0.05%～0.1%。

（4）乳化剂。这是乳化炸药生产工艺中的关键成分，其含量约为0.5%～0.6%。本来油与水是不相溶的，但乳化剂是一种表面活性剂，可用来降低油和水的表面张力，使它们互相紧密吸附，形成油包水型乳化物，这种油包水型微粒的粒径约为2μm左右，因而极为有利于爆轰反应。

乳化剂多为脂肪族化合物，它可以是一种化合物，也可以是多种物质的混合物。常用山梨糖醇单月桂酸酯、山梨糖醇酐单油酸盐等。国产乳化炸药大多采用司班–80（Span–80）作为乳化剂。此外还可加入一些其他物质，如铝粉、硫黄等。

8.3.3.2 乳化炸药的性能

乳化炸药的性能不但同它的组成配比有关，而且也同它的生产工艺特别是乳化技术有关。乳化炸药的主要性能特点是：

（1）抗水性强。在常温下浸泡在水中7天后，炸药的性能不会产生明显变化，仍可用8号雷管起爆，故可代替硝化甘油炸药在水下使用。

（2）爆速高。一般可达4000～5500m/s，故威力大。

（3）感度高。由于加入了发泡剂，加上乳化、搅拌加工，使氧化剂水溶液变成微滴，敏化气泡均匀地分布在其中，故爆轰感度较高，可达雷管感度。

（4）密度可调范围宽。由于加入了充气成分，可通过控制其含量来调节炸药密度，炸药的可调密度一般在0.8～1.45g/cm³之间。

（5）安全性能好。乳化炸药对于冲击、摩擦、枪击的感度都较低，而且爆炸后毒气生成量也少，使用安全，贮存期较长。

为了实现乳化炸药在现场连续化混装，我国于1982年前后研究乳化炸药混装车及现场连续混装工艺，取得了成功，并已在某些矿山开始使用。

我国生产的乳化炸药有RL、CLH、EL、RJ等系列，表8–7中列出部分乳化炸药的指标。

表8–7 部分国产乳化炸药的成分、配比和性能

炸药系列或型号		EL系列	CLH系列	SB系列	RJ系列	WR系列	岩石型	煤矿许用型
组分/%	硝酸（钠）	65～75	63～80	67～80	58～85	78～80	65～86	65～80
	硝酸甲胺				8～10			
	水	8～12	5～11	8～13	8～15	10～13	8～13	8～13
	乳化剂	1～2	1～2	1～2	1～3	0.5～2	0.8～1.2	0.8～1.2
	油相材料	3～5	3～5	3.5～6	3～5	3～5	4～6	3～5
	铝粉	2～4	2					1～5
	添加剂	2.1～2.2	10～15	6～9	0.5～2	5～6.5	1～3	5～10
	密度调整剂	0.3～0.5		1.5～3	0.2～1			另加消焰剂

炸药系列或型号		EL 系列	CLH 系列	SB 系列	RJ 系列	WR 系列	岩石型	煤矿许用型
性能	爆速/km·s⁻¹	4 ~ 5.0	4.5 ~ 5.0	4 ~ 4.5	4.5 ~ 5.4	4.7 ~ 5.8	3.9	3.9
	猛度/mm	16 ~ 19		15 ~ 18	16 ~ 18	18 ~ 20	12 ~ 17	12 ~ 17
	殉爆距离/cm	8 ~ 12	2	7 ~ 12	>8	5 ~ 10	6 ~ 8	6 ~ 8
	临界直径/mm	12 ~ 16	40	12 ~ 16	13	12 ~ 18	20 ~ 25	20 ~ 25
	抗水性	极好	极好	极好	极好	极好	极好	极好
	储存期/月	6	>8	>6	3	3	3 ~ 4	3 ~ 4

8.4　新型工业炸药

随着爆破技术的发展，国内外在各种新型炸药的研制和使用方面也取得了很大的进展，比如无梯或少梯炸药、低密度炸药、高冲能炸药等的研制和应用，进一步改善了工业炸药的性能，降低了工业炸药的制造成本，丰富了工业炸药的种类。

8.4.1　岩石粉状铵梯油炸药

岩石粉状铵梯油炸药，属于少梯量工业炸药。它是工业粉状炸药的第二代产品，由工业粉状铵梯炸药发展而来。其关键技术是将乳化分散技术应用于粉状铵梯炸药中，在炸药组分中加入非离子表面活性剂为主构成的复合油相，取代了部分梯恩梯，使梯恩梯的炸药用量由11%降低至7%，达到了降低粉尘、防潮、防结块的综合效果，其组分和性能见表8 - 8。

表 8 - 8　岩石粉状铵梯油炸药的组分和性能

组分与性能			炸药名称	
			2 号岩石铵梯油炸药	2 号抗水岩石铵梯油炸药
组分/%		硝酸铵	87.5 ± 1.5	89.0 ± 2.0
		梯恩梯	7.0 ± 0.7	5.0 ± 0.5
		木　粉	4.0 ± 0.5	4.0 ± 0.5
		复合油相	1.5 ± 0.3	2.0 ± 0.3
		复合添加剂（外加）	0.1 ± 0.005	0.1 ± 0.005
爆炸性能		水分/%	≤0.30	≤0.30
		猛度/mm	≥12	≥12
		爆力/mL	≥320	≥320
		爆速/m·s⁻¹	≥3200	≥3200
	殉爆距离/cm	浸水前	≤100	≤100
		浸水后		≥2
		有毒气体量/L·kg⁻¹	≤100	≤100
		药卷密度/g·cm⁻³	0.95 ~ 1.00	0.95 ~ 1.00
		炸药有效期/月	6	6
	炸药有效期内	殉爆距离/cm	3	2
		水分/%	0.50	0.50

为了进一步降低梯恩梯含量，并改善炸药性能，在岩石粉状铵梯油炸药的基础上，成功研

制了4号岩石粉状铵梯油炸药。该产品的特点是梯恩梯含量降至2%。组分中选用了1号复合改性剂，解决了硝酸炸药的结块问题，提高了爆破性能与贮存性能及防潮、防水性能，见表8-9。

表8-9 4号岩石粉状铵梯油炸药的组分和性能

组分/%	硝酸铵	木 粉	复合油相	梯恩梯	1号改性剂
	91.3±1.5	4.0±0.7	2.7±0.6	2.0±0.2	0.30±0.01

	水分/%	≤0.30
爆炸性能	药卷密度/g·cm^{-3}	0.95~1.10
	爆速/m·s^{-1}	≥3200
	猛度/mm	≥12
	殉爆距离/cm	≥4
	爆力/mL	≥320
	有毒气体量/L·kg^{-1}	≤100
	有效期/d	≥180
炸药有效期内	殉爆距离/cm	≥3
	水分/%	≤0.05

8.4.2 膨化硝铵炸药

膨化硝铵炸药是一种新型粉状工业炸药，属无梯炸药。其关键技术是硝酸铵的膨化，膨化的实质是表面活性技术和结晶技术的综合作用过程，是硝酸铵饱和溶液在专用表面活性剂作用下，经真空强制析晶的物理化学过程。这一过程可制得具有许多微孔气泡，为松状和蜂窝状的膨化硝酸铵。微孔气泡的形成，可以取代梯恩梯的敏化作用，故炸药组中便可不用梯恩梯。岩石膨化硝铵炸药是由膨化硝酸铵、燃料油、木粉混合而成的，爆炸性能优良、爆轰速度快，综合性能优于2号岩石铵梯炸药；产品吸湿性低，不易结块，贮存性能和物理稳定性高；安全性能好，使用可靠。其特点是炸药中不含梯恩梯，彻底消除了梯恩梯对人体的毒害和对环境的污染。

目前，膨化硝铵炸药已形成了系列产品，相继推出了岩石膨化硝铵炸药、煤矿许用膨化硝铵炸药、震源药柱膨化硝铵炸药、抗水膨化硝铵炸药、低爆速型膨化硝铵炸药、高安全煤矿许用膨化硝铵炸药和高威力膨化硝铵炸药。其中，岩石膨化硝铵炸药的组分和性能见表8-10。

表8-10 岩石膨化硝铵炸药的组分和性能

组分/%	膨化硝铵	复合油相	木 粉
	92.0±2.0	4.0±1.0	4.0±1.0

	水分/%	≤0.30
爆炸性能	药卷密度/g·cm^{-3}	0.80~1.00
	爆速/m·s^{-1}	≥3200
	猛度/mm	≥12
	殉爆距离/cm	≥4
	爆力/mL	≥320
	有毒气体量/L·kg^{-1}	≤100
	有效期/d	180
炸药有效期内	殉爆距离/cm	≥3
	水分/%	≤0.50

8.4.3 粉状乳化炸药

粉状乳化炸药是近几年发展起来的一种炸药新品种，它是具有高分散乳化结构的固态炸药，属乳化炸药的衍生品种，是当前民用爆破行业发展较为迅速的炸药新品种，其科技含量高，发展迅猛。粉状乳化炸药爆炸性能优良，组分原料不含猛炸药，具有较好的抗水性，贮存性能稳定，现场使用装药方便，是兼有乳化炸药及粉状炸药优点的新型工业炸药。它克服了现有粉状炸药混合不均匀的不足，提高了炸药爆炸性能，技术指标高于工业粉状铵梯炸药标准规定，见表8-11。

表8-11 岩石粉状乳化炸药的组分和性能

组分/%		硝酸铵	复合油相	水　分
		91.0 ± 2.0	6.0 ± 1.0	$0 \sim 5.0$
爆炸性能	药卷密度/g·cm^{-3}		$0.85 \sim 1.05$	
	爆速/m·s^{-1}		$\geqslant 3400$	
	猛度/mm		$\geqslant 13$	
	殉爆距离/cm	浸水前	$\geqslant 5$	
		浸水后	$\geqslant 4$	
	爆力/mL		$\geqslant 320$	
	撞击感度/%		$\leqslant 8$	
	摩擦感度/%		$\leqslant 8$	
	有毒气体量/L·kg^{-1}		$\leqslant 100$	
	有效期/d		180	

粉状乳化炸药设计思路的独创性，在于巧妙地把工业胶质乳化炸药与工业粉状炸药的性能优点有机地结合起来，形成了一种新型的高性能无梯炸药。

新型炸药的研制与应用，主要有无梯和少梯炸药、低密度炸药、高冲能炸药等，而膨化硝铵炸药、粉状乳化炸药、铵梯油炸药为较成熟的新型工业炸药。

复习思考题

8-1 炸药有什么特点，工程中对工业炸药的基本要求是什么？

8-2 工业炸药分为哪些类型，各种类炸药的主要用途是什么？

8-3 常用工业炸药的主要成分有哪些，各在炸药中起什么作用？

8-4 硝酸铵有什么特点，它为什么广泛用于制造工业炸药？

8-5 梯恩梯有何特点，它在工程爆破中的主要用途是什么？

8-6 何为乳化炸药，其成分有哪些，它的主要用途是什么？

8-7 国产的新型工业炸药有哪些，各自的特点是什么？

8-8 矿用工业炸药的主要技术性能指标有哪些？

8-9 能用硝铵炸药来制造雷管和导火索吗，为什么？

8-10 究竟如何根据现场施工的需要来选择炸药？

9 起爆器材与起爆方法

本章提要： 工程爆破是一种特殊作业，必须确保安全和可靠。不同起爆方法，要采用不同的起爆器材。目前国内常用的起爆器材有雷管、导火索、导爆索、导爆管、继爆管等。只有了解它们的结构、起爆原理、性能及检验方法，才能在生产中合理选择和正确使用起爆方法。

20 世纪 50 年代初，我国大都采用火雷管起爆法和导爆索起爆法，主要器材是火雷管、导火索和导爆索。到了 60 年代，随着大规模爆破、地下深孔爆破、露天台阶深孔爆破、光面爆破、微差爆破和预裂爆破技术的发展，普遍推广电力起爆法，各种类型的电雷管相继出现。

而到了 70 年代末至 80 年代初，随着新型起爆器材爆管的出现，非电导爆管起爆系统在全国各大矿山和其他行业都成功地得到推广使用，进一步推动了相应起爆器材的研制和发展。

目前，非电导爆管起爆系统由于成本较低、使用方便和安全可靠，已经广泛应用于工程爆破，并占据了主导地位。而对起爆器材的基本要求是使用方便、安全可靠，并满足以下条件：

(1) 具有足够的起爆能力和传爆能力；
(2) 能适应多种环境的爆破作业；
(3) 延时的时间精确、可靠；
(4) 便于贮存和运输。

现将本章分为工业雷管的种类、导火索的性能与起爆法、导爆索与导爆管起爆法、电力起爆方法四部分进行介绍。实践中请根据具体情况，合理选择爆破器材和正确使用起爆方法。

9.1 工业雷管的种类

雷管是重要的起爆器材，根据其内部装药结构不同，分为有起爆药雷管和无起爆药雷管两大系列。其中，根据点火方式的不同又分为火雷管、电雷管和非电雷管等；而在电雷管和非电雷管中，又分为秒延期、毫秒延期系列产品。目前，毫秒延期雷管已向高精度短间隔系列产品发展。

9.1.1 有起爆药的雷管

有起爆药的雷管是由加强帽、起爆药、加强药，用雷管的雷管壳组合成的整体，根据其点火形式的不同，又分为火雷管、电雷管和非电雷管等。

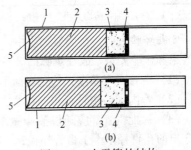

图 9 - 1　火雷管的结构

(a) 金属壳雷管；(b) 纸壳雷管

1—管壳；2—加强药；3—起爆药；
4—加强帽；5—聚能穴

9.1.1.1 火雷管

火雷管是指通过导火索燃烧后喷出火焰引爆的雷管，它只限用于无瓦斯和矿尘危险的地下或露天小规模爆破作业中。国产火雷管的结构如图 9 - 1 所示。

常用的火雷管的管壳材料有纸、铜、铝等，要求有一定强度，以起到保护起爆药和确保爆轰的作用，并要具有一定的防潮能力。火雷管按起爆能力分为 10 个等级，采矿工程中常用的品种为 6 号火雷管和 8 号火雷管；但两者的装药量不同，故雷管壳长度也不同，其规格尺寸见表 9-1。

表 9-1　常用火雷管管壳规格尺寸

品种	管壳规格	内径/mm	外径/mm	长度/mm
6 号火雷管	金属壳	6.18~6.22	7	36±0.5
8 号火雷管	金属壳	6.18~6.22	7	40±0.5
	纸　壳	6.18~6.30	7.05	45±0.5
	塑料壳	6.18~6.30	7.05	49±0.5

火雷管一端开口，另一端封闭成窝穴状，起聚能作用。加强帽用 0.2mm 厚铜片或铁片冲制而成，高 6mm，中央有直径为 1.9~2.1mm 的小孔，外径与雷管壳的内径一致。

加强帽的作用，是配合管壳封闭雷管装药，防止漏药，减少外界因素对起爆药的影响，增加使用安全，防止起爆药受潮，确保雷管可靠起爆等。

起爆药也称正起爆药，常用有二硝基重氮酚（DDNP）K. D 复盐、叠氮化铅或其他特殊性能药剂。它的特点是敏感度高。起爆药装在加强药的上部并扣压加强帽封闭，直接受导火索的火焰作用起爆，其爆速能急速增长到稳定爆轰速度，并利用爆炸所产生的冲击波引爆加强药。加强药也称副起爆药，常用黑索金或泰安，与起爆药相比，其敏感度低、威力大，按一定的密度要求压在雷管底部。加强药被起爆药引爆后，释放出更大的能量，从而激发雷管周围炸药的爆炸。

雷管爆炸能力，取决于加强药密度和装药量。国产 6 号和 8 号火雷管装药量列于表 9-2 中。

表 9-2　国产 6 号火雷管和 8 号火雷管装药量

雷管号别	起爆药/g			加强药/g			
	二硝基重氮酚	雷汞	氮化铅	黑索金	特屈儿	黑索金/TNT	特屈儿/TNT
6 号雷管	0.3±0.02	0.4±0.02	0.1±0.02 0.21±0.02	0.42±0.02	0.42±0.02	0.5±0.02	
8 号雷管	(0.3~0.36)±0.02	0.4±0.02	0.1±0.02 0.21±0.02	(0.7~0.72)±0.02	(0.7~0.72)±0.02	(0.7~0.72)±0.02	(0.7~0.72)±0.02

注：起爆药和加强药均只用三种中的一种。

实践经验表明，在爆破工程中，有时因个别雷管质量不合格，出现拒爆现象，从而影响爆破效果和作业安全。故在爆破的准备工作中，应对雷管做必要的检验。检验的内容有：

（1）雷管是否受潮；管壳表面不允许有浮药、锈蚀、裂缝和出现透孔现象。

（2）管内加强帽是否扣正和稳实；管内若有杂物严禁用嘴吹或掏取，只能报废处理。

（3）每批雷管都应随机抽样做铅板穿孔试验和引爆标准铵梯炸药的试验。铅板厚 5mm，被穿出的孔直径不小于雷管外径；一个雷管应能引爆一个药卷且爆后不留残药。

（4）是否在有效期内。纸壳雷管有效期一般为一年，其他管壳雷管为两年。

9.1.1.2　电雷管

电雷管是一种用电流起爆的雷管，实际上，电雷管在构造上仅仅是比火雷管多了一个电点火装置。电雷管的品种较多，常用的有瞬发电雷管、延期电雷管以及特殊电雷管等。延期电雷管根据所延期的时间间隔不同，又分为以秒为单位的秒延期电雷管和毫秒为单位的毫秒延期电雷管（又称微差电雷管）。本节介绍瞬发电雷管和延期电雷管。

A　瞬发电雷管

瞬发电雷管由火雷管与电点火装置组合而成，如图 9-2 所示。从结构上分药头式和直插式两种。药头式（图 9-2b）的电点火装置包括脚线（国产电雷管采用多股铜线或镀锌铁线，用聚氯乙烯绝缘）、桥丝（有底铜丝和镍铬丝）和引火药头；直插式（图 9-2a）的电点火装置没有引火药头，桥丝直接插入起爆药内，并取消加强帽。

电点火装置用灌硫黄或用塑料塞卡口的方式密闭在火雷管内。

电雷管作用原理是，电流经脚线输送通过桥丝，由电阻产生热能点燃引火药头（药头式）或起爆药（直插式），一旦引燃后，即使电流中断，也能使起爆药和加强药爆炸。电雷管从通电到爆炸的过程是在瞬间（13ms 以内）完成的，所以把它称为瞬发电雷管。

B　秒延期电雷管

秒延期电雷管又称迟发雷管，即通电后不立即发生爆炸，而是要经过以秒量计算的延时后才发生爆炸。其结构（如图 9-3 所示）特点是，在瞬发电雷管的点火药头与起爆药之间，加了一段精制的导火索，作为延期药，依靠导火索的长度控制延期的秒数。

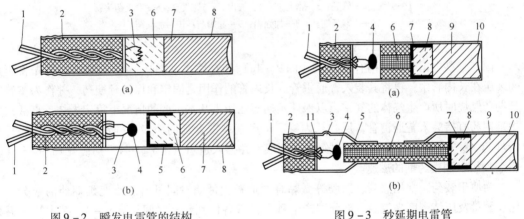

图 9-2　瞬发电雷管的结构
（a）直插式；（b）药头式
1—脚线；2—密封塞；3—桥丝；4—引火药头；
5—加强帽；6—起爆药；7—加强药；8—管壳

图 9-3　秒延期电雷管
（a）整体壳式；（b）两段壳式
1—脚线；2—密封塞；3—排气孔；4—引火药头；
5—点火管壳；6—导火索；7—加强帽；8—起爆药；
9—加强药；10—普通雷管部分管壳；11—纸垫

国产秒延期电雷管分七个延迟时间组成系列。这种延迟时间的系列，称为雷管的段别，即秒延期电雷管分为七段，其规格列于表 9-3 中。

秒延期电雷管分整体壳式和两段壳式。整体壳式是由金属管先将点火装置、延期药和普通火雷管装成一体，如图 9-3（a）所示；两段壳式的电点火装置和火雷管用金属壳包裹，中间的精制导火索露在外面，三者连成一体，如图 9-3（b）所示。包在点火装置外面的金属壳在药头旁开有对称的排气孔，其作用是及时排泄药头燃烧所产生的气体。为了防潮，排气孔用蜡纸密封。

C　毫秒延期电雷管

毫秒延期电雷管又称微差电雷管或毫秒电雷管。通电后，以毫秒量级的间隔时间延迟爆

表 9 - 3　　国产秒延期电雷管的延期时间

雷管段别	1	2	3	4	5	6	7
延迟时间/s	> 0.1	1.0 ± 0.5	2.0 ± 0.6	3.1 ± 0.7	4.3 ± 0.8	5.6 ± 0.9	7 ± 1.0
标志（脚线颜色）	灰蓝	灰白	灰红	灰绿	灰黄	黑蓝	黑白

炸，延期时间短，精度也较高。毫秒电雷管与整体壳式秒延期电雷管相似，不同之处在于延期药的组分。毫秒电雷管的结构如图 9 - 4 所示。

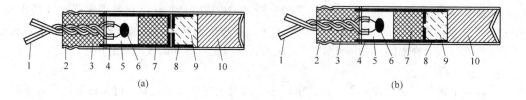

(a)　　　　　　　　　　　　　　　　　　(b)

图 9 - 4　毫秒电雷管的结构图
（a）装配式；（b）直插式
1—脚线；2—管壳；3—密封塞；4—长内管；5—气室；6—引火药头；
7—压装延期药；8—加强帽；9—起爆药；10—加强药

国产毫秒电雷管的结构有装配式（图 9 - 4a）和直插式（图 9 - 4b）。装配式是先将延期药装压在长内管中，再将其装入普通雷管。长内管的作用是固定和保护延期药，并作为雷管的延期药燃烧时所产生气体的气室，以保证延期药在压力基本不变的情况下稳定燃烧。直插式则将延期药直接装入普通雷管，反扣长内管。国产毫秒雷管延期药多以硅铁 $FeSi$（还原剂）和铅丹 Pb_3O_4（氧化剂）按 3∶1 的比例混合而成，并掺入适量（0.5% ~ 4%）硫化锑 Sb_2S_3（缓燃剂）用以调整药剂的燃速。

为便于装药，常用酒精、虫胶等做黏合剂造粒。延期时间可通过改变延期药的成分、配比、药量及压装密度来控制。部分国产毫秒电雷管各段别延期时间见表 9 - 4，其中第一系列为精度较高毫秒电雷管，第二系列是目前生产中应用最广泛的一种；第三、四系列实际上相当于小秒量秒延期电雷管；第五系列是发展中的一种高精度短间隔毫秒电雷管。

表 9 - 4　部分国产毫秒电雷管的延期时间　　　　　　　　　　　　（ms）

段　别	第一系列	第二系列	第三系列	第四系列	第五系列
1	< 5	< 13	< 13	< 13	< 14
2	25 ± 5	25 ± 10	100 ± 10	300 ± 30	10 ± 2
3	50 ± 5	50 ± 10	200 ± 20	600 ± 40	20 ± 3
4	75 ± 5	75 ± 15	300 ± 20	900 ± 50	30 ± 4
5	100 ± 5	100 ± 15	400 ± 30	1200 ± 60	45 ± 6
6	125 ± 5	150 ± 20	500 ± 30	1500 ± 70	60 ± 7
7	150 ± 5	200 ± 20	600 ± 40	1800 ± 80	80 ± 10
8	175 ± 5	250 ± 25	700 ± 40	2100 ± 90	110 ± 15

段 别	第一系列	第二系列	第三系列	第四系列	第五系列
9	200 ± 5	310 ± 30	800 ± 40	2400 ± 100	150 ± 20
10	225 ± 5	380 ± 35	900 ± 40	2700 ± 100	200 ± 25
11		460 ± 40	1000 ± 40	3000 ± 100	
12		550 ± 45	1100 ± 40	3300 ± 100	
13		655 ± 50			
14		760 ± 55			
15		880 ± 60			
16		1020 ± 70			
17		1200 ± 90			
18		1400 ± 100			
19		1700 ± 130			
20		2000 ± 150			

D 电雷管灼热理论的主要特性参数

电雷管是靠通入足够强度的电流后引起桥丝灼热而引爆的。根据焦耳－楞次定律，可推导出电流通入电雷管后，雷管桥丝上产生的热量为：

$$Q = 1.27 \times \frac{\rho L}{d^2} \times I^2 t \tag{9-1}$$

$$Q = I^2 Rt$$

式中　　Q——发热量，J；

　　　　ρ——桥丝电阻系数，$\Omega \cdot mm^2/m$；

　　　　L——桥丝长度，mm；

　　　　d——桥丝直径，mm；

　　　　I——电流强度，A；

　　　　t——通电时间，s。

电雷管桥丝的 ρ、L、d 均为常数，故 Q 依 I^2 而变化。

表示电雷管灼热特性的参数有电雷管全电阻、最低准爆电流、最大安全电流、发火冲能、点燃时间和传导时间等。这些参数是检验雷管质量、计算电爆网路、选择起爆电源和仪表的依据。

（1）电雷管的全电阻。此即每发电雷管的桥丝电阻与脚线电阻之和，它是进行电爆网路计算的基本参数。在设计网路的准备工作中，必须对整批电雷管逐个进行电阻测定，并要求在同一网路中，所选电雷管电阻差值不宜超过 0.25Ω，以保证起爆的可靠性和良好的爆破效果。目前，我国不同厂家生产的电雷管，即使电阻值相等或近似，其电引火特性也各有差异；就是同厂不同批产品，也会出现电引火特性的差异。因此，在同一电爆网路中，最好选用同厂同批生产的电雷管。

（2）最大安全电流。给电雷管通以恒定直流电，5min 内不致引爆雷管的电流最大值，称为最大安全电流。此电流值的实际意义在于选择测量电雷管的仪表，仪表的工作电流不能超过此值。国产电雷管的最大安全电流，康铜桥丝为 $0.3 \sim 0.4A$，镍铬合金桥丝为 $0.15 \sim 0.2A$。按安全规程规定取 0.03A 作为设计采用的最大安全电流值，故一切测量电雷管的仪表，其工作电流不得大于此值。还需指出，杂散电流的允许值也不应超过此值。

（3）最低准爆电流。给电雷管通以恒定直流电 5min 内能准确引爆雷管的最小电流，称最低准爆电流，一般规定为 0.7A，在工程爆破中要求通过每发电管的电流高于最低准爆电流。

（4）电雷管的反应时间。电雷管从通入最低准爆电流开始到引火头点燃的这一时间，称为电雷管的点燃时间 t_B；从引火头点燃开始到雷管爆炸的这一时间，称为传导时间 θ_B，两者之和，称为电雷管的反应时间。t_B 决定于电雷管的发火冲能的大小；θ_B 可以为敏感度有差异的电雷管成组齐爆提供条件。

（5）发火冲能。电雷管在点燃 t_B 时间内，每欧姆桥丝所提供的热能，称为发火冲能 k_B，单位为 $A^2 \cdot s$。发火冲能是表示电雷管敏感度的重特性参数，其计算公式为：

$$k_B = I^2 t_B \tag{9-2}$$

一般用发火冲能的倒数作为电雷管的敏感度。设电雷管的敏感度为 B，发火冲能为 k_B，则：

$$B = \frac{1}{k_B} \tag{9-3}$$

上式表明，发火冲能大的电雷管敏感度低，发火冲能小的电雷管敏感度高。

（6）串联成组电雷管群的准爆条件。当电雷管串联成组起爆时，由于串群中每个电雷管的发火冲能有差异，各个电雷管的电热敏感度就不相同，发火冲能低的电雷管首先被点燃爆炸，立即爆断网路，致使发火冲能高的电雷管发火头在还未点燃的情况下因断路而拒爆。故为了确保串联成组的雷管群准爆，必须满足下列条件：

$$t_{Bmin} + \theta_{Bmin} \geqslant t_{Bmax} \tag{9-4}$$

式中，t_{Bmin}、θ_{Bmin}、t_{Bmax} 分别表示串组群中发火冲能最低的电雷管的点燃时间、发火冲能最低的电雷管的传导时间和发火冲能最高的电雷管的点燃时间。

由式 9-4 可见，在串组群中当发火冲能最低（最敏感）的电雷管爆炸的同时，发火冲能最高（敏感度差）的电雷管的发火药头也必须点燃。只有满足此条件，串组群中的所有电雷管才能确保全部爆炸而不会拒爆。

设串组群中每发电雷管的准爆电流为 I，并用 I^2 乘式 9-4 后，经整理可得：

$$I \geqslant \sqrt{\frac{k_{Bmax} - k_{Bmin}}{\theta_{Bmin}}} \tag{9-5}$$

如前所述，单发电雷管的最低准爆电流不超过 0.7A。但串组群电雷管起爆时，考虑到网路中各电雷管的发火冲能存在差异，网路连接时的接头与导线在电流输入时均有热能损失等因素，为了确保串组群网路起爆的可靠性，安全规程规定：对于一般爆破，使用直流电源时通过每发电雷管的电流应不小于 2A；使用交流电源时通过每发电雷管的电流应不小于 2.5A；对于大爆破，使用直流电源时通过每发电雷管的电流应不小于 2.5A；使用交流电源时通过每发电雷管的电流应不小于 4A。可见，规程规定的准爆电流值要比按式 9-5 理论计算值大得多。

E　电流管检验

在进行工程爆破准备工作时，必须对电雷管抽样进行质量检验，才能确保作业安全和达到预期的爆破效果。除进行前述火雷管所能检验的项目外，还应做如下几方面的检验：

（1）电阻值的检测。不允许电雷管有断路、短路、电阻值不稳定或超出产品说明书所规定的标准范围。电阻值常用爆破电桥检测。

（2）安全电流检验。随机抽样 20 发电雷管，每 5 发为一组，分别通入 0.03A 的恒定直流电，持续 5min，不发生爆炸为合格；同样，随机抽样 20 发电雷管，串联起爆试验，通入 2.5A 恒定直流电，或通入交流电，要求通电瞬间 100% 爆炸。若其中有一发拒爆，则需加倍复试。

（3）毫秒延期电雷管，必须用电子测时仪器进行毫秒延时的测试。从所用的各段别中，随机抽出样品，测出电雷管实际延时的毫秒量，将结果分别对照表 9-4 或对照产品说明书中规定的毫秒量检查。若有不符，在爆破网路中可能发生跳段，改变设计的起爆顺序，容易产生部分网路拒爆，严重影响爆破效果。

9.1.1.3 非电雷管

装配有导爆管并通过导爆管击发所产生的冲击波引爆的雷管，由于起爆不用电力，称为非电雷管，也称导爆管雷管。其管壳多为金属材料，也分为瞬发雷管和延期雷管。非电延期雷管结构如图 9-5 所示。这种雷管的结构与电雷管的结构基本相同，所不同的在于多有一气室。在雷管引爆时，气室的作用是用来减缓由导爆管击发所产生的冲击波的速度和压力。非电延期雷管的延期时间见表 9-5。

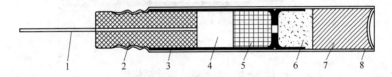

图 9-5 非电延期雷管结构

1—导爆管（5~7m）；2—卡塞；3—延期管；4—气室；5—延期药；6—起爆药；7—加强药；8—雷管壳

表 9-5 非电延期雷管延期时间

	段别	1	2	3	4	5	6	7			
秒延期	延期时间/s	0	2.5	4	6	8	10	12			
	段别标志	S1	S2	S3	S4	S5	S6	S7			
半秒延期	段别	1	2	3	4	5	6	7	8	9	10
	延期时间/s	0	0.5	1.0	1.5	2.0	2.5	3.0	3.6	4.5	5.5
	段别标志	HS1	HS2	HS3	HS4	HS5	HS6	HS7	HS8	HS9	HS10
毫秒延期	段别	1	2	3	4	5	6	7	8	9	10
	延期时间/ms	0	25	50	75	110	150	200	250	310	380
	段别标志	MS1	MS2	MS3	MS4	MS5	MS6	MS7	MS8	MS9	MS10
	段别	11	12	13	14	15	16	17	18	19	20
	延期时间/ms	460	550	650	760	880	1020	1200	1400	1700	2000
	段别标志	MS11	MS12	MS13	MS14	MS15	MS16	MS17	MS18	MS19	MS20

9.1.2 无起爆药的雷管

上述有起爆药的雷管内部装药，是由起爆药和加强药两部分装配而成的。尽管起爆药是由过去的雷汞、氮化铅改变为二硝基重氮酚（DDNP），但其敏感度高的特性并没有改变，受热能、针刺、摩擦等外能作用后极易引爆，雷管的组装、运输、贮存和使用的安全性较差，意外事故也常有发生。因此，凡是雷管生产厂家，都必须自建起爆药生产车间，自产自用。此外，在起爆药的生产过程中，除安全性差外，还排出大量含氯、铅或酚的有害废水，严重污染环境和水源，危害农作物和人的健康。

无起爆药雷管，是一种没有起爆药只装有加强药的新型安全雷管，其结构如图 9-6 所示，无起爆药雷管中取消了敏感度极高的起爆药，故可最大限度地减少在制造、运输、贮存和使用全过程的安全隐患，避免了制造起爆药所带来的危害等，是雷管发展史上一次具有突破意义的进步。

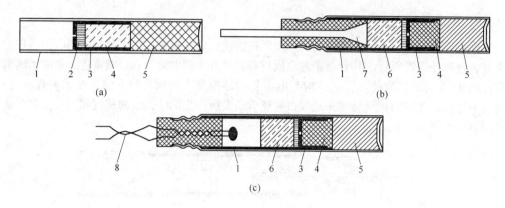

图 9-6　无起爆药雷管结构图

（a）无起爆药火雷管；（b）无起爆药非电延期雷管；（c）无起爆药延期电雷管

1—雷管壳；2—点火药；3—起爆元件；4—转爆药；5—加强药；6—延期药；7—气室；8—脚线

9.1.2.1　无起爆药雷管的起爆原理

在雷管中只装加强药（即单质猛性炸药）。就单质猛性炸药本身而言，要在极短的时间内由燃烧转变为爆轰是有一定困难的。然而，炸药在有约束（密闭）的条件下燃烧时，由于所释放出来的热量不易散发而得到叠加与加强，使温度和压力很快上升，迅速发生爆炸反应，即由燃烧转变为爆轰。无起爆药雷管的起爆就是利用这一原理来实现的，即利用特制的薄壁金属圆管（钢体），形成适当的约束条件，圆管内装入特定低密度猛炸药（一般用黑索金），构成起爆体。以一定的点火能量使猛炸药发生燃烧，燃烧所释放出来的热，在薄壁金属圆管内叠加，得到加强，温度、压力急剧升高，在几微秒或几十微秒的时间内完成由燃烧转变为爆轰，形成较大的冲击波能量，引爆雷管底部的高密度加强药柱。

无起爆药雷管底部的加强药柱，可用一种或两种猛性炸药混合制成。分两次装药，第一次装药密度大，决定雷管的爆炸威力；第二次装药密度稍小，促进管内爆轰。

9.1.2.2　无起爆药雷管的规格系列和性能

我国的无起爆药雷管结构简单，起爆可靠，安全性和群爆性好，其爆炸威力与普通毫秒雷管相同，耐水性比普通雷管要好，有很好的实用性，是具有技术突破意义的新型产品。国产产品规格和系列齐全，有纸壳和金属壳火雷管，有电雷管（瞬发和延期雷管），秒延期有 17 段，毫秒管 20 段，也有非电雷管（瞬发、秒延和毫秒雷管），且其性能都较稳定。

9.1.2.3　无起爆药雷管冲击感度

冲击感度低是无起爆药雷管最突出的特点，也是它与有起爆药雷管在性能上的不同。实验表明，2kg重锤从1.2m高落下撞击普通雷管时爆炸率为100％；而14kg重锤从1.4m高落下撞击无起爆药雷管时的爆炸率为0。可见，无起爆药雷管的机械感度远比普通雷管低，安全性很高。

9.1.3 煤矿许用雷管和新型雷管

9.1.3.1 煤矿许用雷管

煤矿许用雷管是允许在有瓦斯和煤尘爆炸危险的矿井爆破工程中使用的专用雷管，除其他性能和标准要求与普通雷管相同外，还必须符合煤矿安全的要求。与普通雷管相比，主要是加入了一定量的消焰剂，以保证雷管爆炸时不会引起符合安全规程规定浓度的瓦斯或煤尘爆炸。

9.1.3.2 新型雷管

为了达到特殊的起爆控制目的，人们研制了一些新型雷管，如电磁雷管和电子雷管等，可以实现安全准确的起爆。但这些雷管成本太高，目前在一般的工程爆破中使用较少。如电子雷管，是一种可随意设定并准确实现延期发火时间的新型电雷管，它具有发火时刻控制精度高，延期时间可灵活设定两大技术特点。电子雷管的延期发火时间，由内部的一只微型电子芯片控制，延时控制误差达到微秒级；更为方便的是，雷管的延期时间是在爆破现场组成起爆网路后才设定。

9.2 导火索的性能与起爆方法

9.2.1 导火索的结构与质量检验

9.2.1.1 导火索的结构

导火索以直径为2.2mm左右的粉状或粒状黑火药为芯药，芯药内有三根芯线，其作用是保证生产时装药均匀，并保证燃烧速度稳定。芯药外包缠内层线、内层纸、中层线、沥青、外层纸、外层线和涂料层，缠紧成索状，外径5.2~5.8mm。结构如图9-7所示。

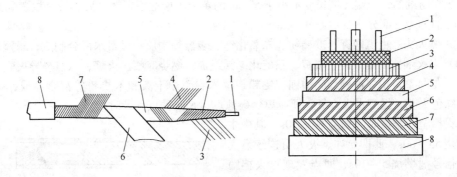

图9-7 导火索结构示意图

1—芯线；2—芯药；3—内层线；4—内层纸；5—中层线；6—沥青；7—外层纸；8—外层线和涂料层

包缠物的作用是防止油、水或其他物质侵蚀芯药；同时防止芯药密度改变或断药、或在火焰到达雷管之前从导火索侧面喷火等。因此在加工或使用导火索时不能弯折、损坏包缠物。

9.2.1.2 导火索的性能

导火索的喷火强度与燃烧速度，是保证火雷管可靠起爆和起爆准确、安全的主要条件。国产普通导火索的燃速每米为 100~125s，它是一项重要的性能质量指标。导火索在燃烧过程中不得有断火、透火、外壳燃烧等现象发生。每盘导火索的长度一般为 250m。

9.2.1.3 导火索的质量检验

（1）外观检查。导火索外观要均匀，无损伤、发霉、散头等现象，索头有金属罩封严。

（2）喷火强度试验。从待试导火索中，剪取长度为 100mm 的导火索 20 段作试样。试验 10 次，每次取一对试样，插入内径为 6~7mm、长度为 150~200mm、内壁干净的玻璃管的两端，中间相距 40mm。点燃其中的一段，当燃烧终了瞬间时，喷出火焰，应将另一段喷燃。试验 10 次均能满足要求的，导火索的喷火强度合格。

（3）燃速测定。将一盘被试导火索两端索头剪去 5cm 后，再剪成 1m 长索 10 根，铺在地上，同时点燃 1m 长的导火索的一端，用电子秒表计时，并观察其燃烧情况，至另一端喷火时，记下导火索段的燃烧时间。燃烧速度每米 [(100~125)±10]s 为合格。

（4）耐水性能试验。把导火索试样两端用蜡封严，盘成直径小于 250mm 的索卷，浸入 1m 深的常温（20℃±10℃）静水中，2h 后取出擦干，剪去 50mm 索头，剩下部分按规定长度做燃速试验。

需要注意的是：凡经检验不符合规定标准的导火索，一律不能使用。另外，普通导火索也不能用于有瓦斯或矿尘爆炸危险的井下爆破作业。

9.2.2 点火材料

爆破安全规程规定：爆破作业中点燃导火索，必须用导火索或专用点火器材点火，严禁用火柴、烟头或灯火点火，严禁脚踩和挤压已点燃的导火索。下面介绍几种常用的点火材料。

9.2.2.1 点火棒

点火棒是用来进行逐个点火的材料，其直径 4~14mm，长度 130~150mm，外壳用纸筒，纸筒外表涂防潮剂，一端装填长度不小于 50mm 的黄土等惰性不燃物，另一端装填燃烧剂而制成。燃烧剂分为三部分：

（1）擦火头。由氯酸钾、玻璃粉、二氧化锰、炭黑等物质和微量水混合制成，摩擦即燃。

（2）主火剂。由硝酸钾、硫黄、三硫化二锑组成，燃烧时喷出火焰，以点燃导火索。

（3）信号剂。由氯酸钾、硝酸钡、铝粉、糯米粉、洋干漆和木炭粉等混合制成，燃烧时喷发出绿色火花，提醒点火人员立即撤离爆破地点，是一种点火计时信号。

点火棒全部燃烧时间约为 60~70s。其中主火剂燃烧 55~60s，此即允许点火人员连续点火时间，信号剂燃烧 5~10s，即当发现点火棒喷出绿色火焰时，则点火人员必须在 5~10s 内撤离。

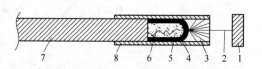

图 9-8 拉火管结构示意图
1—拉手；2—直钢丝部分；3—顶针；
4—金属帽；5—起爆药；6—钢丝弯曲部分；
7—被点导火索；8—外壳

9.2.2.2 拉火管

拉火管的结构如图 9-8 所示。它由纸壳、金属帽、起爆药和一条均匀弯曲的钢丝组合而成。加强帽（金属帽）内装起爆药（DDNP）。钢丝穿过加强帽的中心孔。点火原理是拉钢丝时，弯曲部分与加强帽中心孔边摩擦，产生热量，使起爆药爆燃引燃导火索。一个拉火管只能点燃一根导火索，但可提高点火速度。

9.2.2.3 点火筒

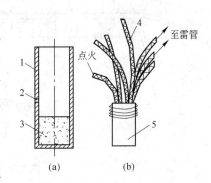

点火筒的结构和使用方法如图9-9所示。它可同时点燃多根导火索，实现一次点火或分组点火。药饼由导火索的芯药（89%）、石蜡（10%）和松香（1%）混合压制而成。用一根导火索或电阻丝点燃药饼，药饼一旦喷发出火花，即可点燃装在点火筒里的所有导火索。

9.2.3 导火索起爆法

导火索起爆法，所使用的主要器材是导火索、火雷管和点火材料。此法的起爆原理是：用点火材料点燃导火索，利用导火索燃烧产生的火焰引爆火雷管，再由火雷管的爆能引起炸药爆炸。

图9-9 点火筒结构和使用方法
（a）点火筒剖面图；（b）点火筒使用方法
1—外壳；2—气孔；3—药饼；
4—入孔内导火索；5—点火筒

9.2.3.1 制作起爆雷管

首先在导火索和火雷管质量检查合格的基础上，据现场实际需要将导火索切成一定长度段。切割导火索所用刀具要锋利干净，避免弄脏芯药，切口不垂直轴线；切取长度应等于从炮孔内起爆药包处到孔口的长度加上孔外的一般附加长度，并保证每段导火索的长度相等。然后，将切好的导火索缓慢插入火雷管内，直到紧密接触加强帽为止，不允许转动。

金属管壳火雷管，在距管口5mm以内用管钳将管口夹紧；纸壳火雷管则用胶布固定，使导火索不能在雷管内转动或脱离。起爆雷管的组装加工，应在专门工房内进行，加工台铺胶垫。

9.2.3.2 制作起爆药包

起爆药包只允许在爆破地点制作，并且在钻眼工作完成后进行。

制作时先把药卷一端的包装纸打开，揉松后，用直径大于雷管外径的竹木签在药卷中心扎一小孔，深度应大于雷管长度；或者直接在药卷一头或腹部扎一小孔，随即将起爆雷管插入小孔内，用线或胶布捆紧，使起爆雷管不会脱出。制作好的起爆药包如图9-10所示。

9.2.3.3 装填炮眼

在炮眼中装药之前，应先将炮眼中的碎石吹干净方能装填炸药。在眼内装药前先用木质炮棍捅一下炮眼，检查眼内是否还有岩碴或渗水，再用木炮棍一卷卷地送进药卷。当起爆药卷送进炮眼时，再不能用力捣固，防止用力过大导致起爆药包爆炸。

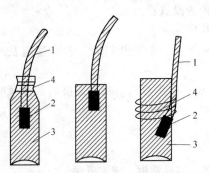

图9-10 加工好的起爆药包
1—导火索；2—雷管；3—药包；4—捆绳

起爆药包在炮眼内位置如图9－11所示，可在眼口（图9－11a）、眼底（图9－11b）或眼中部（图9－11c）。实践证明，起爆药包置于眼底和中部效果较佳。

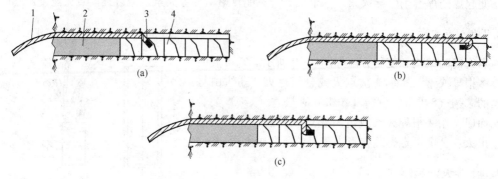

图9－11　起爆药包在炮眼内的位置
1—导火索；2—炮泥；3—起爆药包；4—药卷

装填过程中，不允许提拉起爆药包，也不允许将导火索缠在起爆药包上。导火索应顺炮眼引出，不允许将导火索卷成圈，只能紧贴一侧孔壁。此时，还应注意导火索的点燃端，不能接触泥浆或水。并根据设计的装药量将炸药装完后填塞炮泥，炮泥要捣固严实，长度不短于15cm。装药结束后，设备和人员撤离工作面。

9.2.3.4　导火索点火

爆破安全规程规定，导火索起爆时，应采用一次点火法。单个点火时，一人连续点火根数（或分组一次点的组数），地下爆破不得超过5根（组），露天爆破不得超过10根（组）。导火索长度应保证点完导火索后，人员能撤至安全地点，但最短也不得少于1.2m。

同一工作面由一人以上同时点火时，要指定一人为组长，负责协调点火，掌握信号管或导火索的燃烧情况，并及时发出撤离命令。连续点燃多根导火索时，露天爆破必须先点燃信号管，信号管响后无论导火索点完与否，人员必须立即撤离。信号管和计时导火索的长度不得超过该次被点导火索中最短导火索长度的三分之一。

点火前还应该特别注意下列几点：

（1）点火人员必须是经过培训并获得爆破员作业证的专门人员。

（2）确认已站好岗哨，并通知到了邻近工作面的作业人员。

（3）导火索的点燃标志是指芯药燃烧，无烟火喷出即为没点着。

（4）点火器材多用点火筒。点火筒可一次点燃3~30根导火索。

（5）炮响时，放炮人员应心算炮响的个数，是否与所点的个数相符合，若有瞎炮及时处理。

（6）炮响完后，必须通风一定时间后方能进入工作面。掘进要求，每次爆破后的通风时间为15~20min后，方能进入工作面。

9.2.3.5　对导火索起爆法的评价与应用情况说明

导火索起爆法的优点很多，而最主要的是：操作简单，容易掌握，成本低廉。

导火索起爆法缺点是：在爆破工作面点火安全性差；不能精确地控制起爆时间；导火索燃烧时，工作面有毒有害气体喷出，点火作业人员的工作条件不太好等。

导火索起爆法，由于受导火索长度和点火时间的限制，不适用于一次爆破量大的作业中，一般用于井巷掘进、采矿场浅孔爆破、二次破碎和小规模零星爆破作业。

9.3 导爆索与导爆管起爆法

9.3.1 导爆索的品种和结构

导爆索按包缠物的不同可分为线缠导爆索、塑料皮导爆索和铅皮导爆索；按其用途又分为普通导爆索、震源导爆索、煤矿导爆索和油田导爆索；按起爆能量分为高能导爆索和低能导爆索。几种导爆索的每米装药量列于表9-6中。

表9-6 几种导爆索的每米装药量

导爆索品种	装药量不少于 /g·m⁻¹	备 注	导爆索品种	装药量不少于 /g·m⁻¹	备 注
普通导爆索	11~12		油井导爆索	30~32	
震源导爆索	3~38			或18~20	
煤矿导爆索	12~14	另装有2g/m消焰剂	低能导爆索	1.5~2.5	

普通导爆索的结构基本上与导火索相似，不同之处在于芯药是猛性炸药（黑索金或泰安）。为了从外表与导火索有明显区别，导爆索外表涂为红色。一般要求导爆索的芯药密度和粗细都要均匀，外包两层纤维线、一层防潮层和一层纱包线缠绕。

普通导爆索主要用于露天台阶深孔、硐室和地下深孔爆破，起引爆炸药的作用；油井导爆索用于超深油田中起爆射孔弹，它具有耐高温（≥170℃）和耐高压（≥66.6MPa）性能，也适用于其他高温、高压条件爆破工程；低能导爆索主要用来起爆雷管。塑料导爆索用于有水工作面爆破。

普通导爆索是目前产量最大、应用范围广的一个品种，在工程爆破中的用量也最多。

9.3.2 导爆索的性能与检验

导爆索的作用是传递爆轰，引爆炸药，爆速为6500~7000m/s。导爆索本身不易燃烧，一般情况下也并不敏感，需要用一发工业雷管才能引爆。导爆索引爆其他炸药的能力，在一定程度上取决于导爆索芯药的特性和每米导爆索的炸药量。导爆索的芯药是呈白色的黑索金，1.2~30g/m。

工程爆破中多用普通导爆索。其质量标准是：外表无严重折伤、油污和断线；索头不散，并罩有金属或塑料防潮帽，外径不大于6.2mm；能被工业雷管起爆，一旦被引爆能完全爆轰，用2m长的导爆索能完全引爆200g的梯恩梯（TNT）药块；在0.5m深的静水中浸2h仍能可靠传爆；在50℃条件下放置6h，外观及传爆性能不变；在-40℃条件下冷冻2h，打水手结仍然能被工业雷管引爆，爆轰完全；承受500N拉力时，仍能保持爆轰性能。在使用之前，应根据爆破工程的具体要求，对上述性能作全部或部分检验，通常导爆索的传爆性能的检验是必须进行的。具体做法是将五段1m长和一根3m长的导爆索按图9-12连接，起爆后以其完全爆炸为合格。

当导爆索与铵油炸药配合使用时，应对导爆索作耐油试验。浸油时间和方法，可视具体的应用条件确定。一般是将导爆索解散，铺放在铵油炸药的上面，然后又铺置铵油炸药在导爆索上，压置24h后，导爆索仍保持良好的传爆性能为合格。

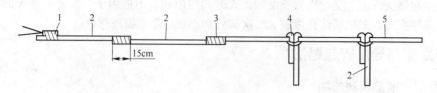

图9-12　导爆索传爆试验

1—8号雷管；2—1m长导爆索；3—搭接；4—束结；5—3m长导爆索

9.3.3　导爆索起爆法

导爆索起爆法，是一种利用导爆索爆炸时产生的能量去引爆其他炸药的起爆方法。由于该法在爆破作业中，从装药、堵塞到连线等施工程序上都没有连接雷管，而是在一切准备就绪后和实施爆破之前才接上引爆导爆索的雷管，因此，施工的安全性要比其他方法好。

此外，导爆索起爆法还有操作简单、容易掌握、节省雷管、不怕雷电杂电影响、在炮孔内实施分段装药爆破等优点，因而在爆破工程中广泛采用。

导爆索被水或油浸渍后，会失去或减弱传递爆轰的能力。因此，在铵油炸药中使用导爆索时，必须用塑料布包裹，使其与油源隔离开，避免被炸药中的柴油侵蚀而降低或失去爆轰性能。

9.3.3.1　导爆索的连接方法

导爆索传递爆轰波的能力有一定的方向性，顺传播方向最强，也最可靠。因此在连网路时，必须使每一支路的接头迎着传爆方向，夹角应大于90°。导爆索与导爆索之间连接，应该采用图9-13所示的搭结、水手结、T形结等。

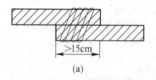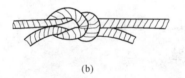

图9-13　导爆索间连接形式

（a）搭结；（b）水手结；（c）T形结

因搭结的方法最简单，所以被广泛使用。搭结长度一般为10~20cm，不得小于10cm。搭结部分用胶布捆扎。有时为了防止线头芯药散失或受潮引起拒爆，可在搭结处增加一根短导爆索。在复杂网路中，导爆索连接头较多的情况下，为防止弄错传爆方向，可采用图9-14所示的三角形连接法。这种方法不论主导爆索的传爆方向如何，都能保证可靠地传爆。

药室爆破时，在起爆体中为了增加导爆索的起爆能量，可制作导爆索起爆结。即取一根长4m左右的导爆索，将其一端折叠约0.70长的一

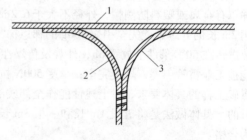

图9-14　导爆索的三角形连接

1—主导爆索；2—支导爆索；3—附加主导爆索

段双线，然后平均折叠三次，外围用单根导爆索紧密缠绕成图 9 – 15 所示的导爆索结。然后把这一索结装入起爆箱中做成起爆体。

导爆索与雷管的联结方法比较简单，可直接将雷管捆绑在导爆索的起爆端，不过要注意使雷管的聚能穴端与导爆索的传爆方向一致。导爆索与药包的联结则可采用图 9 – 16 所示的方式，将导爆索的端部折叠起来，防止装药时将导爆索扯出。

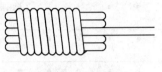

图 9 – 15　导爆索结

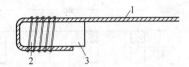

图 9 – 16　导爆索与药包联结
1—导爆索；2—药包；3—胶布

9.3.3.2　导爆索起爆网路的形式

导爆索起爆网路的形式较简单，无需计算，只要合理安排起爆顺序即可。但在敷设网路时必须注意传爆方向相反的两条导爆索平行敷设或交叉通过时两根导爆索的间距必须大于 40cm。

通常采用的导爆索网路形式有：

（1）串联网路。如图 9 – 17 所示，将导爆索依次从各个炮孔引出串联成一网路。串联网路操作十分简单，但如果有一个炮孔中导爆索发生故障，就会造成后面的炮孔产生拒爆。所以，除非小规模爆破，并要求各炮孔顺序起爆，一般很少使用这种串联网路。

（2）并簇联网路。如图 9 – 18 所示，把从各炮孔引出的导爆索集中在一起，捆扎成簇，再与主导爆索连接。

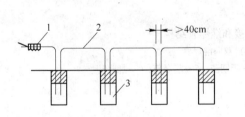

图 9 – 17　导爆索串联网路
1—雷管；2—导爆索；3—药包

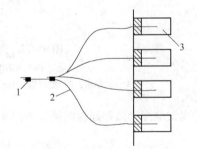

图 9 – 18　导爆索并簇联网路
1—雷管；2—导爆索；3—药包

（3）分段并联网路。如图 9 – 19 所示，将各炮孔中的导爆索引出，分别与事先敷设在地面上的主导爆索连接。主导爆索起爆后，可将爆炸能量分别传递给各个炮孔，引爆孔内的炸药。为了确保导爆索网路中的各炮孔内炸药可靠起爆，可使用双向分段并联网路（图 9 – 20）。

9.3.3.3　导爆索网路微差起爆法

导爆索的爆速一般为 6500 ~ 7000m/s。因此，导爆索网路中，所有炮孔内的装药几乎是同时爆炸。若在网路中接上继爆管，可实现微差爆破，从而提高导爆索网路的应用范围。

继爆管的作用是：当主动导爆索爆炸时，爆轰波由消爆管一端传入，经消爆管将爆轰波减

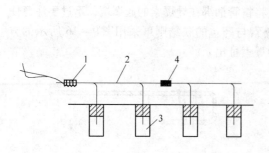

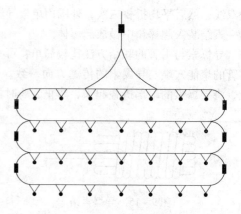

图 9 - 19　导爆索分段并联网路　　　　　图 9 - 20　导爆索双向分段并联网路
1—雷管；2—导爆索；3—药包；4—继爆管

弱成火焰，再经长内管减速和降低一定的压力，引燃延期药。经延期后，火焰穿过强帽小孔引爆火雷管，将爆炸作用传递给另一端从动导爆索。所以，单向继爆管具有方向性，它只能由消爆管端传向延期雷管端，其作用方向是不可逆的。继爆管的结构如图 9 - 21 所示。

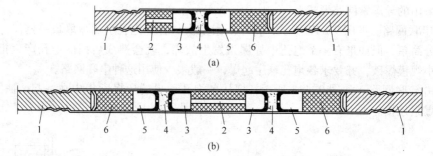

图 9 - 21　继爆管的连接和继爆管结构
（a）单向继爆管；（b）双向继爆管
1—导爆索；2—消爆管；3—长内管；4—延期药；5—起爆药；6—加强药

导爆索继爆管微差起爆网路，如图 9 - 22 所示。

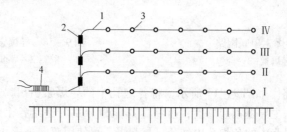

图 9 - 22　导爆索继爆管微差爆破网路
1—导爆管；2—继爆管；3—炮孔；4—起爆雷管

9.3.3.4　对导爆索起爆评价

导爆索起爆使用方便，安全性好，但成本较高。所以一般用在不能使用电力起爆的地方；

另外由于价格昂贵，一般只有大爆破或重要爆破工程才采用导爆索起爆法。

9.3.4　导爆管及其性能

导爆管是于 20 世纪 70 年代由瑞典 Nobel 公司发明制造的一种新型传爆器材，它有安全可靠、轻便、经济、不受杂散电流干扰和便于操作等优点。它和击发元件、起爆元件和连接元件等部件组成起爆系统。这种起爆系统不用电能，故称为非电起爆系统（瑞典又称 Nobel 起爆系统）。

9.3.4.1　导爆管的结构及传爆原理

导爆管是用高压聚乙烯熔后挤拉出的空心管子。外径：$2.95 \pm 0.15mm$；内径：$1.4 \pm 0.1mm$。管的内壁涂有一层很薄而均匀的高能炸药（91% 的奥克托金、9% 的铝粉与 0.25% ~ 0.5% 的附加物的混合物，或者是黑索金与铝粉的混合物），药量为 14 ~ 16mg/m。

如果按经典爆轰原理，导爆管管壁上所含炸药量极少，而其直径又远远小于炸药稳定爆轰的临界直径，导爆管的传爆是不可能的。但根据管道效应原理，当导爆管被击发后，管内产生冲击波，并进行传播，管壁内表面上的薄层炸药随冲击波的传播而产生爆炸，所释放出的能量补偿冲击波在波动过程中的能量消耗，维持冲击波的强度不衰减。所以导爆管传爆过程是冲击波伴随着少量炸药产生爆炸的传播，并不是炸药的爆轰过程。导爆管中激发的冲击波以1600 ~ 2000m/s 速度（导爆管传爆速度）稳定传播，会发出一道闪电似的白光和不大的声响。冲击波传过后，管壁完整无损。

9.3.4.2　导爆管的技术性能

（1）起爆性能。导爆管可以用火帽、雷管、导爆索、电火花等凡能产生冲击波的起爆器材所击发。一发 8 号工业雷管可击发紧贴在其外围四周的两层（30 ~ 50 根）导爆管。

（2）传爆速度。国产导爆管传爆速度一般为：1950 ± 50m/s，也有 1580 ± 30m/s 的。

（3）传爆性能。国产导爆管性能良好，一根长达数千米塑料导爆管，中间不要继雷管接力；导爆管内断药长度不超过 10cm 时，可以正常传爆。

（4）耐火性能。火焰不能激发导爆管，用火焰点燃导爆管时，它只能像塑料一样燃烧。

（5）抗冲击性能。一般的机械冲击不能激发塑料导爆管。

（6）抗水性能。将导爆管与金属雷管组合后，在水下 80m 深处放置 48h 仍能正常起爆。

（7）抗电性能。塑料导爆管能抗 30kV 以下的直流电。

（8）破坏性能。导爆管传爆时，不会损坏自身的管壁，对周围环境不会造成破坏。

（9）塑料强度。国产塑料导爆管在 5 ~ 7kg 的拉力作用下，导爆管不变细，传爆性能不变。

塑料导爆管具有传爆可靠性高、使用方便、安全性好、成本低等优点，所以也可以作为非危险物品运输。它与导火索、导爆索的对比，可以参考表 9 – 7。

表 9 – 7　几种起爆器材性能比较表

性能指标	导火索	导爆索	导爆管
外　观	外径 5.2 ~ 5.8mm，白色	外径 5.7 ~ 6.2mm，红或红花色	外径 3mm，内径 1.5mm，白色塑料管
药　芯	38g/m 的黑火药，呈黑色	1.2 ~ 30g/m 的黑索金，呈白色	16 ~ 20mg/m 的奥克托金
反应方式	燃　烧	爆　炸	爆轰波

性能指标	导火索	导爆索	导爆管
反应速度	燃速 100 ~ 125s/m	爆速 6500 ~ 7000m/s	1600 ~ 2000m/s
作　用	传递燃烧，引爆火雷管	传递爆炸，引爆炸药	传递爆炸，引爆雷管
防水性能	基本上不防水	可用于水下爆炸作业	可用于水下爆炸作业
有效期	2 年	5 年	2 年

9.3.5　导爆管起爆法

导爆管起爆法的主体，是塑料导爆管。起爆网路，主要是由击发元件、传爆元件、连接元件和起爆元件所组成。

9.3.5.1　导爆管起爆网路的组成与起爆原理

（1）网路组成。导爆管起爆网路中的击发元件是用来击发导爆管的，有击发枪、电容击发器、普通雷管和导爆索等。现场爆破多用后两种。

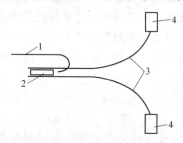

图 9 - 23　传爆元件

1—主导爆管；2—非电传爆雷管；
3—支导爆管；4—非电起爆雷管

传爆元件由导爆管与非电雷管装配而成。在网路中，传爆元件爆炸后可再击发更多的支导爆管，传入炮孔实现成组起爆，如图 9 - 23 所示。起爆元件多用 8 号雷管与导爆管组装而成。根据需要可用瞬发或延发非电雷管，它装入药卷置于炮孔中，起爆炮孔内的所有装药。连接元件有塑料连接块，用来连接传爆元件与起爆元件。在爆破现场塑料连接块很少用，而多用既方便又可靠的工业胶布。

（2）起爆原理。主导爆管被击发产生冲击波，引爆传爆雷管；传爆雷管再击发支导爆管产生冲击波，支导爆管产生冲击波后引爆起爆雷管，起爆雷管起爆炮孔内的装药。

9.3.5.2　导爆管网路的连接形式

导爆管起爆网路的常用连接形式有：

（1）簇联法。传爆元件的一端连接击发元件，另一端的传爆雷管（即传爆元件）外表周围簇联各支导爆管，如图 9 - 24 所示。簇联支导爆管与传爆雷管多用工业胶布缠裹。

（2）串联法。导爆管的串联网路，如图 9 - 25 所示，即把各起爆元件依次串联在传爆元件的传爆雷管上，每个传爆雷管的爆炸就可以击发与其连接的分支导爆管。

（3）并联法。导爆管并联起爆网路的连接，如图 9 - 26 所示。

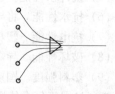

图 9 - 24　导爆管簇联网路

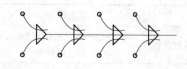

图 9 - 25　导爆管串联网路

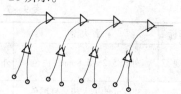

图 9 - 26　导爆管并联网路

9.3.5.3　导爆管复式起爆网路

在一些重要的爆破场合，为保证起爆的可靠性，可采用复式起爆网路导爆管并联起爆网路，其可靠性比前面所述的各种导爆管单式起爆网路高。复式起爆网路如图 9 – 27 和图 9 – 28 所示。其中复式交叉起爆网路可靠性最高。

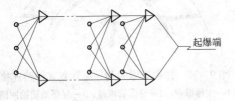

图 9 – 27　导爆管复式起爆网路

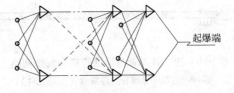

图 9 – 28　导爆管复式交叉起爆网路

9.3.5.4　导爆管起爆网路的延时

导爆管网路必须通过使用非电延期雷管才能实现微差爆破。我国也生产与电雷管段别相对应的非电毫秒雷管，其毫秒延期时间及精度均与电雷管相同。

导爆管起爆的延期网路，一般分为孔内延期网路和孔外延期网路。

（1）孔内延期网路。在这种网路中传爆雷管（传爆元件）全用瞬发非电雷管，而装入孔内的起爆雷管（起爆元件）是根据实际需要使用不同段别的延期非电雷管。干线导爆管被击发后，干线上各雷管相继引爆各炮孔中的起爆元件，通过孔内各起爆雷管的延期作用过程来实现微差爆破。

（2）孔外延期网路。在这种网路中炮孔内的起爆非电雷管用瞬发非电雷管，而网路中的传爆雷管按实际需要用延期非电雷管。孔外延时网路生产上一般不用。

必须指出，使用导爆管延期网路时，不论是孔内还是孔外延，在配备延期非电雷管和决定网路长度时，都必须遵循的原则是：在起爆网路中，第一响产生的冲击波到达最后一响的位置前，最后响的起爆元件必须被击发，并传入孔内。否则，第一响产生的冲击波有可能赶上并超前网路的传播，破坏网路，造成后续起爆元件拒爆，因为冲击波的传播速度大于导爆管的传爆速度。

9.3.5.5　导爆管与导爆索联合起爆网路

导爆管与导爆索联合起爆网路由于网路可靠，可有效实现多段微差起爆，且连接简单、安全性好，在工程爆破中应用普遍，它广泛应用于地下大规模的爆破落矿和露天台阶深孔爆破。

（1）网路的组成。导爆管与导爆索起爆网路，由击发元件（火雷管）、传爆元件（导爆索）、连接元件（工业胶布等）和起爆元件（导爆管和非电延期雷管装配）四部分组成。

传爆元件用导爆索，由于其传爆速度快，是导爆管传爆速度的 3 倍多，所有起爆元件看成是同时被击发的，这给炮孔内的延期雷管实现延时起爆创造了良好条件。第一响炮群爆破产生的冲击波对后继各响没有影响，因为所有后继炮孔群也同时被击发。联合起爆网路如图 9 – 29 所示。

（2）网路起爆原理。由雷管的爆炸引爆导爆索，导爆索爆炸击发导爆管，进而引爆孔内起爆雷管，再由起爆雷管爆炸引爆炸药。

中深孔爆破中，每排炮孔的导爆管采用簇联。为了保证同一排内炮孔起爆可靠性，并消除药卷装药时的径向间隙效应，排内所有炮孔可采用导爆管和导爆索复式起爆网路，如图9-30所示，只要排内炮孔中有一发雷管爆炸，复式网路中所有炮孔的装药都能同时爆炸。

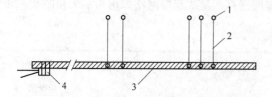

图9-29　导爆索与导爆管联合起爆网路
1—炮孔；2—导爆管起爆雷管（起爆元件）；
3—传爆元件（导爆索）；4—击发元件（雷管）

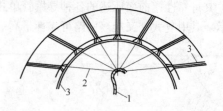

图9-30　排内导爆索与导爆管复式网路连接
1—主导爆索；2—导爆管网路；3—导爆索辅助网路

9.3.5.6　对导爆管起爆法的评价

这种方法的优点是：操作简便，使用安全、准确、可靠，能抗杂散电流和雷电，导爆管运输安全。

这种方法的缺点是：不能用仪表检测网路连接质量；爆炸产生冲击波，不宜在有瓦斯的采煤中用。

9.4　电力起爆法

利用电雷管通电后起爆产生的爆炸能引爆炸药的方法，称为电力起爆法。电力起爆使用的主要器材是电雷管。这种起爆法具有许多其他起爆法所不及的优点，其主要表现在：

（1）从准备到整个施工过程中的各个工序，如挑选雷管、连接起爆网路等，都能用仪表进行检查，并能根据设计数据及时发现施工和网路连接中的错误，所以保证了爆破可靠性和准确性。

（2）能在安全隐蔽的地点远距离起爆药包群，使起爆工作能在安全条件下顺利进行。

（3）准确地控制起爆时间和药包群之间的爆炸顺序，因而可保证良好的爆破效果。

（4）可同时起爆大量雷管，所以可以用于大规模的采掘生产作业。

因此，电力起爆法使用范围十分广泛，无论是露天或井下、大小规模爆破均可使用。

电力起爆法也有如下缺点：

（1）普通电雷管不具备抗杂散电流和抗静电的能力。所以，在有杂散电流的地点或者露天爆破遇有雷电时，危险性较大；这时应避免使用普通电雷管。

（2）电力起爆准备工作量大，操作复杂，作业时间较长；

（3）电爆网路的设计、敷设、连接的技术要求较高，操作人员必须有一定的技术水平；

（4）需要可靠的起爆电源和必要的检测仪表设备等。

9.4.1　对电爆网路设计的基本要求

对电爆网路设计的基本要求如下：

（1）电源可靠，电压稳定，容量足够；

（2）网路简单、可靠，便于计算、连线和导通；

（3）要求每个雷管都能获得足够的准爆电流，尽量使网路中各雷管电流强度比较均匀，雷管串联使用时，必须满足串组雷管准爆电流的要求。

9.4.2　电爆网路的组成及各部分的选择

电力起爆法是由电雷管、导线和电源三部分组成的起爆网路。网路各部分选择和要求如下。

9.4.2.1　电雷管的选择

由于电雷管电热性能的差异，有时会引起串联电雷管组的拒爆。因此，在一条网路中，特别是大爆破时，应尽量选用同厂、同型号和同批生产品，并在使用前用专用爆破电桥进行雷管电阻的检查。目前大多数工程爆破在选配雷管时，对康铜桥丝电雷管间的电阻值差不大于 0.3Ω，镍铬桥丝电雷管电阻值差不大于 0.8Ω。也有个别矿山，在加大起爆电流的条件下，对电雷管电阻值的要求并不严格。进行微差爆破时，还要根据起爆顺序和特定的爆破目的，选用不同段别的毫秒延期电雷管，做到延时合理、一致和顺序准确。

9.4.2.2　导线的选择

在电爆网路中，应采用绝缘良好、导电性能好的铜芯线或铝芯线做导线。铝芯线抗折断能力不如铜芯线，但价格便宜，故应用较多。铝芯线的线头包皮剥开后极易氧化，所以接线时必须用砂纸擦去氧化物，露出金属光泽，方能连接，不然电阻会增大，接触不良。大量爆破时，网路导线用量较大，有时还分区域（或支路）。为了便于计算和敷设，通常将导线按其在网路中的不同位置划分为脚线、端线、连接线、区域线（支线）和主线。

(1) 脚线。雷管出厂就带有长为 2m、直径为 $0.4 \sim 0.5mm$ 的铜芯或铁芯塑料包皮绝缘线。

(2) 端线。端线是指用来接长或替换原雷管脚线，使之能引出炮孔口的导线，或用来连接同一串组中相邻炮孔内雷管脚线引出孔外的部分；其长度根据炮孔深度与孔间距来定，截面一般为 $0.2 \sim 0.4mm^2$，常用多股铜芯塑料皮软线。

(3) 连接线。连接线指连接各串组或并联组的导线，常用截面积为 $2.5 \sim 16mm^2$ 的铜芯或铝芯塑料线。

(4) 区域线。区域线是连接线至主线之间的连接导线，常用截面积为 $6 \sim 35mm^2$ 的铜芯或铝芯塑料线。

(5) 主线（又称母线）。主线指连接电源与区域线的导线，因它不在爆落范围内使用，一般用动力电缆或专设的爆破电缆包皮线，可多次重复使用。爆破规模较小时，也可选用 $16 \sim 150mm^2$ 的铜芯或铝芯塑料线或橡皮包皮线。主线电阻对网路总电阻影响很大，应选合适的断面规格。

在实际工作中，应尽量简化导线规格，脚线与端线、连接线和区域线可选用同一规格导线。

9.4.2.3　电源选择

电力起爆可用交流电和直流电。常用的有照明电源、动力电源和起爆器。

(1) 交流电源。照明和动力线路均属交流电源，其输出电压一般为380V和220V，有足够容量，是电力起爆中常用的可靠电源，尤其在起爆线路长、雷管多、药量大、网路复杂、准爆电流要求高的地下中深孔大量爆破中，是比较理想的电源。

(2) 直流电源。电容式起爆器是一种很好的直流电源。我国生产的电容起爆器品种较多，可根据爆破现场、规模和一次爆破雷管数量等合理选用不同容量的起爆器。电容式起爆器体积小，重量轻，便于携带，瞬间起爆电流大，适用于中、小规模工程爆破串联网路起爆。常用的 YJ 系列起爆器如表 9-8 所示。

表 9-8　YJ 系列起爆器

主要技术参数　产品型号名称	准爆铜脚线电雷管数/发	准爆铁脚线电雷管数/发	允许最大载电阻/Ω	引爆脉冲电压/V	供电电源/V	充电时间/s	单机重量/kg	电池规格/号
YJZ-50 型	50	25	170	500	3	3	0.2	5
YJZ-200 型	200	100	620	1600	4.5	5	0.4	5
YJGY-500 型	500	250	1500	3000	7.5	10	1.8	1
YJGY-1000 型	1000	500	900	1800	7.5	15	2.0	1
YJQL-1500 型	1500	750	1350	2700	7.5	20	2.5	1
YJQL-4000 型	4000	2000	1800	3600	13.5	30	7.5	1
YJQL-6000 型	6000	3000	450	900	14.8	35	12.5	1

9.4.3　电爆网路计算

电爆网路按雷管连接方式的不同可分为串联、并联和混合联三种，网路的计算按一般电路的串联、并联和混合联电路进行计算。

9.4.3.1　串联电爆网路

串联是将电雷管一个接一个成串地连接起来，再与电源连接的方法，如图 9-31 所示。其优点是连线简单，操作容易，所需总电流小，导线消耗少；缺点是网路中若有一个雷管断路，会使整条网路断路而拒爆。计算公式如下。

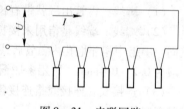

图 9-31　串联网路

（1）电爆网路总电阻 $R(\Omega)$：

$$R = R_x + nr \tag{9-6}$$

式中　R_x——导线电阻，Ω；

　　　n——串联电雷管个数；

　　　r——单个电雷管电阻，Ω。

（2）网路总电流 I（A）：

$$I = \frac{U}{R_x + nr} \tag{9-7}$$

式中，U 为电源电压，V。

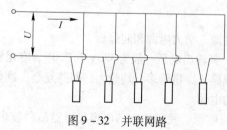

图 9-32　并联网路

9.4.3.2　并联电爆网路

并联是将所有电雷管的脚线分别连在两条导线上，然后把这两条导线与电源连接的方法，如图 9-32 所示。其优点是不会因为其中一个雷管断路而引起其他雷管的拒爆，网路的总电阻小。缺点是网路的总电流大，连接线消耗量多，若有少数雷管漏接时，检查不易发现。

（1）电爆网路总电阻 $R(\Omega)$：

$$R = R_x + \frac{r}{m} \tag{9-8}$$

式中，m 为并联电雷管个数；其他符号意义同前。

（2）网路总电流 $I(A)$：

$$I = \frac{U}{R} = U / \left(R_x + \frac{r}{m} \right) \tag{9-9}$$

（3）每个电雷管所获得的电流 i：

$$i = \frac{r}{m} = U / (mR_x + r) \tag{9-10}$$

9.4.3.3 混合联电爆网路

混合联是在一个电爆网路中由串联和并联进行组合连接的混合连接方法，可进一步分为串并联和并串联，如图9-33和图9-34所示。串并联是将若干个电雷管串联成组，然后将若干个串联组又并联在两根导线上，再与电源连接。并串联是将若干组并联的电雷组串联在一起，再与电源线连接的方法。

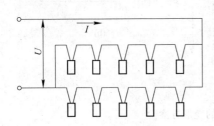

图9-33 串并联网路

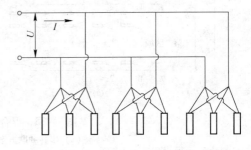

图9-34 并串联网路

（1）电爆网路总电阻 $R(\Omega)$：

$$R = R_x + \frac{nr}{m} \tag{9-11}$$

式中，m 为并联电雷管个数；其他符号意义同前。

（2）网路总电流 $I(A)$：

$$I = \frac{U}{R_x + \dfrac{nr}{m}} \tag{9-12}$$

式中，U 为电源电压，V。

（3）每个电雷管所获得的电流 $i(A)$：

$$i = \frac{I}{m} = \frac{U}{mR_x + nr} \tag{9-13}$$

式中 m ——串并联时为并联组的组数，并串联时为一组内并联的雷管个数；

　　　n ——串并联时为一组内串联的雷管个数，并串联时为串联组的组数。

在电爆网路中电雷管的总数是已知的，而电雷管总数 $N = mn$，即 $n = N/m$，将 n 值代入式9-13得：

$$i = \frac{I}{m} = \frac{mU}{m^2 R_{\mathrm{x}} + Nr} \qquad (9-14)$$

为了能在电爆网路中满足每个电雷管均能获得最大电流的要求,必须对混合联网路中串联或并联进行合理分组。从式 9 - 14 可知,当 U、N、r 和 R_{x} 固定不变时,通过各组或每个电管的电流为 m 的函数。为求得合理的分组数 m 值,可将式 9 - 14 对 m 进行微分,令其值等于零,即可求得 m 的最优值(此时电爆网路中,每个电雷管可获得最大电流值),即

$$m = \sqrt{\frac{Nr}{R_{\mathrm{x}}}} \qquad (9-15)$$

计算后,m 值应取整数。

混合联网路的优点是同时具有串联和并联的优点,可同时起爆大量电雷管。在大规模网路中,混合联网路还可采用多种变形方案,如串并并联、并串并联等。这两种方案的网路如图 9 -35所示。

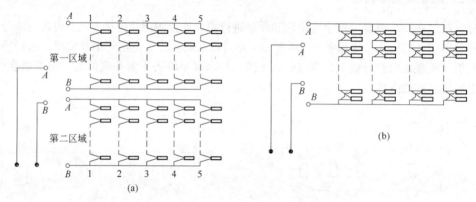

图 9 - 35　混合联网路的变形方案

(a) 串并并联方案;(b) 并串并联方案

电爆网路设计是否合格,一是看起爆电源容量是否合格;二是看通过每一发雷管的电流是否符合要求。成组电雷管的最低准爆电流比单发电雷管要大,规程规定起爆成组电雷管时,对一般爆破,通过每一发雷管的电流直流电不小于 2A,交流电不小于 2.5A;对大爆破,通过每一发雷管的电流直流电不小于 2.5A,交流电不小于 4A。

9.4.4　电力起爆法的操作要点

在有了质量合格的电雷管和爆破网路后,为了可靠安全起爆,操作中还应该注意下述几方面:

(1)雷管检查合格后,应使其脚线短路。最好用工业胶布包好短路线头。按电雷管的段数分别挂上标记牌,放入专用箱,按设计要求运送到爆破现场,再根据现场布置各炮孔的位置。装药时应严防捣断雷管脚线,脚线应沿孔壁顺直。

(2)连接网路时操作人员必须按设计接线。连线人员不得使用带电的照明。无关人员退出工作面。整个网路连接必须从工作面向爆破站方向顺序进行。连好一个单元后便检测一个单元,这样能及时发现和纠正问题。在连接过程中,网路的不同部位采用不同接头形式,如图 9 -36所示。图 9 - 36 (a)、(b) 是常用于雷管脚线之间的接头形式;图 9 - 36 (c) 多用于端线和连接线间的接头形式;图 9 - 36 (d) 用于细导线与粗导线间连接的接头形式;图 9 - 36 (e) 为连接线与区域线或区域线之间的连接形式;图 9 - 36 (f) 多用于区域线与主线连接或

多芯导线连接。

实践证明，接头不良，会造成整条网路的电阻变化不定，因而难于判断网路电阻误差的原因和位置。为了保证有良好接线质量应注意下述几点：

1）接线人员开始接线应先擦净手上的泥污，刮净线头的氧化物、绝缘物，露出金属光泽，以保证线头接好；作业人员不准穿化纤衣服。

2）接头牢固扭紧，线头应有较大接触面积。

3）各个裸露接头彼此应相距足够距离，更不允许相互接触，形成短路；避免线头接触矿岩或落入水中，并用绝缘胶布缠裹。

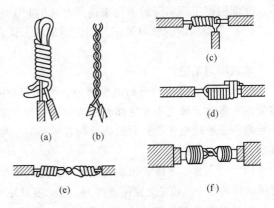

图 9 – 36　电爆网路常用接头形式

（a）、（b）脚线接头；（c）端线和连接线接头；
（d）细线与粗线的接头；（e）连接线与区域线接头；
（f）区域线与主线接头

4）敷线时，应留有 10% ~ 15% 的富余长度，以防过紧拉断网路。

5）建立安全信号及警戒制度，认真检查后才能合闸起爆。

6）整条网路连好后，应有专人按设计进行复核。

（3）电爆网路的电阻检查与故障排除。电力起爆安全规程规定："爆破主线与起爆电源或起爆器连接之前，必须检测全电阻。总电阻值应与实际计算值符合（允许误差 ±5%）。若不符合，禁止连接起爆。"必须重新检查网路电阻，排除故障。

检查网路电阻时，应始终采用同一爆破电桥或内阻校对过的同类电桥，避免出现误差。在正常情况下，由于接头多的影响，实测电阻常会大于计算电阻。若差值超过 ±5% 时，应分析和检查发生故障的原因和地点。一般用二分之一淘汰法寻找，即把整条网路一分为二，分别测这两部分的电阻，并与设计计算的电阻比较，符合计算的为正常区，反之为故障区。再将故障区一分为二，进行检测。这样不断缩小范围，直至找到故障点并加以排除为止。

（4）起爆站的选择。采用起爆器起爆时，起爆站可比较机动灵活地选择在安全地点，网路主线可在起爆前随时敷设和检查，如图 9 – 37 所示。电源在起爆时不作其他用途。

无论采用何种方式起爆，闭锁起爆电源是必须严格执行的，而且闭锁木箱的钥匙应由负责爆破的专人随身携带，不得转交他人。起爆时，必须有明确规定的指令和操作步骤与安全信号。

注意：

（1）起爆方法是指如何利用起爆器材来将药包引爆的方法，它涉及爆破器材的选择和起爆网路的设计。起爆方法通常是根据所采用的起爆器材和工艺特点来命名。

（2）选用起爆方法时，要根据炸药的品种、工程规模、工艺特点、爆破效果和现场条件等因素来决定。理解各类起爆法的基本原理，掌握各类方法连接组网的相关知识和技

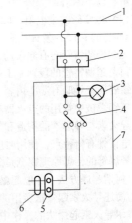

图 9 – 37　电力起爆开关装置
1—电源线路；2—保险栓；3—指示灯；
4—开关；5—插座；6—插销；
7—带锁木箱

术，才能根据工程实际的需要来选择合理的起爆方法，高效、安全、低成本地完成爆破任务。

（3）下面所附的学习笔记，请注意理解，认真记忆。

本章学习笔记：

（1）雷管是装有炸药的起爆器材，它的爆炸可引爆周围炸药。雷管可分为火雷管、非电雷管和电雷管，按是否有延期可分为瞬发雷管、延期雷管，延期雷管按延期的精确度又可分为秒延期和毫秒延期雷管，它们的结构各不相同，可用在不同爆破场合。目前使用最多的是非电雷管。

（2）导火索、导爆管和导线是传递热能、爆炸冲能或电能的传能器材，它们能够使爆破的引爆工作具有一定的安全空间或时间。可以有效地达到可靠、安全起爆系统的要求。

（3）选择合理的起爆方法，是有效完成预期爆破的重要内容。非电起爆法采用的主要器材有导火索、火雷管、导爆索、继爆管、导爆管等。根据起爆器材料不同，这类起爆方法分为：导火索起爆法、导爆索起爆法、导爆管起爆法和联合起爆法。

（4）导火索起爆法是利用导火索引爆火雷管，火雷管再引爆周围炸药的一种方法，常用在小规模或零星爆破中。导爆索起爆法是用雷管击发导爆索，导爆索传爆并引爆其周围的炸药，通过继爆管可实现微差爆破。导爆管起爆法是目前应用较广泛的方法，可实现各种形式的起爆。

（5）为保证可靠起爆，可采用导爆管复式起爆网路，也可采用导爆管与导爆索联合起爆网路。

（6）电力起爆法由于其可检查性而具有较高的可靠性，主要用在无静电、杂电干扰的地方。

复习思考题

9-1　绘图说明火雷管、电雷管（瞬发、秒延期和毫秒延期雷管）、非电延期雷管和无起爆药雷管（火雷管、电雷管和非电雷管）的组成结构和作用原理？

9-2　解释以下术语：
（1）电雷管的全电阻；（2）最低准爆电流；（3）最高安全电流；（4）反应时间（点燃时间和传导时间）；（5）发火冲能；（6）雷管的敏感度。

9-3　无起爆药雷管与有起爆药雷管相比较有哪些优点？

9-4　何谓延期雷管的段别？工业雷管分为哪些段别，一般如何识别？

9-5　雷管质量检验有哪些内容，导火索的质量检验项目又有哪些？

9-6　工程爆破中常用的点火器材有哪几种，安全规定是什么？

9-7　导火索与导爆索的构造和作用原理有哪些区别？

9-8　电雷管有何特点，使用时应注意哪些事项？

9-9　导爆管的传爆原理究竟是怎样的？

9-10　何谓起爆方法，非电起爆方法有哪些？

9-11　简述导火索起爆法所用的材料、起爆特点和其适用条件？

9-12　用导火索起爆法的操作中，《安全操作规程》有哪些相关规定？

9-13　何谓起爆网路，组成一个完整起爆网路系统必须包括哪些部分？

9-14　导爆管起爆网路的形式有哪些，导爆管起爆网路的特点是什么？

9-15　何谓复式起爆法，这种起爆方法的优缺点和使用条件又是什么？

9-16　如何组成一个电力起爆的合格网路，网路的连接中要注意什么？

10 矿岩爆破机理

本章提要： 矿体或岩体在炸药爆炸的作用下是如何破碎的？多年来国内学者提出了许多理论学说。本章通过岩体爆破实验来讲述其内部作用、外部作用，揭示矿岩在炸药爆炸作用下被破碎的规律。掌握爆破漏斗原理、利文斯顿理论、装药量计算方法对采矿工作有重要意义。

10.1 岩体爆破原理

炸药在岩体内爆炸所释放出来的能量，是以冲击波和高温高压的爆生气体形式作用于岩体的。由于岩体是一种不均质和各向异性的介质，在这种介质中的爆破破碎过程是一个十分复杂的过程。为了揭示爆破破碎过程的本质，本章通过对岩体爆破实验，结合目前的一些研究成果，就集中药包在无限介质和一个自由面条件下的岩体破碎过程作出叙述。

10.1.1 岩体爆破的内部作用

下面是在炸药类型一定的前提下，对单个药包爆炸的作用进行分析。

岩体内装药中心至自由面的垂直距离称为最小抵抗线，常用 W 表示。对于一定的装药量来说，最小抵抗线 W 超过临界值（称为临界抵抗线 W_e）时，就可以认为药包处在无限介质中。此时当药包爆炸后在自由面上不会看到地表隆起的迹象。也就是说，爆破作用只发生在岩体内部，而未能达到自由面。药包的这种作用，称为爆破的内部作用。

炸药在岩体内爆炸后，将引起岩体产生不同程度的变形和破坏。如果设想将经过爆破作用的岩体切开，便可看到图 10-1 所示的剖面。根据炸药能量的大小、岩体可爆性的难易和炸药在岩体内的相对位置，岩体的破坏作用可以分为"近区"、"中区"和"远区"三个主要部分，即压缩粉碎区、破裂区和震动区三个部分。

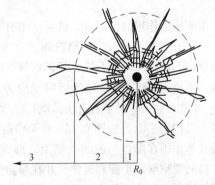

图 10-1 药包在无限岩体内的爆炸作用

R_0—药包半径；1—近区（压缩粉碎区），$(2\sim7)R_0$；2—中区（破裂区），$(8\sim150)R_0$；3—远区（震动区），大于 $(150\sim400)R_0$

10.1.1.1 压缩粉碎区形成特征

所谓爆破近区，是指直接与药包接触、邻近的那部分岩体。当炸药爆炸后，产生两三千摄氏度以上的高温和几万兆帕的高压，形成每秒数千米速度的冲击波，伴之以高压气体在微秒量级的瞬时内作用在紧靠药包的岩壁上，会使近区的坚固岩体被击碎成为微小的粉粒（约为 0.5 ~ 2mm），把原来的药室扩大成空腔，称为粉碎区；如果所爆破的岩体为塑性岩（例如黏土质岩、凝灰岩、绿泥岩等），则近区岩体被压缩成致密坚固的硬壳空腔，称为压缩区。

爆破近区的范围，与岩体的性质和炸药性能有关。一般岩石密度越小，炸药威力越大，空腔半径就越大。通常压缩粉碎区约为药包半径 R_0 的 2~7 倍，破坏范围虽然不大，但却消耗了大部分爆炸能。工程爆破中应该尽量减少压缩区、粉碎区的形成，从而提高炸药能量的有效利用。

10.1.1.2　破裂区的形成特征

炸药在岩体中爆炸后，强烈的冲击波和高温、高压爆轰产物，将炸药周围岩体破碎压缩成粉碎区（或压缩区）后，冲击波衰减为应力波。应力波虽然没有冲击波强烈，剩余爆轰产物的压力和温度也已降低，但是，它们仍有很强大的能量，将爆破中区的岩体破坏，形成破裂区。

通常破裂区的范围，比压缩粉碎区大得多。例如压缩粉碎区半径一般为 $2R_0 \sim 7R_0$，而破裂区的半径则为 $8R_0 \sim 150R_0$；所以，破裂区是工程爆破中岩石破坏的主要部分。

破裂区主要是受应力波的拉应力和爆轰产物的气楔作用形成的，如图 10-2 所示。

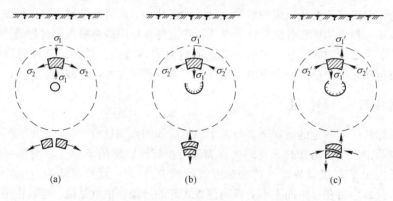

图 10-2　破裂区裂隙形成应力作用示意图
（a）径向裂隙；（b）环向裂隙；（c）剪切裂隙
σ_1—径向压应力；σ_2—切向拉应力；σ_1'—径向拉应力；σ_2'—切向压应力

由于应力作用的复杂性，破裂区中有径向裂隙、环向裂隙和剪切裂隙：

（1）径向裂隙的产生。当粉碎区形成后，冲击波衰减成应力波，其压力已低于岩石的抗压强度，不足以压坏岩石块，但仍以弹性波的形式向岩体周围传播，相应地使其质点产生径向位移，其径向压应力 σ_1 导致切向拉应力 σ_2 的产生。因为岩石抗拉强度仅为其抗压强度的 1/10~1/50，当 σ_2 大于岩石块体抗拉强度时，该处岩体即被拉断，构成与粉碎区贯通的径向裂隙，以相当于应力波速 0.15~0.4 倍的速度向外延伸，如图 10-2（a）所示。与此同时，爆破气体作用在爆炸空腔的岩壁上，形成准静应力场。在高压气体的膨胀、挤压、气楔作用下，径向裂隙继续扩展和延伸，并在裂隙尖端处气压力下引起应力集中，加速裂隙的扩展，形成了靠近粉碎压缩区的内密外疏、开始宽末端细的径向裂隙网。

（2）环向裂隙和剪切裂隙的形成。在冲击波、应力波作用下，岩体受到强烈压缩，积蓄了一部分弹性变形能。当粉碎区空腔形成、径向裂隙展开、压力迅速下降到一定程度时，原在药包周围的岩体释放出在压缩过程中积蓄的弹性变形能，并转变为卸载波，形成与压应力波作用方向相反的径向拉应力 σ_1'，使岩石块的质点产生反向的径向运动。

当此径向拉应力 σ_1' 大于岩石的抗拉强度时，该处岩体被拉断形成环向裂隙，如图

10 - 2（b）所示。在径向裂隙与环向裂隙形成的同时，由于径向应力与切向应力作用的共同结果，岩体受到剪切应力的作用，还可能形成剪切裂隙，如图 10 - 2（c）所示。

（3）破裂区。应力作用首先形成了初始裂隙，接着爆轰气体的膨胀、挤压、气楔作用助长裂隙的延伸和扩展，只有当应力波与爆轰气体衰减到一定程度后才能停止裂隙扩展。这样，随着径向裂隙、环向裂隙和剪切裂隙的形成、扩展、贯通，纵横交错、内密外疏、内宽外细的裂隙网将岩体分割成大小不等的碎块。靠近粉碎区处岩块细碎，远离粉碎区处大块增多，或只出现延伸的径向裂隙。在应力和气楔的共同作用下，最终在（8 ~ 150）R_0 范围内构成了破裂区。

10. 1. 1. 3　震动区效应

爆破近区（压缩、粉碎区）、中区（破裂区）以外的区域称为爆破远区。该区的应力波已大大衰减，渐趋于正弦波，部分非正弦波性质的小振幅振动，仍具有一定强度，足以使岩体产生轻微破坏。当应力波衰减到不能破坏岩石体时，只能引起岩石块的质点作弹性振动，形成地震波。

爆破地震瞬间的高频振动可引起原有裂隙扩展，严重时可能导致露天边坡滑坡、地下井巷的冒顶片帮以及地面或地下建筑物构筑物的破裂、损坏或倒塌等等。地震波是构成爆破公害的危险因素。因此必须掌握爆破地震波危害规律，采取降震措施，尽量避免和防止爆破地震的危害。

10. 1. 2　爆破的外部作用

在最小抵抗线的方向上，岩体与另一种介质（空气或水等）的接触面，称为自由面，也称临空面。当最小抵抗线 W 小于临界抵抗线 W_e 时，炸药爆炸后除发生内部作用外，自由面附近也发生破坏。也就是说，爆破作用不仅只发生在岩体内部，还可以达到自由面附近，引起自由面附近岩体的破坏，形成鼓包、片落或漏斗。这种作用称为爆破的外部作用。

10. 1. 2. 1　爆破实验

根据生产实践中的体会，可在实验室做以下实验：

（1）长杆实验。取一长杆状岩石试件，最简单的实验是采用岩石长杆模型进行的爆破实验。如图 10 - 3 所示，取一根加工成圆柱形或正方形断面（5cm×5cm 或 7cm×7cm）的长杆（长 1.0m 左右），用雷管起爆端部药包后可见到以下现象：

1）近药端石杆被粉碎，稍远有裂隙，分别形成粉碎区和裂隙区；

2）远离药端石杆被破坏成块状形成片落区，越向药包则碎块厚度越大；

3）在粉碎区、裂隙区与片落区之间，石杆无明显破坏而只有弹性变形，形成震动区；

4）炸药量不同，各区的范围也不

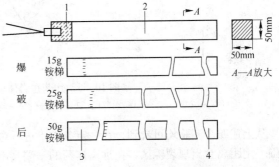

图 10 - 3　长杆破坏实验示意图
1—炸药；2—大理石长杆；3—粉碎区；4—片落区

同；当药量增大到一定程度后，粉碎、裂隙与片落三区扩大，震动区不复存在。

（2）水泥板实验。如图 10－4 所示，取一块具有一定厚度的水泥板。将一面平整为自由面 b，另一面加载，其上放一支雷管和几十克炸药。爆炸后加载端被冲击波和爆生气体粉碎飞散，而在自由面端则出现片落，片落石块抛出一定距离，这就是反射拉伸波拉断作用的结果。

（3）立方体实验。如图 10－5 所示，将 8 号雷管置于立方体岩块上一定数量的炸药内，起爆后可见试件在另外几个面上也出现了片落破坏。即图 10－5（b）中，前后左右均有片落破坏范围。

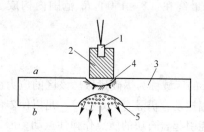

图 10－4　混凝土板实验

（a）加载面；（b）自由面

1—雷管；2—炸药；3—混凝土板；

4—粉碎区；5—片落区

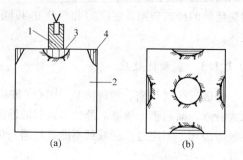

图 10－5　立方体实验图

1—炸药；2—立方体岩块；3—粉碎区；4—片落区

以上三个实验，分别代表空间上一、二、三维爆破作用时的破坏情况，被爆破岩体均会在与空气接触的一面出现片落破坏，这种现象最早由霍金逊（Hopkin）发现并进行了研究，所以称霍金逊现象。一般用应力反射来进行解释，即当入射压应力波遇到自由面时，一部分或全部反射为方向完全相反的拉伸应力波。如果反射拉伸应力和入射压应力叠加之后所合成的拉应力超过岩块的极限抗拉强度，自由面附近的岩体就会被拉断成为小块，或片落，或形成爆破漏斗。

（4）内部药包爆破实验。如图 10－6 所示，在相同的岩体内离地表不同深度分别设置药量相同的药包，起爆后效果各不相同。

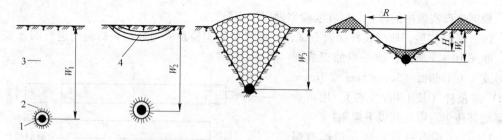

图 10－6　炸药在岩体内部爆破实验

1—粉碎区；2—裂隙区；3—震动区；4—片落区

从上述四个实验均可看到，在一定条件下进行爆破，会在炸药周围形成粉碎区，在粉碎区外围一定距离会出现裂隙区，在远离炸药的一端会出现片落区，而在裂隙区和片落区之间不会破坏而只受到震动，形成震动区。

10.1.2.2　爆破岩体的破坏原因分析

目前解释岩石爆破破碎机理的认识，比较统一的有三种理论：

（1）气体破坏论。该理论认为岩体主要是被爆炸生成气体的压力作用破坏的。爆破时产生的大量气体以极高的压力作用于炸药周围的岩体，使之产生压应力场，此应力场一方面造成径向岩石块位移，另一方面还引起切向拉应力，所以岩体是在压、拉、剪等气体引起的复杂应力场中破坏和被抛掷的。这种理论完全忽视了冲击波的作用。

（2）应力波反射拉断破坏论。该理论认为当爆轰波传到岩壁时，在岩体内产生压应力波，此应力波是由冲击波能引起的。当应力波在岩内以放射状向外传播到自由面时，自由面上两种介质密度与波速有差异，造成应力波的折射与反射，此反射波是自由面向爆炸中心传播的，这就在自由面处造成拉应力。由于岩石的抗拉强度仅为抗压强度的1/10到1/50，所以岩块是从自由面端（远炸药端）起被拉应力拉断的。这种理论单纯强调冲击波作用，忽视了爆生气体压力的作用。

（3）共同作用破碎论。该种理论认为岩体的破碎是冲击波和爆生气体综合作用的结果，是动作用和静作用兼有之，只不过是作用的阶段和区域不同，近区以冲击波作用为主，远区以反射拉伸应力与气体膨胀共同作用。生产实践和实验研究证明，这种理论比较客观、全面地反映了炸药爆破作用的岩体或岩石块被破碎的原理，故被学术界公认。

综合上述实验和理论说明，可以归纳出下列几点重要结论：

（1）应力波来源于爆轰冲击波，它是破碎岩石块体的能源，但气体产物的静膨胀作用同样也是十分重要的能源。

（2）在坚硬岩石块中，因其波阻抗值大 [达 $(10 \sim 25) \times 10^5 g/(cm^2 \cdot s)$]，冲击波作用明显，而软岩中 [波阻抗值低，为 $(2 \sim 5) \times 10^5 g/(cm^2 \cdot s)$] 则气体膨胀作用明显，这一点在选择炸药爆速和确定装药结构时应加以考虑。

（3）粉碎区为高压作用结果，因岩石块抗压强度大且处在三向受压状态，故粉碎区范围不大；裂隙区为应力波作用结果，其范围取决于岩性。片落区是应力波从自由面处反射的结果，此处岩体处于受拉应力状态，故拉断区范围较大；震动区为弹性变形区，岩体未被破坏。

（4）大多数岩体坚硬有脆性，易被拉断。这就启示我们应当尽可能为破岩创造拉断破坏的条件。应力反射面的存在是有利条件，在工程中如何创造和利用自由面是爆破技术中的重要问题。

10.1.3 自由面对爆破破坏作用的影响

自由面在爆破破坏过程中起着重要作用，它是形成爆破漏斗的重要因素。自由面既可以形成片落漏斗，又可以促进径向裂隙的延伸，并且还可以大大减少岩石的夹制性；有了自由面，爆破后的岩石块才能从自由面方向破碎、移动或抛掷。自由面对破坏效果的影响主要有三个方面。

10.1.3.1 自由面数目的影响

自由面数越多，爆破破岩就越容易，爆破效果也越好。当岩石性质、炸药情况相同时，随着自由面的增多，炸药单耗也将明显降低，其近似关系如表10-1所示。

表10-1 自由面数目与炸药单耗的关系

自由面个数	1	2	3	4	5	6
炸药单耗/$kg \cdot m^{-3}$	1	0.7~0.8	0.5~0.6	0.4~0.5	0.3~0.4	0.2~0.3

10.1.3.2　炮孔方向与自由面夹角的影响

如图 10-7 所示，当其他条件不变时，炮孔与自由面的夹角越小，爆破效果越好。

10.1.3.3　炮孔与自由面的相对位置影响

如图 10-8 所示，当其他条件不变时，炮孔位于自由面的上方时，爆破效果较好（但此时也可能大块产出率较高）；炮孔位于自由面的下方时，爆破效果较差。

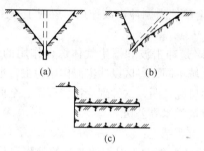

图 10-7　炮孔与自由面之间的夹角关系　　　　图 10-8　炮孔与自由面之间的位置关系
(a) 垂直于自由面；(b) 与自由面成较小夹角；　　(a) 位于自由面下方；(b) 位于自由面上方；
(c) 平行于自由面　　　　　　　　　　　　　(c) 位于自由面一侧

以上简单论述了自由面对爆破效果的影响，在实践中要注意灵活应用。

10.2　爆破漏斗及利文斯顿爆破理论

10.2.1　爆破漏斗

10.2.1.1　爆破漏斗形成过程

在工程爆破中，往往是将炸药包埋置在一定深度的岩体内进行爆破。设一球形药包，埋置在平整地表面下一定深度的坚固均质的岩石中爆破。如果埋深相同，药包量不同，或者药量相同，埋深不同，爆炸后则可能产生近区、中区、远区，或者还产生片落区以及爆破漏斗。图10-9 中，(a)~(f) 是在药量和埋深一定的情况下爆破漏斗形成的过程。爆破漏斗是受应力波和爆生气体共同作用的结果，其一般过程简述如下。

在均质坚固的岩体内，当有足够的炸药能量，并与岩体可爆性相匹配时，在相应的最小抵抗线等爆破条件下，炸药爆炸产生两三千摄氏度以上的高温和几万兆帕的高压，形成每秒几千

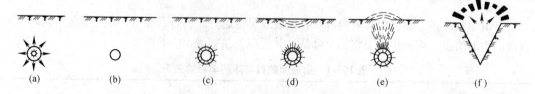

图 10-9　爆破漏斗形成过程示意图
(a) 炸药爆炸形成的主应力场；(b) 粉碎压缩区；(c) 破裂区（径向裂隙和环向裂隙）；
(d) 破裂区和片落区（自由面处）；(e) 地表隆起、位移；(f) 形成爆破漏斗

米速度的冲击波和应力场，见图10-9（a），作用在药包周围的岩壁上，使药包附近的岩石或被挤压、或被击碎成粉粒，形成了压缩粉碎区（近区），见图10-9（b）。此后，冲击波衰减为压应力波，继续在岩体内自爆源向四周传播，使岩石质点产生径向位移，构成径向压应力和切向拉应力的应力场。由于岩石抗拉强度仅是抗压强度的1/50~1/10，当切向应力大于岩石的抗拉强度时，该处岩石被拉断，形成与粉碎区贯通的径向裂隙。

高压爆生气体膨胀的气楔作用助长了径向裂隙的扩展。由于能量的消耗，爆生气体继续膨胀，但压力迅速下降。当爆源的压力下降到一定程度时，原先在药包周围岩石被压缩过程中积蓄的弹性变形能释放出来，并转变为卸载波，形成朝向爆源的径向拉应力。当此拉应力大于岩石的抗拉强度时，岩石被拉断，形成环向裂隙。

在径向裂隙与环向裂隙出现的同时，由于径向应力和切向应力共同作用，又形成剪切裂隙。纵横交错裂隙，将岩石切割破碎，构成了破裂区（中区），见图10-9（c），这是爆破破坏的主要区域。

当应力波向外传播到达自由面时产生反射拉伸应力波。该拉应力大于岩石的抗拉强度时，地表面的岩石被拉断形成片落区，见图10-9（d）。在径向裂隙的控制下，破裂区可能一直扩展到地表面，或者破裂区和片落区相连接形成连续性破坏，见图10-9（e）。

与此同时，大量的爆生气体继续膨胀，将最小抵抗线方向的岩石表面鼓起、破碎、抛掷，最终形成倒锥形的凹坑，见图10-9（f），此凹坑称为爆破漏斗。

10.2.1.2 爆破漏斗的几何参数

设一球状药包在自由面条件下爆破，形成爆破漏斗的几何尺寸如图10-10所示。其中爆破漏斗三要素是指最小抵抗线W、爆破漏斗半径r和漏斗作用半径R。最小抵抗线W，表示药包埋置深度，是岩石爆破阻力最小的方向，也是爆破作用和岩块抛掷的主导方向，爆破时部分岩块被抛出漏斗外，形成爆堆；另一部分岩块抛出之后回落到爆破漏斗内。

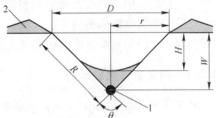

图10-10 爆破漏斗实验图

D—爆破漏斗直径；H—漏斗可见深度；
r—爆破漏斗半径；W—最小抵抗线；
R—漏斗作用半径；θ—漏斗展开角
1—药包；2—爆堆

在工程爆破中，经常应用爆破作用指数n，这是一个重要的参数，它是爆破漏斗半径r和最小抵抗线W的比值，即

$$n = \frac{r}{W} \tag{10-1}$$

10.2.1.3 爆破漏斗的四种基本形式

爆破漏斗是一般工程爆破最普遍、最基本的形式。根据爆破作用指数n值的大小，爆破漏斗有如下四种基本形式（如图10-11所示）：

（1）标准抛掷爆破漏斗（图10-11c）。$r > W$，即爆破作用指数$n = 1$。此时漏斗展开角$\theta = 90°$，形成标准抛掷漏斗。在确定不同种类岩石的单位炸药消耗量时，或者确定和比较不同炸药的爆炸性能时，往往用标准爆破漏斗的体积作为检查的依据。

（2）加强抛掷爆破漏斗（图10-11d）。$r > W$，即爆破作用指数$n > 1$，漏斗展开角$\theta > 90°$。当$n > 3$时，爆破漏斗的有效破坏范围并不随炸药量的增加而明显增大，实际上，这时炸药的能量主要消耗在岩块的抛掷上。在工程爆破中加强抛掷爆破漏斗的作用指数为$1 < n <$

3，根据爆破具体要求，一般情况下取 $n = 1.2 \sim 2.5$。这是露天抛掷大爆破或定向掷爆破常用的形式。

（3）减弱抛掷爆破漏斗（图 10-11b）。$r < W$，即 $0.75 < n < 1$，成为减弱抛掷漏斗（又称加强松动漏斗），它是井巷掘进常用的爆破漏斗形式。

（4）松动爆破漏斗（图 10-11a）。爆破漏斗内的岩石被破坏、松动，但并不抛出坑外，不形成可见爆破漏斗坑。此时 $n = 0.75$。它是控制爆破常用形式。$n < 0.75$，不形成从药包中心到地表面连续破坏，即不形成爆破漏斗。如工程爆破中采用扩孔爆破形成的爆破漏斗是松动爆破漏斗。

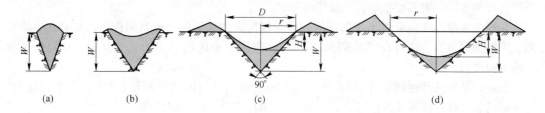

图 10-11　爆破漏斗的四种基本形式
（a）松动爆破；（b）减弱抛掷爆破（加强松动）；（c）标准抛掷爆破；（d）加强抛掷爆破

在工程爆破中，要根据爆破的目的选择爆破漏斗类型。如在筑坝、山坡公路的开挖爆破中，应采用加强抛掷爆破漏斗，以减少土石方的运输量，而在开挖沟渠的爆破中，则应采用松动爆破漏斗，以免对沟体周围破坏过大而增加工作量。

10.2.2　利文斯顿爆破理论

利文斯顿（C. W. Livingston）在各种岩体、不同炸药量、不同埋深的爆破漏斗试验的基础上，提出了以能量平衡为准则的岩石爆破漏斗理论。他认为炸药在岩体内爆破时，传给岩石能量的多少和速度的快慢，取决于岩石块体的性质、炸药性能、药包重量、炸药的埋置深度、位置和起爆方法等因素。在岩块性质一定的条件下，爆破能量的多少取决于炸药量的多少、炸药能量释放的速度与炸药起爆的速度。假设有一定数量的炸药埋于地下某一深处爆炸，它所释放的绝大部分能量被岩体所吸收。当岩体所吸收的能量达到饱和状态时，岩体表面开始产生位移、隆起、破坏以致被抛掷出去。如果没有达到饱和状态，岩体只呈弹性变形，不被破坏。因此炸药量与炸药埋置深度有如下关系：

$$L_e = E_b Q^{1/3} \qquad\qquad (10-2)$$

式中　L_e——炸药埋置临界深度，它表征岩体表面开始破坏的临界值，也是岩体只产生弹性变形而不被破坏的上限值，m；

　　　Q——炸药量，kg；

　　　E_b——岩石块体变形能系数。

利文斯顿从能量的观点出发，阐明了岩体变形能系数 E_b 的物理意义。他认为在一定药量条件下，岩石表面开始破裂时，岩石可能吸收的最大能量为 E_b。超过此能量，岩体表面将由弹性变形变为破裂。所以 E_b 的大小是衡量岩体爆破性能难易的一个指标。如果将该定量药包从地下深处逐渐移向地表（自由面），则越接近地表爆破时，传给岩体的能量比例相对减少，传给空气的能量比例相对增加。如果炸药包埋置深度不变，而改变药量，爆破效果与上述能量释放和吸收的平衡关系是一致的。据此，利文斯顿将岩体爆破效果与能量平衡关系划分为四个带（如图10-12所示）：

（1）弹性变形带。当岩体爆破条件一定时，炸药量很小，或者炸药埋置较深，爆破后地表岩体不遭破坏，炸药的能量全部被岩石所吸收，岩块的质点只产生弹性变形，爆后岩体又恢复到原状。此时炸药的埋深上限称为临界深度 L_e（临界抵抗线 W_e）。

（2）冲击破裂带。当岩体性质和炸药条件一定时，减少炸药埋深 $(W < L_e)$，炸药爆炸后，地表岩石破裂、隆起、破坏和抛掷，形成爆破漏斗。当爆破漏斗体积达到最大值时，炸药能量得到充分利用，此时炸药的埋深称为最佳深度 L_i（最佳抵抗线 W_i）。

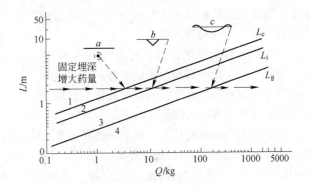

图10-12　不同药量、不同埋深爆破岩石变形破坏分布图
1—弹性变形带；2—冲击破裂带；3—破碎带；4—空爆带
a—片落开始；b—冲击破裂带上限漏斗；c—破裂带上限漏斗；
L_e—临界深度；L_i—最佳深度；L_g—过渡深度

（3）破碎带。当炸药埋深逐渐减小时（$W < L_i$），地表岩石更加破碎，漏斗体积减小，炸药爆炸时消耗于岩石体破碎、抛掷和响声的能量更大。此时的炸药埋深称为过渡深度 L_g。

（4）空爆带。当炸药埋深很浅时，药包附近的岩体被粉碎，岩块抛掷更远。此时消耗于空气的能量远远超过消耗于岩石块体的能量，形成强烈的空气冲击波。

所以认为：

空爆带 $L_g \geq W \geq 0$；破碎带 $L_i \geq W \geq L_g$；冲击破裂带 $L_e \geq W \geq L_i$；弹性变形带：$W > L_e$。

从以上对四个带的分析可见，根据生产爆破的要求和岩体的具体特性，合理确定炸药埋深（最小抵抗线 W）和炸药量，对于工程爆破中获得适当的爆破漏斗类型，得到最优的爆落量和抛掷量，提高爆破效率，获得较好的经济效益，有着重大意义。对于实际工程，一般要求 $L_e \geq W \geq L_g$，并根据爆破类型和其他参数确定合理的 W 值。

10.3　群药包爆破与装药量计算

前面论述了单药包爆破岩体的破碎机理的问题。在实际的工程爆破中，单药包爆破极少采用，往往需用群药包爆破才能达到目的。群药包爆破应力分布变化情况要比单药包爆破复杂得多，因此，研究群药包的爆破作用机理，对于合理选择爆破参数具有更加实用的指导意义。

10.3.1　单排成组药包齐发爆破

为了解成组药包爆破应力波的相互作用情况，有人在有机玻璃中用微型药包进行了模拟爆破试验，并同时用高速摄影装置将试块的爆破破坏过程摄录下来进行分析研究。分析研究后认为，当药包同时爆破，在最初几微秒时间内应力波以同心球状从各爆点向外传播。经十几微秒后，相邻两药包爆轰波相遇，相互叠加，于是在模拟试块中出现复杂的应力变化情况，应力重新分布，沿炮孔中心连心线得到加强，而炮孔连心线中段两侧附近则出现应力降低区。

应力波和爆轰气体联合作用爆破理论认为，应力波作用于岩体中的时间虽然极为短暂，然而爆轰气体产物在炮孔中却能较长时间维持高压状态。在这种准静态压力作用下，炮孔连心线各点上产生切向拉伸应力，最大应力集中于炮孔连心线同炮孔壁相交处，如图10-13所示。因而拉伸裂隙首先在炮孔壁，然后沿炮孔连心线向外延伸，直至贯通相邻炮孔。此解释很有说

服力，现场也证明相邻齐发爆破炮孔间拉伸裂隙
是从孔壁沿连心线向外发展的。

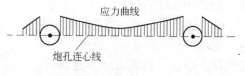

图 10 - 13　拉伸应力作用

产生应力降低区的原因，可由图 10 - 14 作
如下解释：由于两相邻药包爆破引起的应力波相
遇并产生叠加作用，在相邻两药包的辐射状应力
波直角相交处出现应力降低区。

先分析左边药包的情况。取某一点岩块单元体，单元体沿炮孔的径向方向出现压应力 δ_1，
在法线方向上则出现衍生拉应力 δ_2（图 10 - 14a）。同样右边的药包爆破也产生类似的结果
（图10 - 14b）。同排两相邻药包齐发起爆，使所取岩石单元体中由左边药包爆轰引起的 δ_1 正好
与右边药包爆轰引起的 δ_2 相互抵消，这样就形成了应力降低区。

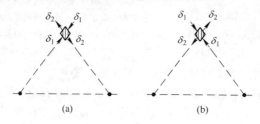

图 10 - 14　应力降低区分析图

δ_1—压应力；δ_2—拉应力

由此可见，适当增大相邻炮孔距离，并相应减少最小抵抗线，避免左右相邻药包爆轰所引
起的压应力和拉应力相互抵消作用，有利于减少大块的产生。此外，相邻两排炮孔的梅花形布
置比矩形布置更为合理，这一点已经被生产中采用大孔距、小抵抗线爆破取得良好效果所
证明。

10.3.2　多排成组药包齐发爆破

多排成组药包齐发爆破所产生的应力波，相互作用的情况比单排齐发爆破时更复杂。在前
后两排炮孔所构成的四边形岩体中，从各药包爆轰传播来的应力波互相叠加，造成应力极高的
状态，使岩石块体的破碎效果得到了改善。从另一方面讲，多排成组药包齐发爆破时，只有第
一排炮孔爆破具有优越的自由面条件，后继各排炮孔爆破均受到较大的夹制作用。所以多排成
组药包齐发爆破效果不佳，工程实际中很少应用，一般被微差爆破所代替。

10.3.3　装药量计算公式

针对所需爆破的岩体的体积，恰当地确定所用炸药量，是爆破工程中极为重要的一项工
作。它直接关系到爆破效果、成本和安全等，进而影响凿岩、铲装运等工作的技术经济效果。
多年来已经有很多人做了大量的调查研究工作，但受到矿岩物理力学性质的自然条件的限制，
精确计算药量的问题至今还没有得到十分完善的解决。人们在生产实践中积累了不少经验，提
出了各种各样的装药量计算公式，例如：

$$Q = C_1 W^2 + C_2 W^3 + C_3 W^4 \tag{10 - 3}$$

式中　　　Q——装药量，kg；

C_1，C_2，C_3——系数；

W——最小抵抗线，m。

上式中的物理意义是，装药量由三部分组成。第一部分用于克服岩体内分子间的凝聚力，

使漏斗内的岩石块得以从岩体中分离出来形成爆破漏斗，它的大小与漏斗的面积（即自由面）的大小成正比；第二部分则用于使漏斗内的岩石块体产生破碎，它与被破碎岩块（爆破漏斗）的体积成正比；第三部分是被破碎的岩石块体向外抛掷一定距离所需要的。

若忽略式中的第一、三部分，式 10-3 就变成了 $Q = CW^3$，可认为所需炸药量与被爆破的岩体的体积（爆破漏斗）成正比，即所谓的"体积公式"。学者沃奥班（Vauban）首先提出，在一定的岩块体条件和装药量的情况下，爆落的土石方体积与所用的装药量成正比，即：

$$Q = qV \qquad (10-4)$$

式中 V——爆破漏斗体积，m^3；

　　　　q——炸药单耗，指爆破单位体积的岩石（或矿石）所需的炸药量，kg/m^3。

如果装药集中，按前述的定义，标准抛掷爆破时，爆破作用指数 $n = 1$，即 $r = W$，所以爆破漏斗体积为：

$$V = \frac{1}{3}\pi r^2 W \approx W^3 \qquad (10-5)$$

标准爆破装药量为：

$$Q_B = qW^3 \qquad (10-6)$$

在岩石性质、炸药品种和药包埋深都不变的情况下，只改变装药量（增加或减少），也可获得加强抛掷和减弱抛掷爆破漏斗等各种类型的爆破漏斗。这样，适用于各种类型抛掷爆破的装药量计算公式为：

$$Q_P = f(n)qW^3 \qquad (10-7)$$

式中，$f(n)$ 为爆破作用指数函数。

标准抛掷爆破的 $f(n) = 1$；加强抛掷爆破的 $f(n) > 1$；减弱抛掷爆破的 $f(n) < 1$。在具体计算 $f(n)$ 的问题上，苏联学者鲍列斯阔夫的经验公式得到了广泛应用，即：

$$f(n) = 0.4 + 0.6n^3 \qquad (10-8)$$

所以，装药量计算公式为：

$$Q_P = (0.4 + 0.6n^3)qW^3 \qquad (10-9)$$

10.3.4 炸药单耗 q 的确定

在生产实践中，炸药单耗 q 的数值，应考虑多方面的因素来加以确定：

（1）查表（设计手册），参考定额或有关资料数据确定；

（2）参照条件相似的工程爆破参数确定；

（3）做标准爆破漏斗实验求得。

综上所述，装药量的计算原则是：装药量的多少取决于要求爆破的岩体的体积、爆破类型及岩体的可爆性等。但是，爆破的质量（块度）问题的重要性，随着采矿工作的发展日益突出，却没有在公式中反映出来。虽然如此，但体积公式一直沿用至今，给人们提供估算装药量的依据。在长期的生产实践中，都用体积为依据，再结合各个工程爆破的矿（岩）石性质和爆破要求，改变不同的炸药单耗，来进行装药量计算。

上述计算公式都是以单个自由面和单药包爆破为前提的，然而在生产实践中，通常是以群药包爆破矿岩的。而且为了改善爆破效果，也常利用多自由面爆破。计算平行炮孔群爆的装药量时，一般先按具体情况确定每个炮孔所能爆下矿岩体积，再分别求出每个炮孔的装药量，最后累计总装药量；计算扇形炮孔群爆的装药量时，先是按一排炮孔所能爆下矿岩体积，再分别求出各排炮孔的装药量，最后累计总装药量。经验比较丰富的爆破设计施工单位，可以用一次爆破的总矿岩体积，乘以单位耗药量，来求出总装药量，再加上装药散耗系数（机械装药不超过10%），最后结合实际情况将装药量分配到各个炮孔中。

复习思考题

10-1　岩石爆破内部作用所产生的区域有哪些，这些区域的特征是什么？

10-2　岩体爆破的外部作用（漏斗形成）过程是按什么规律分布的？

10-3　利文斯顿的爆破漏斗理论对于采矿工程设计有什么意义？

10-4　爆破漏斗有几种形式，各作用参数对工程爆破有何意义？

10-5　什么是自由面和最小抵抗线，它们对工程爆破有何意义？

10-6　多排成组炮孔齐发起爆在工程爆破中为什么基本不用？

10-7　工程爆破中为何采用大孔距、小排距的布孔方式？

10-8　工程爆破中如何确定装药量，确定炸药单耗有哪些方法？

11 浅眼爆破

本章提要： 浅眼爆破是指炮眼直径小于50mm、眼孔深度在5m以内的炮眼爆破。它常用于小规模、多循环的爆破作业。本章介绍浅眼爆破的特点、在井巷掘进与采场崩矿中的装药与堵塞及其爆破参数（W、a、q、Q、L）等内容。在工程实践中，应该根据井巷掘进、硐室开挖、露天小台阶采矿、地下浅孔崩矿、二次破碎的不同情况，理论联系实际，灵活应用浅眼爆破方法。

11.1 炮眼的装药与堵塞

11.1.1 炮眼的装药结构

在炮眼孔的爆破中，是将炸药和起爆药包装入炮孔内，孔口用炮泥进行堵塞。不同的爆破类型和爆破要求，炮孔内的装药形式是不一样的：

（1）根据起爆药包在炮孔内的位置不同，将浅眼爆破分为正向起爆、中部双向起爆和反向起爆三种方式。这三种起爆方式的孔内装药形式，如图9-11所示。

（2）根据炸药在炮孔内的分布是否充分，可分为耦合装药和不耦合装药。

不耦合装药又分为径向不耦合装药和轴向不耦合装药两种，它们如图11-1所示，主要是为减少爆破时炸药对周围的破坏作用，常用于预裂爆破和光面爆破。

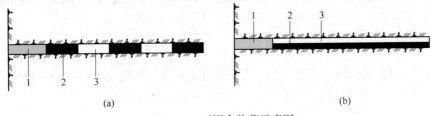

(a)   (b)

图11-1 不耦合装药示意图
(a) 轴向不耦合装药；(b) 径向不耦合装药
1—堵塞；2—炸药；3—空气间隙

11.1.2 炮眼孔的堵塞

将炮眼孔装药后的剩余空间，一定要用材料充填起来，这称为堵塞（亦称充填）。堵塞所用材料习惯上称炮泥或充填材料。

11.1.2.1 炮眼孔的堵塞作用

（1）提高爆破质量。良好的堵塞可以阻碍爆炸气体的过早扩散，使炮孔在相对较长时间内处于高压状态，增加冲击波的冲击力，提高炸药能量的利用率，取得较好的爆破效果。

（2）有利于爆破安全。良好的堵塞，可使炸药在爆炸中充分氧化，既可提高炸药爆速，又可减少有毒有害气体生成量。对于露天爆破而言，可以减少飞石的危害。在井下煤矿炮孔爆破中，堵塞可以降低爆生气体逸出工作面的速度和压力，减少引燃瓦斯煤尘的可能性；同时还由于堵塞阻止爆破产生的火焰和灼热固体颗粒从炮孔中喷出，也有利于防止瓦斯和煤尘爆炸。

11.1.2.2　炮孔堵塞的方法

常用的炮眼孔堵塞方式如图 11 - 2 所示。具体工程应用时要注意以下几点：

（1）炮泥多用 1∶3 配比的黏土与砂子混合物，再加 15% ~ 20% 的水；深孔爆破时因炮泥用量大，可用木楔代替部分炮泥；硐室爆破堵塞量更大，故用袋装（或散装）砂土代替炮泥。

（2）堵塞长度应与最小抵抗线和孔径相适应，小直径炮眼堵塞长度大于 40cm，深孔大于 100cm。

（3）堵塞材料严禁使用石块、易燃物品，避免产生飞石危害和产生有毒有害气体。

（4）在堵塞时，严禁捣固直接接触药包的堵塞材料或用堵塞材料直接冲击起爆药包，这样可避免捣固时用力过大造成药包中的雷管冲击受压引起爆炸事故。

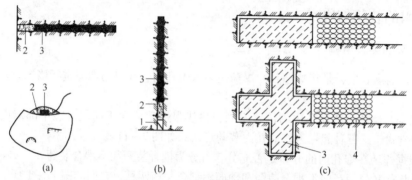

图 11 - 2　常用炮眼孔的堵塞方式

（a）炮泥堵塞（浅眼或覆土爆破）；（b）加木楔堵塞（深孔爆破）；（c）成袋砂土石堵塞（硐室爆破）

1—木楔；2—炮泥；3—药包；4—成袋砂土石

11.1.2.3　装药系数与炮眼利用率

（1）装药系数。爆破工程中常采用装药系数这个术语。装药长度 L_1 与炮孔长度 L 的比值 Ψ 称为装药系数，其意义如图 11 - 3 所示。Ψ 可用式 11 - 1 表达：

$$\Psi = \frac{L_1}{L} \tag{11 - 1}$$

式中　Ψ——装药系数；

　　　L_1——装药部分的炮眼长度，m；

　　　L——炮眼总长度，m。

（2）炮眼利用率。爆破后炮眼长度的大部分被爆落，这部分称为炮眼的有效长度 L_2，而未爆落的那部分眼深称为残眼 L_3。由于岩石阻力与夹制力的存在，残眼是经常存在的，如图 11 - 3 所示。炮眼有效长度 L_2 与眼深 L 之比，称为炮眼利用率：

$$\eta = \frac{L - L_3}{L} = \frac{L_2}{L} \tag{11 - 2}$$

式中　η——炮眼利用率，%；

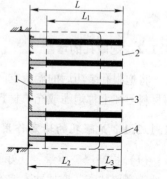

图 11 - 3　装药长度和残眼示意图

1—炮孔填塞部分；2—孔底平面；

3—爆破后新工作平面；4—炮孔装药部分

L ——炮眼的平均长度，m；

L_3 ——残眼的平均长度，m。

η 值高，说明可用较少炮眼总长获取较多的爆破方量或掘进进尺，故又可称 η 为爆破效率或掘进率。η 的高低主要取决于被爆岩体的可爆性和炮孔长度、所用炸药的性能及自由面情况等因素，目前生产中 η 值多为 70% ~ 80%。

（3）提高炮眼利用率的主要途径。

1）改善装药质量。改善装药质量的主要措施是：改进装药耦合条件，减少药包与孔壁间隙；保证药包直径大于炸药的临界直径，使装药密度达到最优值，改进目前生产中装药密度偏低的现象（美国矿务局的试验数据说明，将 60mm 直径的药包装入 80mm 直径的炮孔中，会使岩石受到的爆破应力值减弱 30%，可见爆能利用很不充分）；改善装药结构，如图 11 – 1 所示的空气间隔装药；保证掏槽眼的装药长度；改善药包防潮条件（如采用防水套或改用防水型炸药）；合理布置起爆药包位置，保证堵塞质量。

2）保证炮眼的数量和钻孔质量，使眼位、方向、孔距准确。

3）保证起爆顺序和准确的时间间隔。尽量采用导爆管起爆法或者电力起爆法等这一类延时精确的起爆方法。

11.2 井巷掘进爆破技术

井巷掘进是井下矿山生产中的必需作业，也是道路隧道掘进、水利水电工程中常见的作业，它主要包括平巷、斜井、天井、硐室和竖井的开凿。目前工程中主要用凿岩爆破方法来施工，其炮眼长度多为 2 ~ 4m、直径 30 ~ 46mm。

井巷掘进时，爆破条件往往很差，技术要求严格。技术上的特点是：爆破自由面少，一般只有一个，且多与炮孔方向垂直；自由面不大，炮眼密度较大，药量较多；但总的炮孔数不多，爆破网路较简单；炮孔间的排列必须妥善解决；巷道规格要求严格，既要防止超挖引起增大成本和破坏井巷稳定性，又要防止欠挖致使巷道过窄而无法使用，要求严格控制井巷轮廓。

浅眼爆破法虽然操作技术简单，但它的效果好坏直接影响到每一掘进循环的进尺、装岩和支护等工作能否顺利进行。因此，如何提高爆破效果和质量、不断改进爆破技术，对提高掘进速度，对地下矿山生产和其他井巷掘进具有重要意义。

通常对井巷掘进爆破的要求有：

（1）巷道断面规格、井巷掘进方向和坡度要符合设计要求；

（2）炮眼利用率要高，材料消耗少，成本低而掘进速度快；

（3）块度均匀，爆堆集中，以利提高装岩效率；

（4）爆破对井巷围岩震动和产生的裂隙少，周壁平整，以保证井巷稳定性，确保安全。

掘进爆破中需正确解决的技术问题是：确定爆破参数，选择炮眼排列方式，采用正确的控制轮廓措施，采取有效的施工安全措施。

11.2.1 井巷掘进时的炮眼排列

正确地布置工作面的炮眼是获得良好爆破效果的前提。

11.2.1.1 工作面炮眼的分类及作用

工作面上布置的炮眼按其作用不同可分为掏槽眼、辅助眼和周边眼。对于平巷和斜巷而言，周边眼又可分为顶眼、底眼和帮眼。各类炮眼的排列及其爆破崩落范围见图11-4。

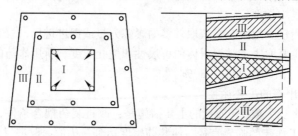

图11-4　各类炮眼的爆落范围

I—掏槽眼爆落范围；II—辅助眼爆落范围；III—周边眼爆落范围

掏槽眼的作用是将自由面上某一部位岩石首先掏出一个槽子，形成第二个自由面，为其余的炮眼爆破创造有利条件。掏槽眼的爆破比较困难（只有一个垂直炮眼的自由面），因此，在选择掏槽形式和位置时应尽量利用工作面上岩石的薄弱部位。为了提高爆破质量，充分发挥掏槽作用，掏槽眼应比其他炮眼加深10~15cm，装药量增加15%~20%。

辅助眼的作用是进一步扩大槽子体积和增大爆破量，并为周边眼爆破创造有利条件。

周边眼的作用是使爆破后的井巷断面规格和形状能达到设计的要求。周边眼的眼底一般不应超出巷道的轮廓线，但在坚硬难爆的岩石中可超出轮廓线10~20cm。这些炮眼应力求布置均匀以便充分利用炸药能量。辅助眼和周边眼的眼底都应落在同一个垂直于巷道轴线的平面上，尽量使爆破后新工作面平整。

根据岩石的可爆性不同，辅助眼间距一般可取0.4~0.8m，周边眼间距取0.5~1.0m，周边眼口距巷道轮廓线0.1~0.3m。

11.2.1.2　掏槽眼的形式及应用条件

根据巷道断面、岩石性质、凿岩机械和地质构造等条件，掏槽眼排列形式有很多种，归总起来又分成倾斜掏槽和垂直掏槽两大类。此外，还有两种相结合的混合式掏槽。

A　倾斜掏槽

倾斜掏槽的特点是，掏槽眼与自由面（即工作面）斜交。对每个掘进工作循环来说，倾斜掏槽眼的数目较少，掏槽眼爆破后，所形成的槽子内的碎石碴容易抛出。但是倾斜掏槽的应用受巷道宽度的限制，炮眼深度也受到限制。

倾斜掏槽有多种形式，掏槽形式的选择，主要决定于巷道断面、岩体性质和岩层条件。其基本形式有如下几种：

（1）V形或楔形掏槽。V形或楔形掏槽是倾斜掏槽最老的一种。每个V形包括一对两个眼底接近相会的炮眼，通常用2~4对炮眼。每对炮眼孔的眼底间距一般约为10cm，眼口距约为30~60cm，为了获得最大的循环进尺，V形的角度应当在巷道断面所允许的条件下尽量大些。在平巷中，V形或楔形掏槽又分为垂直楔形和水平楔形，见图11-5。除在特殊岩层条件下有时采用水

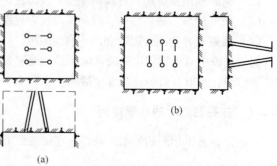

图11-5　楔形掏槽

(a) 垂直掏槽；(b) 水平掏槽

平楔形掏槽外，通常都采用垂直楔形掏槽，因其钻眼较容易。

楔形掏槽常用于中硬以上断面大于 $4m^2$ 的均质岩石巷道。槽形掏槽的主要参数可根据岩体的性质，参考表 11-1 选取。掏槽眼的装药系数一般取 0.7~0.8。

如果需要加深炮眼或在极难破碎的岩体中掏槽，可以用双重或三重 V 形炮眼（见图 11-14）。较小的掏槽炮眼称内掏槽眼，较大的掏槽炮眼称外掏槽眼。内掏槽眼的作用是给外掏槽眼爆破创造附加自由面，应最先起爆。V 形掏槽能将槽洞内碎岩石全部或部分抛出，形成有效自由面，为后继崩落眼创造有利的爆破条件。

表 11-1　倾斜掏槽的主要参数

岩石坚固性系数 f 值	掏槽眼间距/m		炮眼倾角/(°)		掏槽眼数/个
	楔 形	锥 形	楔 形	锥 形	
2~6	0.50	1.00	70	70	4
6~8	0.45	0.90	68	68	4~6
8~10	0.40	0.80	65	65	6
10~13	0.35	0.70	63	63	6
13~16	0.30	0.60	60	60	6
16~20		0.4~0.5		58	6

（2）单向掏槽。单向掏槽属于一种变形的 V 形掏槽，适用于软岩或工作面有明显层理、节理或裂隙面岩层，可利用这些弱面进行掏槽。根据这些弱面位置不同分为顶部掏槽、底部掏槽和侧向掏槽，见图 11-6。由于掏槽眼朝一个方向倾斜，眼底不会彼此相遇。单向掏槽要求仔细地凿岩，不要使炮孔与层理、裂隙面贯通。如果准确凿岩、装药和延期起爆，可获得较好的爆破效果，特别是当裂隙或夹层出现在巷道的底部或一侧时效果更好。这种掏槽方法适用于小断面平巷掘进。

（3）锥形掏槽。该掏槽方法的特点是各掏槽眼均以相等或近似相等的角度向中心倾斜，眼底趋于集中但相互不贯通，爆破后形成锥形槽子。掏槽眼数多为 3~6 个，常排成三角形、四角形或圆锥形等形式（见图 11-7），其中四角锥形使用较多。它适用于任何坚固性的岩石，

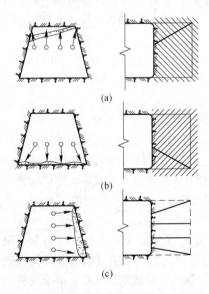

图 11-6　单向掏槽
(a) 顶部掏槽；(b) 底部掏槽；(c) 侧向掏槽

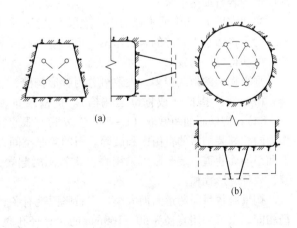

图 11-7　锥形掏槽
(a) 角锥形掏槽；(b) 圆锥形掏槽

掏槽效果好，且不易受层理、节理和裂隙的影响，但眼深受到巷道断面的限制，故多用于凿岩比较困难的断面大于 $4m^2$ 的平巷掏槽。圆锥形掏槽适用于圆形断面的井筒掘进。

锥形掏槽的参数视岩石块体的坚固性而定，一般参考表 11-1 选取。

倾斜掏槽的主要优点是：

（1）适用于任何岩石，并能获得较好效果。

（2）能将槽洞内的碎岩石全部或大部分抛出，形成有效自由面，为后继炮孔的爆破创造有利条件，掏槽面积较大，适用于较大断面的巷道。

（3）槽眼位置和倾角的精度对掏槽效果的影响不是很大。

倾斜掏槽的缺点是：

（1）钻眼方向难以掌握，要求钻工具有较熟练的技术水平，掏槽形式和参数也全凭经验。

（2）当巷道断面和炮眼深度变化时，必须相应修改掏槽爆破的几何参数，不可能设计出适用于任何断面和炮眼深度的标准掏槽方式。

（3）掏槽深度受巷道断面的限制，循环进尺同样受到限制。

（4）全断面巷道爆破下岩石的抛掷距离较大，爆堆分散，因此，除给清道和装岩造成困难外，还容易崩坏支护和设备。

B　垂直掏槽（或称直线掏槽）

垂直掏槽的特点是，所有掏槽眼都平行于平巷中心线（即垂直于工作面），钻凿炮眼的深度不受限制，所以它广泛地用于小断面巷道的掘进。

在垂直掏槽中，掏槽眼完全平行并在合理间距上是比较困难的，要求操作工有较高技术。掏槽炮眼一般靠近工作面中心，炮眼很密，爆破时容易产生带炮或拒爆，所以掏槽区留有残药的可能性是存在的，并且较难发现。钻凿时应严格清理工作面，交替变换每次爆破掏槽眼的位置。

垂直掏槽的结构取决于岩石的性质、炸药品种和炮眼直径。爆破时，一切岩石都具有随其块度而变化的碎胀性质。垂直掏槽的结构必须为这种岩石碎胀留出空间。一般第一批掏槽眼爆破最少需要有 15% 的空间，这对成功地破碎和清除槽子中的岩石是必不可少的。当然，碎胀系数随着岩石性质而变化。为岩石碎胀所提供的空间越大，炮眼组就越容易成功地将炮眼全部深度上的岩石崩落下来。

实践中用 1~2 个同直径的中心炮眼不装药，提供自由面和补偿空间，能获得明显效果。

为了将槽子中破碎的岩石抛出，可在空眼底部装填 1~2 个炸药卷，借助它的爆炸抛掷岩碴，可获得更好的效果。

垂直掏槽的形式很多，大致可分为缝形掏槽、桶形掏槽和螺旋掏槽三类：

（1）缝形掏槽（或称龟裂掏槽）。掏槽眼布置成一条直线，各眼的轴线相互平行（图 11-8a）；掏槽眼间距常取 (1-2) d （d 为空眼直径），空眼与装药眼的间距相同，利用空眼作为两相邻装药眼的自由面和破碎岩石的碎胀空间，这种方法适用于坚固或中等坚固的脆性岩石和小断面巷道。装药眼可采用瞬发雷管同时起爆，爆后掏出一条不太宽的槽子如同一条裂缝，故称缝形掏槽。

掏槽眼数目与巷道断面大小、岩石坚固性有关，常用 3~7 个。空眼直径可以与装药眼直径相同，也可采用直径为 50~100mm 的大直径孔眼。当岩石为单一均质时，通常将掏槽眼布置在工作面中部，有软夹层或接触带时，可利用它们进行掏槽，爆破效果更好。缝形掏槽由于体积较小，在许多矿山已被桶形掏槽所替代。

（2）桶形掏槽。又称角柱形掏槽，它的各掏槽眼（药眼与空眼）间互相平行又呈对称式排列。空眼直径与装药眼直径相同或采用较大直径（75～100mm）空眼以增大人工自由面，如图 11-8（b）和图 11-9 所示。大直径空孔人工自由面大，爆破效果好，但施工困难，需要用两种规格的凿岩设备，如果风压不够，凿岩速度慢。小直径孔眼则相反。这种掏槽方法在中硬岩石中应用效果好，桶形掏槽体积大、钻眼技术容易掌握，所以在现场应用普遍。工程实际施工中的工人和技术员创造出了许多高效的桶形掏槽变形方案，图 11-10 为可参考的几种方案。

（3）螺旋掏槽。它是由桶形掏槽演变而来的，其特点是各装药眼至空眼的距离依次递增呈螺旋线布置，并由近及远顺序起爆，故能充分利用自由面，扩大掏槽效果，其

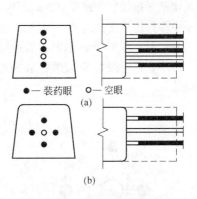

●—装药眼　○—空眼

图 11-8　缝形和桶形掏槽

（a）缝形掏槽；（b）桶形掏槽

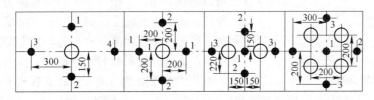

图 11-9　大直径空眼角柱形掏槽

●—装药眼；○—空眼；1，2，3，4—起爆顺序

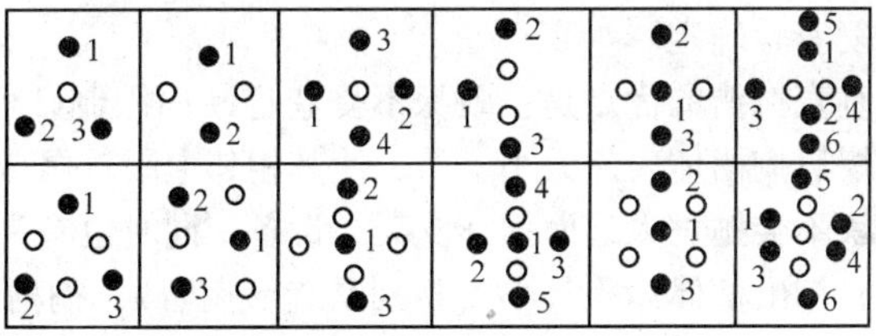

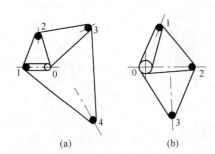

图 11-10　桶形掏槽的几种变形方案

●—装药眼；○—空眼；1，2，3……—起爆顺序

原理如图 11-11 所示。爆破后整个槽洞为非对称角柱体形，故也称为非对称角柱形掏槽。小直径空眼掏槽典型布置炮孔方案如图 11-12 所示。空眼数目根据岩石性质而定，一般用一个，

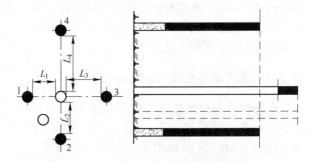

图 11-11　螺旋掏槽原理示意图

（a）小直径空眼；（b）大直径空眼

1，2，3，4—起爆顺序

图 11-12　小直径空眼螺旋掏槽原理图

L_1，L_2，L_3，L_4—装药眼至空眼的距离

遇到坚韧难爆、节理发育的岩石时，可增加 1～2 个，如图中虚线所示。螺旋掏槽爆破后，槽子中多存留压实的岩碴，因此，通常将空眼加深 300～500mm。并在眼底装少量炸药（200～300g）和充填 100mm 炮泥，紧接掏槽之后反向起爆，以利抛碴。

小直径空眼螺旋掏槽各装药眼距离按下式计算，岩石坚韧难爆时取上限值，易爆取下限值。

$$L_1 = (1～1.8)d; L_2 = (2.0～3.5)d$$
$$L_3 = (3.0～4.5)d; L_4 = (4.0～5.5)d \qquad (11-3)$$

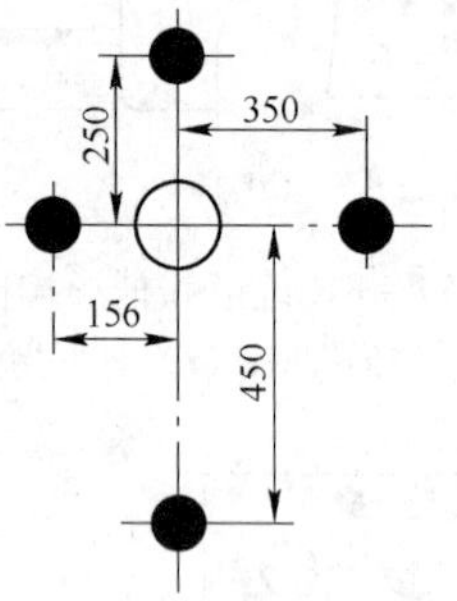

大直径空眼螺旋掏槽布眼尺寸如图 11-13 所示。

综上所述可看出，垂直掏槽的破岩不是以工作面为主要自由面，而是以空眼为主要自由面。装药眼起爆后，对空眼产生强烈挤压爆破作用，致使槽内岩石被破碎，然后借助爆生气体余能将已经破碎的岩石从槽内抛出，达到掏槽的目的。从这里可以明显看出，空眼一方面对爆炸应力和爆破方向起导向的作用，另一方面使受压碎的岩石有必要的碎胀补偿空间。因此，空眼在垂直掏槽中的作用是极其重要的。

图 11-13　大直径空眼
螺旋掏槽

实验资料表明，空眼数目、空眼直径及其与装药眼的间距，对垂直掏槽的爆破影响很大。垂直掏槽要获得良好的效果，必须使空眼与装药眼距离落在破碎区或压缩区内，否则将造成爆破效果不良。当空眼直径一定时，若眼距太大，爆破后就只产生塑性变形，即出现"冲炮"现象；若眼距过小，爆破时会将相邻炮眼中的炸药"挤死"，使之因密度过大而拒爆或者产生"带炮"。在不同的岩石中合理的眼距必须经反复实验确定。

与倾斜掏槽相比，垂直掏槽的优点是：眼深不受巷道断面限制，可进行较深炮孔的爆破，增大一个循环的进尺；爆后掏槽体内外大小一致，使其相邻炮眼首尾最小抵抗线近似相等，爆落岩石块度较均匀；岩块不会抛掷太远而损坏支架、设备，同时也有利于装岩。垂直掏槽的缺点是：掏槽眼数目较多，掏出槽体体积较小（特别是缝形掏槽），掏槽眼之间的平行度要求较高，凿岩较难控制。

C　混合掏槽

这种掏槽方式是指两种以上的掏槽方法在同一个工作面混合使用，主要是用于坚硬岩石或巷道掘进断面较大的条件下。如图 11-14 是混合掏槽的两种形式。在实践中可根据实际情况采用多种组合的混合掏槽方式。在特殊情况下，有时还需用药壶式的扩底掏槽。

11.2.2　掘进爆破参数的确定

掘进爆破参数指掘进爆破工作中的主要技术参数，包括炸药消耗量、炮眼直径、炮眼深度、炮眼数目、炮眼利用率、最小抵抗线等。爆破参数确定得合理与否，不仅直接关系到井

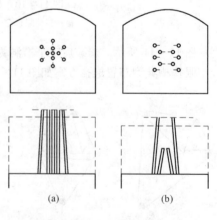

图 11-14　混合掏槽
（a）桶形和锥形；（b）复式楔形

巷掘进的速度和经济效果，而且对保证工作的安全有重要意义。下面阐述各参数意义和确定依据。

11.2.2.1 炮眼直径

炮眼直径的大小影响着炮眼数目、炸药单耗、凿岩工作劳动生产率、井巷轮廓的平整性等。增大孔径可使爆能相对集中，提高爆速和爆炸稳定性，但却使凿孔速度急剧下降。因凿岩速度与眼径平方成反比；孔径过大还会使破碎不均匀，块度质量差。

我国普遍采用标准药包 $\phi = 32mm$，眼径为 $38 \sim 42mm$，孔口处达 $44 \sim 48mm$。但生产实践中既有大于 $42mm$ 的，也用小于 $38mm$ 的，用 $25 \sim 28mm$ 的小直径的井巷掘进爆破还可取得光面效果。

为便于管理，一个工程爆破企业应使用统一的孔径，使购置设备或钎具及药包的工作简化。

11.2.2.2 炮眼深度

炮眼深度对掘进速度、炮眼利用率和掘进成本影响较大，同时也决定了循环时间和工作组织。目前国内外多采用的眼深为 $1.2 \sim 3.5m$（平巷）和 $1.5 \sim 2m$（天井），竖井则多用 $1.5 \sim 5m$。增大眼深可减少作业循环次数，提高纯作业时间，凿岩时效率下降，爆破时效果差（炮眼利用率低）。另外炮眼加深还受限于设备能力、工作组织等因素。我国目前井巷掘进多用 $1.5 \sim 2.5m$。

11.2.2.3 炸药消耗量

A 确定炸药单耗

常以爆下 $1m^3$ 岩石所得炸药量为指标，这称为炸药单耗 q，单位为 kg/m^3。q 值取决于岩性、巷道断面大小、眼深与眼径、药性、掘进方向等因素。当岩性坚硬、断面窄小、炸药爆力小时，q 值增大；向上掘天井时，因岩石自重向下，可使 q 减小；眼深及眼径对 q 的影响则较复杂，应具体分析。掘进爆破的单耗比起有两个以上自由面的采矿单耗要大 $3 \sim 4$ 倍。表 11-2、表 11-3、表 11-4 所示分别为竖井、平巷和天井掘进时的 q 值参考数据。选用时应结合实际情况进行试验确定 q 值，并应考虑炸药品种与表列不同时用表 11-5 所示的系数 e 修正。

表 11-2 竖井掘进炸药单耗 （kg/m^3）

掘进断面		岩石的坚固性系数 f 值			
形 状	面积/m^2	$4 \sim 6$	$8 \sim 10$	$12 \sim 14$	$15 \sim 20$
圆 形	< 16	1.26	2.10	2.62	2.79
	$16 \sim 24$	1.13	1.82	2.22	2.31
	$24 \sim 34$	0.99	1.61	2.01	2.25
	> 34	0.87	1.41	1.78	1.95
矩 形	< 7	1.61	2.27	2.82	3.34
	$7 \sim 12$	1.50	2.14	2.56	2.98
	$12 \sim 16$	1.38	2.00	2.40	2.80
	> 16	1.29	1.87	2.22	2.62

单耗 q 值过小则可能爆不下来，或会降低炮眼利用率，降低掘进速度；q 过大则浪费炸药，还可能炸塌板和支架，导致断面过大等事故，甚至还会挤死部分炮眼。

表 11 - 3　平巷掘进炸药单耗　　　　　　　　（kg/m³）

掘进断面	岩石的坚固性系数 f 值				掘进断面	岩石的坚固性系数 f 值			
	4 ~ 6	8 ~ 10	12 ~ 14	15 ~ 20		4 ~ 6	8 ~ 10	12 ~ 14	15 ~ 20
< 4	1.77	2.48	2.96	3.36	10 ~ 12	1.01	1.51	1.90	2.10
4 ~ 6	1.50	2.15	2.64	2.93	12 ~ 15	0.92	1.36	1.78	1.97
6 ~ 8	1.28	1.89	2.33	2.59	15 ~ 20	0.90	1.31	1.67	1.85
8 ~ 10	1.12	1.69	2.09	2.32	> 20	0.86	1.26	1.62	1.80

表 11 - 4　天井掘进炸药单耗　　　　　　　　（kg/m³）

掘进断面	岩石的坚固性系数 f 值		
	4 ~ 6	8 ~ 10	12 ~ 14
< 4	1.70	2.15	2.70
4 ~ 6	1.60	2.03	2.55
6 ~ 8	1.50	1.92	2.40

表 11 - 5　炸药换算系数 e 值

炸药名称	硝化甘油	铵梯炸药	煤矿铵梯	铵沥蜡	铵油炸药	备　注
以硝化甘油为基础的 e 值	1	1.2	1.4	1.25 ~ 1.35	1.3 ~ 1.4	可以炸药的爆力或猛
以铵梯炸药为基础的 e 值	0.83	1	1.2	1.05 ~ 1.1	1.1 ~ 1.2	度计算 e 值

B　计算总药量

根据 q 值和预计循环进尺，计算出每循环爆破所需总药量公式如下：

$$Q = SLq\eta \tag{11 - 4}$$

式中　Q ——每一循环所需炸药总量，kg；

　　　S ——井巷掘进断面面积，m²；

　　　L ——工作面上平均眼深，m；

　　　η ——炮眼利用率，一般为 70% ~ 90%。

11.2.2.4　眼数 N

从减少凿岩工作量来说，掘进工作面上所需的炮孔数目 N 值，显然应当愈少愈好，但应以能保证爆破效果为前提。眼数根据岩石性质、炸药性能、巷道断面形状和尺寸、自由面状况及装药条件等因素确定。通常可根据各炮眼平均分配炸药量（实际上是不平均的）来计算炮眼数。设每个炮眼的平均装药量为 Q_0，则

$$Q_0 = \frac{L}{h} G\psi \tag{11 - 5}$$

式中　L ——炮孔长度，m；

　　　h ——每个药卷的长度，m；

　　　G ——每个药卷的重量，kg；

　　　ψ ——装药系数，一般掏槽眼为 0.6 ~ 0.8，辅助眼和周边眼为 0.5 ~ 0.65。

则炮眼数目 N：

$$N = \frac{Q}{Q_0} \tag{11-6}$$

式中　Q——每个循环所需的炸药量，kg；

　　　Q_0——平均一个炮眼的装药量，kg。

以上计算出来的炮眼数不包括掏槽眼中的空眼。

生产中也可按表 11-6 的经验数值计算眼数。但最终炮眼数 N 值应根据实际情况进行调整，能使炮眼利用率达到 85% ~ 90% 以上才合理。

表 11-6　$1m^2$ 掘进工作面上所需的炮眼数 N 值

岩石坚固性系数	巷道断面积/m^2					
f 值	4	6	8	10	12	14
5	2.65	2.39	2.09	1.81	1.81	1.70
8	3.00	2.78	2.50	2.21	2.20	2.05
10	3.25	3.05	2.77	2.48	2.35	2.20
12	3.61	3.33	3.04	2.74	2.45	2.35
14	3.91	3.60	3.31	3.01	2.71	2.50
18	4.45	4.15	3.85	3.54	3.24	2.99

11.2.3　井巷掘进爆破说明书编写的内容

井巷掘进爆破说明书编写的内容有：

(1) 爆破作业的原始条件。包括井巷的用途、掘进井巷的种类、断面形状和尺寸、岩石的性质以及有无瓦斯等。

(2) 选用凿岩设备和爆破器材。包括凿岩机型号和工作面同时工作的台数、凿岩生产率、炸药品种、雷管的种类等。

(3) 确定凿岩爆破参数。包括炮眼直径、炮眼深度、炮眼数目、炸药单耗量、装药量等。

(4) 炮眼布置。包括掏槽眼、辅助眼和周边眼的数目，各炮眼的起爆顺序和炮眼布置三面投影图，各炮眼药量、装药结构和起爆药包位置及其草图。

(5) 预期爆破效果。炮眼用率、每一循环进尺、每循环炸药消耗量、每循环爆破实体岩石量、单位雷管消耗量、单位炮眼消耗量等。

(6) 作业循环图表。表 11-7 为掘进一断面为 2.5m×2m 的平巷作业循环图表，共布置20个炮孔，炮孔深2.2m，炮眼利用率为90%，岩石碎胀系数为1.25。

表 11-7　井巷掘进的作业循环图表

工序名称	工作量	效率	所用时间 /h	进度/h															
				0.5	1.0	1.5	2.0	2.5	3.0	3.5	4.0	4.5	5.0	5.5	6.0	6.5	7.0	7.5
准备工作			0.5																
凿　岩	44m	22m/h	2																
装药爆破			0.5																
通　风			0.5																
出　渣	1.5m³	5m³/h	2.5																
铺轨接线	2m		1.5																

11.3　地下采场浅眼爆破技术

　　井下浅眼落矿爆破是地下采矿场中崩落矿石的主要手段，主要用于采幅不宽、地质条件复杂或中厚以下矿体的分层回采。它与井巷掘进爆破相比，有两个以上的自由面和较大的爆破补偿空间，每次爆破炸药量大，起爆网路复杂，炸药单耗低。通常要求崩矿爆破作业安全，每米炮孔崩矿量大，大块少以及采矿贫化率和损失率低，材料消耗少。

11.3.1　采场浅眼爆破的炮眼排列

　　炮眼排列原则是：尽量使炮眼排距等于最小抵抗线 W；排与排之间尽量错开使其分布均匀，让每孔负担的破岩范围近似相等，以减少大块；多用水平或上向孔，以便凿岩；炮孔方向尽量与自由面平行。

　　图 11 - 15 为典型的采场炮眼排列。图 11 - 16 所示为平行排列、之字形排列和梅花形排列。

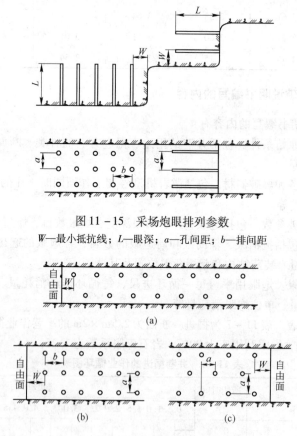

图 11 - 15　采场炮眼排列参数
W—最小抵抗线；L—眼深；a—孔间距；b—排间距

(a)

(b)　　　　　　　　　　　　(c)

图 11 - 16　采场炮眼排列的三种方式
（a）之字形排列；（b）平行排列；（c）梅花形排列

11.3.2　采场浅眼爆破参数

　　浅眼爆破参数选取较简单，眼深、眼径等参数对爆破效果的影响与掘进时无异，但是眼数的多少，取决于工作面的形式和长度及矿石的性质。布置炮眼的时候，应尽力使炮眼排列均匀。

据我国地下矿山采场爆破经验，欲取得好效果，应满足以下关系式：

眼深 $L = 1.2 \sim 2.5$；最小抵抗线 $W = (0.35 \sim 0.6) L$

眼距 $a = (1 \sim 1.5) W$。最小抵抗线的大小，根据孔径 d 来计算：

$$W = (25 \sim 30) d \tag{11-7}$$

炮眼的排数与每排的孔数，取决于采幅宽度和一次爆破量。

炸药单耗 q 比井巷掘进小得多，表 11-8 为两个自由面条件下硝铵类炸药的单耗值。

表 11-8 采场浅眼爆破炸药单耗 q

岩石坚固性系数 f 值	< 8	8 ~ 10	10 ~ 15
炸药单耗/kg·m⁻³	$0.26 \sim 1.0$	$1.0 \sim 1.6$	$1.6 \sim 2.6$

注：表中的炸药单耗是使用硝铵炸药的数值。

采场一次爆破所需炸药量与采矿方法、矿体赋存条件、爆破范围和矿体的可爆破性有关。实践中可根据一次爆破矿石的原体积按下式估算：

$$Q = qmL_{cp}H\eta \tag{11-8}$$

式中　q——炸药单耗，kg/m^3；

m——一次崩矿长度，m；

H——矿体厚度，m；

L_{cp}——炮孔平均深度，m；

η——炮眼利用率，%。

采场浅眼爆破起爆操作与掘进时基本相同，主要问题在于合理安排起爆顺序。起爆顺序安排应遵循的原则是：近自由面处先爆，远自由面处后爆；每段雷管做好只起爆一排炮眼。

本章学习笔记：

(1) 浅眼爆破，是小规模、多循环的爆破。其炮眼布置的方式、起爆顺序是爆破设计内容。

(2) 井巷掘进的炮孔布置方式分为掏槽眼、辅助眼和周边眼；起爆应按先后顺序进行。

(3) 根据掏槽方式的不同，可分为垂直掏槽和倾斜掏槽两类。垂直掏槽又包括缝形掏槽、桶形掏槽和螺旋掏槽；倾斜掏槽又分为 V 形掏槽、单向掏槽和锥形掏槽。

(4) 地下采矿场的炮孔布置方式可分为之字形排列、平行排列和梅花形排列。

(5) 浅眼爆破的参数有炸药消耗量、炮眼直径、炮眼深度、孔间距、排间距、炮眼数目、炮眼利用率、最小抵抗线等。生产实践中，应结合井巷掘进或矿石开采实际情况确定。

(6) 爆破作业循环图表，是反映工程爆破现场作业各工序之间的施工组织的常用图表。

复习思考题

11-1　工程爆破中的炮孔装药后为什么要堵塞，堵塞有哪些方式？

11-2　装药系数和炮眼利用率（爆破效率）分别表示什么意思？

11-3　井巷掘进中的炮孔布置按作用分为几种，各起什么作用？

11-4　常见掏槽方式有哪些，垂直掏槽和倾斜掏槽各有什么特点？

11-5　井巷掘进和采矿场浅眼孔爆破的炸药消耗量是如何计算的？

11-6　井巷掘进和采场浅眼崩矿的爆破设计施工有何差异，为什么？

12 地下深孔爆破

本章提要：地下深孔爆破一般应用于金属矿床地下开采，也可用于一次成井，是一种规模大、效率高的爆破方法。其炮孔布置形式的选择、爆破参数的确定是重点。深孔布置设计和深孔爆破设计是深孔爆破在地下矿山的具体应用。在工程实践中，要注意理解这些内容，并在地下开采中结合采矿方法灵活应用；同时应掌握用地下深孔爆破法来掘进天井的技术要点。

事实上，深孔爆破是相对于浅眼爆破的一种炮孔爆破方法。一般指炮孔直径大于50mm、孔深超过5m的炮孔爆破方法。国内深孔爆破时，对于孔径50～75mm、孔深5～15m的炮孔，一般采用接杆凿岩机钻孔；对于孔径大于75mm、孔深为15m以上的炮孔，一般采用潜孔钻机或牙轮钻机钻孔。每个炮孔装药量较大，多个炮孔一次起爆，爆破规模比较大。

地下矿山，广泛用深孔爆破来进行大规模采矿和天井掘进。

深孔爆破与浅眼爆破相比，具有以下优点：

（1）一次爆破量大，可大量采掘矿石或快速成井；

（2）炸药单能低，爆破次数少，劳动生产率高；

（3）爆破工作集中便于管理，安全性好；

（4）工程速度快，有利于缩短工期，对于矿山而言，有利于地压管理和提高回采强度。

深孔爆破的缺点是：

（1）需要专门的钻孔设备，并对钻孔工作面有一定的要求；

（2）对钻孔技术要求较高，若控制不好，容易出现超挖和欠挖现象；

（3）由于炸药相对集中，块度不均匀，大块率较高，二次破碎工作量较大。

本章讲述地下采场深孔崩矿爆破和深孔掘进天井爆破。主要内容有炮孔排列和爆破参数、深孔设计施工和验收、爆破设计施工及用深孔爆破法掘进天井的技术知识。

12.1 深孔排列和爆破参数

深孔排列形式和爆破参数的确定，是地下矿山回采设计工作中的一项重要内容，也是爆破设计不能少的原始资料，选择恰当与否将直接影响到回采的指标和爆破效果。选择的基本原则是根据矿体的轮廓、所使用的采矿方法、采场结构和采准切割布置等条件，将炸药均匀地分布在所需要崩落范围的矿体内，使爆破后的矿石能完全崩落下来，尽量减少矿石的损失和贫化，而且还要求矿石破碎要均匀，粉矿和大块少，崩矿效率高，回采成本低。

12.1.1 深孔排列形式

根据炮孔之间的空间位置和方向不同，深孔排列方式可分为平行孔、扇形孔和束状孔，束状孔用得较少。根据炮孔的方向不同，又可分为上向孔、下向孔和水平孔三种。这些孔的现场布置情况可见图12－1～图12－3。

扇形排列与平行排列相比较，其优点是：

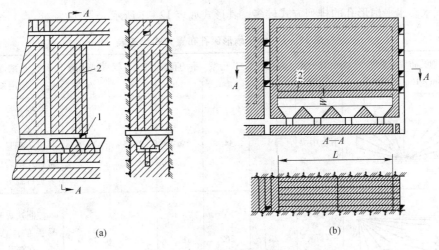

图 12-1　平行深孔崩矿

（a）上向平行深孔崩矿；（b）水平平行深孔崩矿

1—凿岩巷道；2—深孔

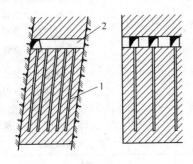

图 12-2　下向平行深孔崩矿

1—深孔；2—穿脉凿岩巷道

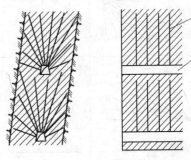

图 12-3　上向扇形深孔崩矿

1—深孔；2—沿脉凿岩巷道

（1）每凿完一排炮孔才移动一次凿岩设备，辅助时间相对较少，可提高凿岩效率；

（2）对不规则矿体布置深孔十分灵活；

（3）所需凿岩巷道少，准备时间短；

（4）装药和爆破作业集中，节省时间，在巷道中作业条件好和比较安全。

其缺点是：

（1）炸药在矿体内分布不均匀，孔口密，孔底稀，爆落的矿石块度不均匀；

（2）每米炮孔崩矿量少。

平行排列的优缺点与扇形排列相反。

从比较中可以看出，扇形排列的优点突出，特别是凿岩的井巷工作量少，凿岩辅助时间少，因而广泛应用于生产实际中。平行排列只在开采坚硬规则的厚大矿体时才采用，一般很少使用。

根据我国地下冶金矿山的实际，下面仅就扇形深孔中的水平扇形、垂直扇形和倾斜扇形排列分别进行介绍。

12.1.1.1　水平扇形深孔

水平扇形深孔排列多为近似水平，一般向上成 3°~5° 倾角，以利于排除凿岩产生的岩浆或孔内积水。水平扇形孔的排列方式较多,其形式如表 12-1 所示。

表 12-1 水平扇形深孔布置方式比较表

编号	炮孔布置示意图 (40m×16m 标准矿块)	凿岩天井 位置	炮孔数 /个	总孔深 /m	平均孔深 /m	最大孔深 /m	每米崩矿 /m³	优缺点和 应用条件
1		下盘中央	18	345	19.2	24.5	15.5	总炮孔深小(凿岩天井或凿岩硐室),掘进工程量小。可用接杆式凿岩或潜孔凿岩进行施工
2		对角	20	362	18.1	22.5	14.9	控制边界整齐,不易丢矿,总炮孔深小。在深孔崩矿中多使用
3		对角	18	342	19.0	38.0	15.7	控制边界尚好,但单孔太长,交错处邻孔易炸透。使用于潜孔凿岩崩矿爆破
4		一角	13	348	26.8	41.5	15.5	掘进工程量小,凿岩机移动少;但大块率高,单孔长度过大。用于潜孔凿岩深孔爆破崩矿
5		矿块中央	24	453	18.9	21.5	11.9	总炮孔深,难控制边界,易丢矿。分次崩矿对天井维护困难。多用矿体稳固的接杆凿岩崩矿
6		中央两侧	44	396	9.0	12.0	13.6	大块率低,凿岩面多,施工灵活,但难以控制边界。用于矿体稳固时的接杆凿岩深孔崩矿

具体的选择应用需结合矿体的赋存条件、采矿方法、采场结构、矿岩的稳固性和凿岩设备等情况来具体确定。水平扇形炮孔的作业地点可设在凿岩天井或凿岩硐室中。前者掘进工作量少,但作业条件相对较差,每次爆破后维护工作量大;后者则相反。接杆式凿岩所需空间小,多用于钻凿天井;而潜孔凿岩所需的空间大,常用凿岩硐室。用凿岩硐室凿岩时,上下硐室要尽量错开布置,避免硐室之间由于垂直距离太小而影响硐室稳定性,引发意外事故。

12.1.1.2 垂直扇形排列

垂直扇形排列的排面,为垂直或近似垂直。按深孔的方向不同,又可分为上向扇形和下向扇形。垂直上向扇形与下向扇形相比较，其优点是：

（1）适用于各种机械进行凿岩，而垂直下向扇形只能用潜孔钻或地质钻机凿岩。

（2）岩浆容易从孔口排出；凿岩效率高。

其主要缺点是：

（1）钻具磨损大；排岩浆过程中水和岩浆易灌入电动机（对潜孔而言），工人作业环境差。

（2）当炮孔钻凿到一定深度时，随孔深增加，钻具的重量也随之加大，凿岩效率有所下降。

垂直下向扇形炮孔排列的优缺点正好相反。由于垂直下向扇形深孔钻凿时存在排岩浆比较困难等问题，它仅用于局部矿体和矿柱的回采。生产上广泛应用的是垂直上向深孔。垂直上向扇形深孔的作业地点是在凿岩巷道中，当矿体较小时，一般将凿岩巷道掘在矿体与下盘围岩交界处；当矿体厚度较大时，一般将凿岩巷道布置于矿体中间。

12.1.1.3　倾斜扇形排列

倾斜扇形深孔排列，目前应用有限，国内有些矿山用于无底柱崩落采矿法的崩矿爆破中，如图 12 - 4（a）所示。用倾斜扇形深孔崩矿的目的，是为了放矿时椭球体发育良好，避免覆盖岩石过早混入，从而减少贫化和损失。

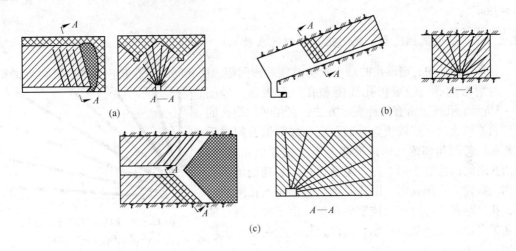

图 12 - 4　扇形深孔爆破

（a）无底柱分段崩落法倾斜扇形炮孔；（b）爆力运搬倾斜扇形炮孔；（c）侧向倾斜扇形炮孔

有的矿山矿体倾角为 40° ~ 45°，这种倾角矿体崩下的矿石容易发生滚动，不宜使用机械运搬，否则作业不安全。此时可使用倾斜的扇形深孔进行爆破，利用炸药爆炸的一部分能量，可将矿石直接抛入受矿漏斗，如图 12 - 4（b）所示，实现爆力运搬。

国外一些矿山，采用侧向倾斜扇形深孔进行崩矿（如图 12 - 4c 所示），可增大自由面，是垂直扇形深孔爆破自由面的 1.5 ~ 2.5 倍，爆破效果好，大块率可减少到 3% ~ 7%，特别是对边界复杂的矿体，可降低矿石的损失和贫化，被认为是扇形深孔排列中比较理想的排列方式。

12.1.2　深孔爆破参数的确定

深孔爆破参数包括孔径、孔深、最小抵抗线、孔间距和炸药单耗等。

12.1.2.1　炮孔直径

我国冶金矿山采用接杆式钻机凿岩时，孔径取决于钎杆连接套筒的直径和必需的装药体积，炮孔直径为50~75mm，以55~65mm较多；采用潜孔钻机凿岩时，因受冲击器直径的限制，炮孔直径较大，常用80~120mm，但以95~105mm较多。

12.1.2.2　炮孔深度

炮孔深度对凿岩速度、采准工作量、爆破效果均有较大影响。一般说来，随着孔深的增加，凿岩速度会下降，凿岩机的台班效率也会随之下降。例如，某铜矿用BBC-120F凿岩机进行凿岩，据现场测定，当孔深在6m以内时，台班效率为53m/(台·班)；当孔深在20.8m时，台班效率就降为32m/(台·班)。同时深孔倾斜率增大，施工质量变差。

孔深过大，会增加上向炮孔装药的困难，孔底距也随孔深的增大而增大，爆破破碎质量降低，甚至爆后产生护顶，矿石损失率增大。但是随着孔深的增大，崩矿范围加大，一定程度上可减少采准工作量。

合理的孔深主要取决于凿岩机的类型、采矿方法、采场结构尺寸等。通常从凿岩机选型方面来考虑，用YG-80、YG-90和BBC-J20F凿岩机时，孔深一般以10~15m为宜，最大不超过18m；若使用YQ-100潜孔钻机，孔深一般以10~20m为最佳，最大不超过25~30m。

12.1.2.3　最小抵抗线 *W*、孔间距 *a* 和邻近系数 *m*

在采场崩矿中，扇形孔的最小抵抗线就是排间距，而孔间距是指排内相邻炮孔之间的距离。对扇形炮孔，一般用孔底距和孔口距表示，如图12-5所示。孔底距常有两种表示方法：当相邻两炮孔的深度相差较大时，指较浅炮孔的孔底与较深炮孔间的垂直距离；若两相邻炮孔的深度相差不大或近似相等时，用两孔底间的连线表示。孔口距是指孔口装药处的垂直距离。布置扇形深孔时，用孔底距控制排面上孔网的密度，孔口距在装药时用于控制装药量。由于每个炮孔的装药量多用装药系数来控制，所以，孔口距在生产上不常用。

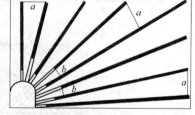

图12-5　扇形深孔的孔间距
a—孔底距；*b*—孔口距

炮孔的邻近系数又称炮孔密集系数，是孔底距与最小抵抗线的比值，即：

$$m = \frac{a}{W} \tag{12-1}$$

式中　　*m*——邻近系数；

　　　　a——孔底距，m；

　　　　W——最小抵抗线，m。

a、*m*、*W* 三个参数直接决定着深孔的孔网密度。其中，最小抵抗线反映了排孔之间的密度，孔底距反映了排内深孔的孔网密度，而邻近系数则反映了它们之间的相互关系。

a、*m*、*W* 三个参数的选择是否正确，直接关系到矿石破碎质量、每米炮孔崩矿量、凿岩和出矿的劳动效率、二次破碎率、爆破材料消耗量、矿石的贫化损失等经济技术指标。如果最小抵抗线或孔间距过大，爆破一次单位耗药量虽然降低，每米炮孔崩矿量增大；但孔网过稀，

爆破质量变差，会大块增多，二次破碎耗药量增大，出矿效率降低，出矿时还会导致大块经常堵塞漏斗，若处理不当易引起安全事故发生。如果是崩落采矿法，深孔爆破后在围岩覆盖下进行放矿，大块堵塞放矿口会造成采场各漏斗不能均衡放矿，损失率和贫化率会增大。相反，若最小抵抗线或孔间距过小，即孔网过密，则凿岩工作量增加，每米炮孔崩矿量降低，爆破一次炸药消耗增大，成本也增高。若矿体没有节理裂隙，爆破后会造成矿石的过粉碎，增加粉矿损失和品位降低。如果最小抵抗线过大，孔间距过小，即排间孔网过稀，排内孔网过密，同时若矿体节理裂隙比较发育，则爆破破裂面首先沿排面发生，使爆破分层的矿石沿排面崩落下来，分层本身未能得到有效的破碎，反而增加大块的产生。若最小抵抗线过小，前排爆破有可能将后排炮孔破坏或带掉起爆药包，这样也会产生过多的大块。由此可见，选择 a、m、W 要根据矿石性质全面考虑上述因素，才能使崩矿指标最佳。

（1）邻近系数 m 值的确定。目前各冶金矿山根据各自的实际条件和经验来确定。综合各矿的经验，大致是平行炮孔的邻近系数 $m=0.8\sim1.1$，以 $0.9\sim1.1$ 较多；扇形炮孔，孔底距邻近系数为 $m=1.0\sim2$。有些矿山采用小抵抗线大孔底距，前后排炮孔错开布置，如图 12-6 所示，邻近系数取 $m=2.0\sim3.0$，取得了较好的效果。

（2）最小抵抗线的确定。根据深孔排列形式的不同，最小抵抗线的确定方法有以下几种：

1）平行排列炮孔时，最小抵抗线可以根据一个炮孔能爆下一定体积矿石所需的炸药量 Q 与该孔实际能装炸药量 Q' 相等的原则进行推导，一个深孔需要的炸药量（kg）为：

$$Q = WaLq = W^2mLq \qquad (12-2)$$

式中　W——最小抵抗线，m；

　　　m——炮孔邻近系数；

　　　L——孔深，m；

　　　q——炸药单耗，kg/m^3。

一个深孔实际能装炸药量（kg）为：

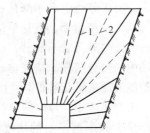

图 12-6　深孔排间错开布置
1—前排炮孔；2—后排炮孔

$$Q' = \frac{1}{4}\pi d^2 \Delta\psi \qquad (12-3)$$

式中　d——炮孔直径，mm；

　　　Δ——装药密度，kg/cm^3；

　　　ψ——炮孔装药系数，$\psi=0.7\sim0.85$。

显然代入并项得

$$W = d\sqrt{\frac{7.85\Delta\psi}{mq}} \qquad (12-4)$$

2）扇形排列最小抵抗线的确定，也可用式 12-4 计算，但应将式中的两系数改为平均值。

还可以根据最小抵抗线和孔径值选取。由式 12-4 可知，当单位耗药量 q 和邻近系数 m 为一定值时，最小抵抗线 W 和孔径 d 成正比。实践证明 W 与 d 的比值，大致在下列范围：

坚硬的矿石　　　　　　　　　　$W=(23\sim30)d$ $\qquad (12-5)$

中硬的矿石　　　　　　　　　　$W=(30\sim35)d$ $\qquad (12-6)$

较软的矿石　　　　　　　　　　$W=(35\sim40)d$ $\qquad (12-7)$

3）最小抵抗线可以从一些矿山的实际资料中参考选取。目前，矿山采用的最小抵抗线，大致数值如表 12-2 所示。

表 12 - 2　　W 与 d 的关系对应表

d/mm	W/m	d/mm	W/m
50 ~ 60	1.2 ~ 1.6	70 ~ 80	1.8 ~ 2.5
60 ~ 70	1.5 ~ 2.0	90 ~ 120	2.5 ~ 4.0

以上三种方法，后两种采用较多。也可采用相互比较确定，但不论用哪种方法所确定的最小抵抗线都是初步的，需要在实践中不断加以修正。

（3）孔间距的确定。根据 $a = mW$ 计算确定。

12.1.2.4　单位耗药量

如果其他参数一定时，单位耗药量的大小直接影响矿石的爆破质量。单位耗药量与大块产出率的关系如图 12 - 7 所示。

实际资料表明，炸药单耗过小，虽然深孔的钻凿量减少，然而大块产出率增多，二次破碎炸药量增高，出矿劳动生产率降低；增大单位耗药量，虽能降低大块产出率，但是单位炸药量增大到一定值时，大块率降低就不显著，反而会出现崩下矿石在采场内的过分挤压，造成出矿困难，这是因为过多炸药能消耗在矿石抛掷作用上了。

由上述可知，合理的单位炸药消耗量应使凿岩工作量少和崩落矿石的块度均匀，大块产出率低，损失贫化减少。表 12 - 3 列出了我国部分矿山地下深孔爆破参数，可供参考。

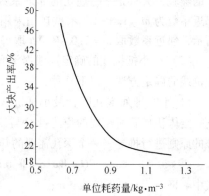

图 12 - 7　炸药单能与大块产出率的关系

表 12 - 3　我国部分矿山地下深孔爆破参数

矿山名称	矿石坚固性系数 f	炮孔排列形式	最小抵抗线/m	炮孔直径/mm	孔底距/m	孔深/m	一次炸药单耗/kg·t^{-1}
松树脚锡矿	10 ~ 12	上向垂直扇形	1.3	50 ~ 54	1.3 ~ 1.5	< 12	0.245
河北铜矿	8 ~ 14	水平扇形	2.5	110	3.0	< 30	0.44
胡家峪铜矿	8 ~ 10	上向垂直扇形	1.8 ~ 2.0	65 ~ 72	1.2 ~ 2.2	12 ~ 15	0.35 ~ 0.40
狮子山铜矿	12 ~ 14	上向垂直扇形	2.0 ~ 2.2	90 ~ 110	2.5	10 ~ 15	0.40 ~ 0.45
筻子沟铜矿	8 ~ 12	上向垂直扇形	1.8 ~ 2.0	65 ~ 72	1.8 ~ 2.0	< 15	0.442
易门风山矿	6 ~ 8	水平扇形或结状孔	2.5 ~ 3.5	105 ~ 110	水平 3 ~ 3.5 束状 4 ~ 4.5	< 30	0.45
程潮铁矿	3	上向垂直扇形	1.5 ~ 2.5	56	1.2 ~ 1.5	12	0.216
青城子铅矿	8 ~ 10	倾斜扇形	1.5	65 ~ 70	1.5 ~ 1.8	4 ~ 12	0.25
大庙铁矿	9 ~ 13	上向垂直扇形	1.5	57	1.0 ~ 1.6	< 15	0.25
易门狮山矿	4 ~ 6	水平扇形束状	3.2 ~ 3.5	105	3.3 ~ 4.0	5 ~ 20	0.25
金岭铁矿	8 ~ 12	上向垂直扇形	1.5	60	2.0	8 ~ 10	0.16
红透山铜矿	8 ~ 10	水平扇形	1.4 ~ 1.6	50 ~ 60	1.6 ~ 2.2	6 ~ 8	0.18 ~ 0.20
杨家杖子矿	10 ~ 12	上向垂直扇形	3.0 ~ 3.5	95 ~ 105	3.0 ~ 4.0	12 ~ 30	0.30 ~ 0.40

12.2　深孔布置与爆破设计

12.2.1　深孔的布置设计要求

深孔的布置设计，是回采工艺中的重要环节，合理的深孔布置应该是：

（1）炮孔能有效控制矿体边界，尽可能使采矿过程中的矿石损失和贫化率低；

（2）炮孔布置均匀，有合理的密度和深度，使爆下矿石的大块率符合要求；

（3）炮孔的钻凿效率要高，材料消耗少，施工方便，作业安全。

12.2.2　布孔设计的基础资料

布孔设计的基础资料有：

（1）采场实测图。图中应标有凿岩巷道或硐室的相对位置、规格尺寸、补偿空间大小和位置，以及矿体的边界线、简单的地质说明、原拟定的爆破顺序和相邻采场的情况。

（2）矿山现有的凿岩机具、型号及性能等。

12.2.3　布孔设计的基本内容

目前我国矿山布孔设计内容不完全一致，但基本要求是相同的，一般包括下列内容：

（1）选择凿岩参数。在采矿设计图上确定炮孔的排位和排数，并按炮位作出剖视图。

（2）在凿岩巷道或硐室剖视图中，确定支机点和机高，并在平面图上标出支机点坐标。

（3）在剖视图上作出各排炮孔（扇形排列炮孔时，机高点是一排炮孔的放射点），即将所确定的孔间距、各深孔编号、测量各孔的深度和倾角标在施工设计指导图表中。

12.2.4　布孔设计的方法和步骤

布孔设计的方法与步骤用实例说明。如图 12 – 8 所示：一有底柱分段凿岩阶段矿房采矿法采场，切割槽布置于采场中央，用 YG – 80 型凿岩机钻凿上向垂直扇形炮孔；分段巷道断面 $2m \times 2m$。爆破顺序由中央切割槽向两侧顺序起爆。矿石坚硬稳固，$f = 12$，可爆性差。试作采场炮孔设计。

（1）参数选择。这一步与前面 12.1.2 节相同。这里根据实际情况选择如下：

1）炮孔直径。$D = 65mm$。

2）最小抵抗线。$W = (23 \sim 30) d = 1.5 \sim 2.0m$，因矿石坚硬稳固，取 $W = 1.5m$。

3）孔底距。在本采场采用上向垂直扇形炮孔，用孔底距表示炮孔的密集程度。

因为炮孔的直径是 65mm，在排面上将炮孔布置稀一些，但考虑到降低大块的产生，将前后各排炮孔错开布置。取邻近系数 $m = 1.35$，所以，孔底距 $a = mW = 1.35 \times 1.5 = 2m$。

4）决定炮孔的排数和排位。即按最小抵抗线 $W = 1.5m$，在分段巷道 2480、2470 和 2460 中定炮孔的排数和排位，并标在图上。

（2）按所定排位，作出各排剖视图。作出切割槽右侧的第一排位的剖视图，并标出有关分段凿岩巷道的相对位置，见图 12 – 9。

（3）在剖视图的巷道中定支机点。为操作方便，机高取 1.2m；支机点设在巷道中心线上。

（4）根据巷道中的测点标出支机点坐标。例如 B、C、D 点的坐标，推算出各分段巷道中的支机点 K_1、K_2、K_3 的坐标。

具体做法如图 12 – 10 所示。

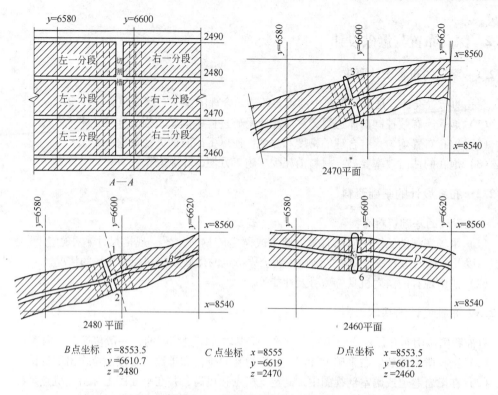

图 12 - 8　分段采矿法采场实测图

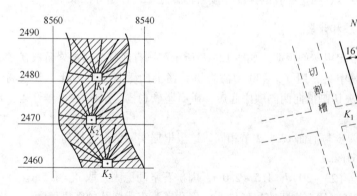

图 12 - 9　右侧第一排剖视图的炮孔布置　　　图 12 - 10　支机点坐标推算示意图

1）连接 BK_1 线段；

2）过 B 点作直角坐标，用量角器量得 BK_1 的象限角 $\alpha = 12°$；$BK_1 = 13\mathrm{m}$；

3）推算得 K_1 点的坐标为：

$$x_{K_1} = x_B - \Delta x = x_B - 13\sin 12°$$
$$= 8553.5 - 2.7 = 8550.8$$
$$y_{K_1} = y_B - \Delta y = y_B - 13\cos 12° = 6610.7 - 12.7 = 6598$$
$$z_{K_1} = 2480 + 1.2 = 2481.2$$

同理，可求得所有支机点的坐标。为便于测量人员复核，将计算结果列在坐标换算表，其格式见表 12 - 4。

表 12-4 坐标换算表

点 号	已知测点坐标			坐标增量			K 点坐标		
	x	y	z	Δx	Δy	Δz	x	y	z
$B-K_1$	8553.5	6610.7	2480	-2.73	-12.74	1.2	8550.8	6598	2481.2
$C-K_2$	8555.0	6618.5	2470						
$D-K_3$	8553.5	6612.2	2460						

（5）计算扇形孔排面方位。由图 12-10 可知炮孔排面线与正北方向的交角偏西 16°，扇形孔方向是 N16°W，方位角是 344°。

（6）绘制炮孔布置图。在剖视图上，以支机点为放射点，取 $\alpha=2m$ 为孔底距，从左至右或从右至左画出排面上所有炮孔，如图 12-11 所示。

布置炮孔时，先布置控制爆破规模和轮廓炮孔，如 1 号、7 号、4 号、10 号孔，然后根据孔底距，适当布置其余炮孔。上盘或较深的炮孔，孔底距可稍大些；下盘炮孔或较浅的炮孔，孔底距应小些；若炮孔底部有采空区、巷道或硐室，不能凿穿应留 0.8~1.2m 距离。在可爆性差或围岩有矿化的矿体中，孔底应超出矿体轮廓线外 0.4~0.6m，以减少矿石的损失；为使凿岩过程中排粉通畅，边孔不能水平，应有一定的仰角：一般孔深在 8m 以下时，仰角取 3°~5°，孔深在 8m 以上时，仰角取 5°~7°。

全排炮孔绘制完后，再根据其稀密程度和死角，对炮孔之间的距离加以调整，并适当增减孔数。最后，按顺序将炮孔编号，量出各孔的倾角和深度。

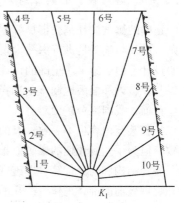

图 12-11 深孔布置图

（7）编制炮孔设计卡片。内容包括分段（层）名称、排号、孔号、机高、方向角、方位角、倾角和孔深等，如表 12-5 为第一分段第一分层右侧每一排炮孔的设计卡片。

表 12-5 炮孔设计卡片

分 段	排 号	孔 号	机 高	方向角	方位角	倾 角	孔深/m	说 明
第一分段	右侧第一排	1 号	2480+1.2	N16°W	3440	8°	6.0	
		2 号	2480+1.2	N16°W	3440	25°	6.5	
		3 号	2480+1.2	N16°W	3440	46°	7.9	
		4 号	2480+1.2	N16°W	3440	79°	11:5	
		5 号	2480+1.2	N16°W	3440	85°	10.7	
		6 号	2480+1.2	N16°W	3440	104°	10.5	
		7 号	2480+1.2	N16°W	3440	126°	10.9	
		8 号	2480+1.2	N16°W	3440	138°	9.4	
		9 号	2480+1.2	N16°W	3440	150°	8.3	
		10 号	2480+1.2	N16°W	3440	175°	6.2	

（8）炮孔的施工和验收。炮孔设计完成后开施工单，交测量人员现场标设。施工人员根据施工单进行炮孔施工。要求边施工，边验收，这样才能及时发现差错并及时纠正。

验收的内容包括炮孔的方向、倾角、孔位和孔深。方向和倾角用深孔测角仪或罗盘测量，孔深用节长为1m的木制或金属制成的折尺测量。测量时，对炮孔的允许误差各个矿山不同，如某矿对垂直扇形深孔的施工误差允许±1°（排面）、倾角±1°、孔深±0.5m。验收的结果要填入验收单，对于孔内出现的异常现象（如偏离、堵孔、透孔、深度不足等），均要标注清楚。根据这些标准和实测结果要计算炮孔合格率（指合格炮孔占总炮孔的百分比）和成孔率（指实际钻凿炮孔数占设计炮孔总数的百分比），一般要求两者均应合格。验收完毕后，要根据结果绘成实测图，填写表格，作为爆破设计、计算采出矿量和损失贫化等指标的依据和重要资料。

12.2.5 深孔爆破设计

12.2.5.1 爆破设计的内容与要求

正确的爆破设计是获得良好爆破效果的重要保证，它必须符合绝对安全、可靠而又经济的原则。设计与施工是进行深孔大爆破的两个方面，要想使深孔爆破达到预期的效果，必须做到精心设计、精心施工。正确的设计除来源于对事物客观规律认识程度外，还取决于是否善于总结经验及教训和能因地制宜地选择合理的方案。

目前，我国冶金矿山对井下大爆破若干问题的看法，不仅缺乏统一的认识，而且设计方法、步骤甚至内容也不一致。有的矿山爆破规模不小，但做法极其简单，而有的矿山做得比较细致。但为了达到预期的爆破效果，无论简单或复杂，都必须包括下列基本内容：爆破方案选择、装药结构和药量计算、爆破网路的设计与计算、爆破安全、通风、爆破组织、大爆破技术措施、爆破前的准备工作、深孔的主要技术经济指标列表等。

12.2.5.2 爆破设计的基础资料

爆破设计基础资料是进行爆破设计的主要依据，它包括采场设计图，地质说明书，采场实测图，炮孔验收实测图，邻近采场及需要进行特殊保护的巷道、设施等相对位置图，矿山现用上网爆破器材型号、规格、品种、性能等资料。

这些资料由采矿、地质和测量人员提供。爆破设计人员除了认真熟识这些资料外，尚需对现场进行调查研究，根据情况变化进行重新审核和修改。另外对爆破器材的性能需进行实测试验。

12.2.5.3 爆破方案的选择

爆破方案主要决定于采矿方法的采场结构、炮孔布置、采场位置及地质构造等。其主要内容包括爆破规模、起爆方法（包括起爆网路）爆破顺序和雷管段别的安排等。

A 爆破规模

爆破规模与爆破范围密切相关。一次爆破的范围是一个采场还是几个采场，或者是一个采场分几次爆破，这些直接影响着爆破规模的大小。但这部分内容在采场单体设计时都已初步确定，爆破设计人员的任务是根据变化了的情况进行修改和作详细的施工设计。

爆破规模对于每个矿山都有满足产量的合适范围，一般情况下不会随便改变。只有在增加产量、地质构造变化或控制地压的需要等，才扩大爆破规模或缩小爆破范围。

在正常情况下，一般爆破范围以一个采场为一次爆破的较多。

B 起爆方法

在深孔爆破中，起爆方法的选择可根据本矿的条件及技术水平、工人的熟练程度，具体确定。目前使用最广泛的还是非电力起爆法（一般采用导爆管起爆与导爆索辅爆的复式起爆法）。20世纪80年代初，冶金矿山均用电力起爆法。但导爆管非电起爆法的推广使用，逐渐代替了电力起爆法，因为非电起爆系统克服了电力起爆法怕杂散电流、静电、感应电的致命缺点。这种导爆管与导爆索的复式起爆法的起爆网路安全可靠，连接简便，但导爆索用量大。

C 起爆顺序和雷管段别的安排

为了改善爆破效果，必须合理选取起爆顺序，影响起爆顺序和雷管段别安排的因素，主要有以下几个方面：

（1）回采工艺的影响。为了简化回采工艺和解决矿岩稳固性较差与暴露面过大等问题，许多矿山将切割爆破（扩切割槽与漏斗）与崩矿爆破同时进行。对于水平分层回采，可由下而上地按扩漏、拉底、开掘切割槽（水平或垂直的）和回采矿房的先后顺序进行爆破；也有些矿山采用先崩矿后扩漏斗的爆破顺序，以保护底柱、提高扩漏质量和避免矿石涌出，以及防止堵塞电耙道。

（2）自由面条件。由于爆破方向总是指向自由面，自由面位置和数目对起爆顺序有很大的影响。当采用垂直深孔崩矿、补偿空间为切割立槽或已爆碎矿石时，起爆顺序应自切割立槽往后依次逐排爆破。当采用水平深孔崩矿、补偿空间为水平拉底层时，起爆顺序应自下而上逐层爆破。

（3）布孔形式的影响。水平、垂直或倾斜布置的深孔，应取单排或数排为同段雷管，逐段爆破。束状深孔或交叉布置的深孔，则应采取同段雷管起爆。

为了减少爆破冲击作用，应适当增加起爆雷管段数，降低每段装药量，使分段装药量均匀。

雷管的段别安排由起爆顺序来决定，先爆的深孔安排低段雷管，后爆的孔安排高段雷管。为了起爆可靠，在生产中不用一段雷管，从二段开始。例如起爆顺序是1、2、3，安排雷管的段别是2段、3段、4段等。为保证不因雷管质量原因产生跳段，一般采用1段、3段、5段等形式。

D 爆破网路的设计

不论用何种起爆法，其正确与否都对起爆可靠性起决定性作用。必须进行精心设计和计算。值得一提的是对规模较大的爆破，一般要预先将网路在地面做模拟试验，符合设计要求才能用。

E 装药和材料消耗

深孔装药都属柱状连续装药，装药系数一般为65%～85%。扇形深孔为避免孔口装药过密，相邻深孔的装药长度不相等。通常根据深孔的位置不同，用不同的装药系数来控制。起爆药包的个数及位置，不同矿山不尽相同，有些矿山一个深孔中装两个起爆药包，一个孔底，一个靠近堵塞物。而大多数矿山每个深孔只装一个起爆药包，置于孔底或者深孔中部，并再装一条导爆索。

装药可采用人工装药和机械装药两种方式。

（1）人工装药。人工装药是用组合炮棍往深孔内装填药卷，装药结构是属柱状连续不耦合装药。扇形深孔的装药量取决于深孔邻近系数、炮孔的位置和炮孔深度，然后根据每个深孔的装药系数，计算出该孔装药长度，再根据药卷长度决定每个深孔的装药卷个数（取整数）。知道每个药卷的重量，就可计算出每个深孔内所装药卷总重量，进而求出全排扇形深孔的装药量。人工装药比较困难，特别是上向垂直扇形深孔装药。

（2）机械装药。在井下和露天的中深孔和深孔爆破中，装药量较大，人工装药效率较低，可采用机器装药。该方法操作人员少，效率高，装药密度大，连续装药，可靠性好。这种方法主要用于地下大规模采矿和掘进炮孔数多的作业。

装药器工作原理如图 12 - 12 所示，以压气为动力，粉状炸药经输药管吹入炮孔内。该类设备每小时可装药 500kg，生产能力较大，表 12 - 6 是几种装药器的相关技术参数。

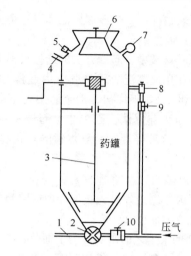

图 12 - 12 装药器工作原理
1—输药管；2—排药管；3—搅排器；4—放气阀；
5—安全阀；6—料钟；7—压力表；8—调压阀；
9—进气阀；10—吹气阀

表 12 - 6 几种装药器的型号与技术参数

种　类			无搅拌装置		有搅拌装置	
型　号			ATZ - 150	FY - 100	FZY - 1	FZY - 100
外形尺寸/mm		长	1275	980	900	980
		宽	1160	760	900	760
		高	1540	1280	1150	1280
装药器自重/kg			125	85	38	85
最大回转半径/m			1.5	< 1.0	< 1.0	< 1.0
工作风压/kPa			245 ~ 390	245 ~ 390	390 ~ 440	245 ~ 390
输药管直径/mm			25 ~ 36	25 ~ 32	25	25 ~ 32
药罐容药量/kg			150	150	45	153
装药效率/kg·h^{-1}			500	500	400	600

材料消耗包括总装药量、雷管数、导爆索或导线总长，最后求出单位材料消耗量，用表格统计并计算出来。

F 深孔爆破的通风安全工作

深孔爆破后产生的炮烟（是有毒有害气体），将随空气传播扩散到邻近井巷和采场中，造成井下局部地段的空气污染而无法工作。故应从地表将大量的新鲜空气输送入爆区，把有毒有害炮烟按一定的线路和方向排出地面，这就是井下深孔爆破的通风。一般通风时间需要连续几个作业班。通风后能否恢复作业，必须先由专业人员戴好防毒面具进行现场测定，空气中的有毒有害气体含量达到规定标准后才能恢复工作。风量的计算等问题可参考有关"矿井通风"的教材。

另外，深孔爆破危害的范围估算和大爆破的组织工作，将在后面章节内容里详细介绍。

12.3 用深孔爆破法掘进天井

深孔分段爆破掘进天井技术，适用于天井、溜井等垂直或倾斜坑道的掘进。这类井筒的掘进采用深孔分段爆破法，可改进作业条件、降低劳动强度、缩短工期和提高作业的安全性。

深孔分段爆破掘进天井的方法，是在上下部已掘好水平巷道的情况下，在天井顶部先开掘凿岩硐室，架设深孔钻机，按设计要求沿天井全高一次钻凿好全部深孔，然后把天井划分为若干个爆破段，由下而上逐段装药爆破。爆下的岩石借助重力下落，炮烟从上部水平巷道排出。凿岩、装药、连线、起爆等全部作业均在顶部水平巷道或硐室中进行。

根据爆破自由面情况，深孔爆破掘进天井方法有两种：

（1）利用与装药深孔相平行的空孔不装药来作为自由面，各掏槽孔顺序起爆，掏槽、扩槽爆破而形成天井；

（2）利用爆破漏斗原理，采用球形药包装药，以底部为自由面，向下爆破形成倒置的漏斗为槽腔，多段微差爆破形成天井。

12.3.1 以平行深孔为自由面的爆破方法

12.3.1.1 深孔布置

图 12 – 13 为方形天井和圆形天井深孔布置示例，装药孔与空孔沿天井全高互相平行。孔径视所选用的钻机规格而定，常用的是 45 ~ 120mm。

作为自由面的空孔，以采用较大直径为宜。可采用普通钻孔，然后用扩孔钻头再进行扩孔的方法，或使用两个普通直径的空孔代替大直径空孔的办法。这样做是保证 1 号掏槽孔爆破时有足够的裂隙角和碎胀空间，可以确保 1 号掏槽孔爆后岩石不"挤死"，有利于岩石破碎。1 号孔的充分破碎、膨胀和崩落是掏槽效果和爆破成功的关键。如果 1 号炮孔掏槽爆破时发生"挤死"现象，则后续炮孔的爆破条件最差，其爆破是无效的。为达到较好的掏槽效果，1 号掏槽孔与空孔的中心距离应该按图 12 – 14 所示求算。

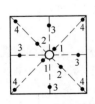 

图 12 – 13 方形天井和圆形天井的炮孔布置
○—空孔（不装炸药）；●—装药孔；
1 ~ 7—起爆顺序

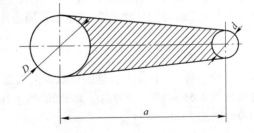

图 12 – 14 空孔直径与 1 号掏槽孔距离关系图
d—1 号掏槽孔直径；D—空孔直径；
a—孔距

设空孔直径为 D，1 号掏槽孔的直径为 d，空孔与 1 号掏槽孔的中心距离为 a，岩石碎胀系数为 K，由图列出下式：

$$\left(\frac{D+d}{2}a - \frac{\pi D^2}{8} - \frac{\pi d^2}{8}\right)k = \frac{D+d}{2}a + \frac{\pi D^2}{8} + \frac{\pi d^2}{8} \tag{12 – 8}$$

当 D、d、K 等值均为定值时，则可按下式求得 a（mm）值

$$a = \frac{\pi}{4} \times \frac{(D^2 + d^2)(K+1)}{(D+d)(K-1)} \qquad (12-9)$$

后响的掏槽孔因有前掏槽孔爆破出来的槽腔可供使用，故孔距可逐渐增大。周边孔的布置只要照顾到天井的断面和形状即可。

12.3.1.2　装药结构

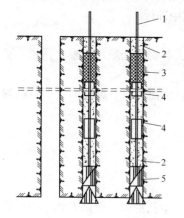

图 12 - 15　掏槽孔装药结构图
1—导爆索；2—炮泥；3—药卷；
4—竹筒；5—木楔

以平行空孔作自由面时，1 号掏槽孔的最小抵抗线（即 1 号掏槽孔与空孔的中心距离 a）不可过大。从理论上讲，以按式 12 - 9 计算所得值为宜。实践证明，为了避免 1 号掏槽孔崩落时过大的横向冲击动压将破碎的岩石堵死在空孔中，应该正确选取 1 号掏槽孔的装药结构、装药密度和装药量。一般现场采用间隔分段装药，这样可以减少每米炮孔的装药量，并且使炸药在深孔中分布均匀。按最小抵抗线和自由面的大小，分段装药长度可取 160mm、200mm 或 480mm，用长 200mm 的竹筒相间，并在装药段全长敷设导爆索起爆，如图 12 - 15 所示。

周边孔的装药结构一般采用柱状连续装药，同样敷设导爆索起爆。

深孔底部用木塞堵楔。木塞堵楔方法是将木塞系一绳索，从深孔上部下放或从底部往上楔。深孔底部堵塞长度不超过最小抵抗线，上部装完炸药用炮泥堵塞，堵塞高度在 0.5m 以上。

12.3.1.3　装药集中度（又称线装药密度）

合理的装药集中度取决于岩石性质、炸药性能、深孔直径、掏槽孔与空孔的中心距离等因素。我国某金属矿使用的数据为：掏槽孔直径为 90mm，药卷直径 90mm；按孔距远近与空孔直径大小，用 2 号岩石硝铵炸药，每米炮孔装药集中度分别为：1 号掏槽孔 1.65kg/m，2 号掏槽孔 2.05kg/m，3 号掏槽孔 2.67kg/m；周边孔采用 3.6 ~ 3.74kg/m。

12.3.1.4　一次爆破合理的分段高度

经验表明，一次爆破合理的分段高度与爆破条件有关。在天井断面为 4m² 左右的情况下，补偿比为 0.55 ~ 0.7，破碎角度大于 30°的条件下，分段高可达 5 ~ 7m；当补偿比小于 0.5 时，则分段高取 2 ~ 4m 为宜。

12.3.2　球形药包倒置漏斗爆破方案

平行空孔作自由面爆破方案，要求钻机有较高的钻孔精确度，并且要有足够的空孔作为补偿空间。如果钻孔的精确度不高，则可采用球形药包倒置漏斗爆破方案。

这一方案不需要空孔，而是让掏槽孔的装药朝底部自由面爆破，爆出一个倒置的漏斗形锥体，后续的掏槽孔和周边孔的装药依次以漏斗侧表面和扩大了的漏斗侧表面为自由面分别先后爆破，如图 12 - 16 所示。

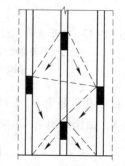

图 12 - 16　球形药包倒置漏斗

所谓球形药包，是指集中装药长度不大于装药直径6倍药包（$L/R \leqslant 6$）的药包。

球形药包漏斗爆破法掘进天井，具有深孔数目少，对钻孔精确度要求不太高等优点，但存在一次分段高度较低、装药困难等缺点。

图12-17为某矿山深孔掘进15m天井时的爆破设计。该方案综合了以平行深孔为自由面的深孔爆破成井和以球形药包倒置漏斗爆破成井两种方法。其工效比普通法提高8倍，由0.12m/（工·班）提高到0.95m/（工·班），成本降低50%，节约时间70个工·班，效果十分明显。

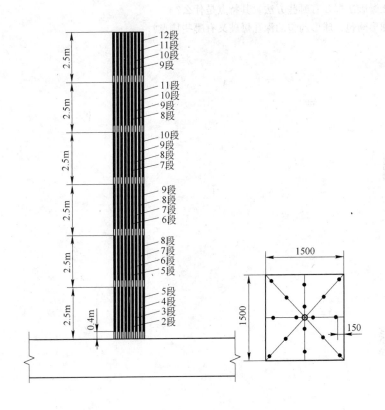

图12-17　某矿深孔成井爆破设计示意图

本章学习笔记：

（1）在金属矿床地下开采或一次成井的深孔爆破中，只要炮孔布置形式选择和爆破参数确定合理，就可获得高效、安全和低成本的爆破效果。深孔布置方式主要有平行孔、扇形孔、束状孔，上向孔、下向孔等形式，实践中常用上向扇形孔。爆破参数主要包括孔径、孔深、最小抵抗线、孔间距、排间距、炮孔密集系数和炸药单耗等，实际中应根据爆破工作的具体要求进行确定。

（2）深孔布置设计，是将深孔布置到设计图纸上；深孔施工是按设计要求钻凿深孔；对钻凿深孔的验收和进行爆破网路设计与起爆方法设计，是确保爆破成功的必要措施。

（3）应用深孔爆破方法掘进天井，也一定要有适当的自由面、碎胀空间与合理的起爆顺序。

复习思考题

12 - 1　地下深孔爆破主要用于什么场合，它的特点有哪些？

12 - 2　地下采矿的扇形深孔和平行深孔布置各有什么特点？

12 - 3　地下深孔崩矿爆破设计的主要内容有哪些？

12 - 4　如何布置采场崩矿的深孔排位和扇形深孔？

12 - 5　用深孔爆破法掘井有哪些方法，其特点是什么？

12 - 6　何为球形药包，球形药包的深孔爆破又有哪些特点？

13 露天深孔爆破

本章提要： 露天深孔爆破一般应用于冶金矿山露天开采，也可用于大规模的土石方剥离，是一种规模大、效率高的方法。其中，炮孔布置形式的选择、爆破参数的确定是核心内容。微差爆破、挤压爆破、光面爆破和预裂爆破，在工程实际中，要注意工艺特点，灵活应用。

露天深孔爆破主要用于露天台阶的采剥、掘沟、开堑工程。本章重点论述露天深孔的布置方式、各种爆破参数的选取、多种装药结构以及爆破网路的布置形式等；并简介露天深孔爆破中的微差爆破、挤压爆破、光面爆破和预裂爆破的工艺技术特点。

13.1 露天深孔的布置参数确定

13.1.1 露天深孔布置

目前在我国露天矿山常用潜孔钻机和牙轮钻机进行穿孔。露天深孔的布置方式有垂直深孔与倾斜深孔两种，两种布置方式如图 13 - 1 所示。

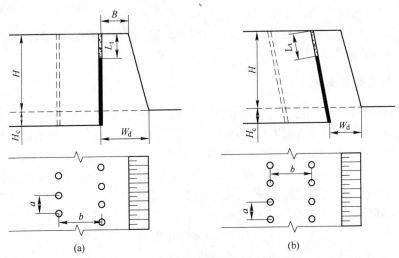

图 13 - 1 露天深孔布置方式

（a）垂丘深孔（交错布置）；（b）倾斜深孔（平行布置）

H—台阶高度；H_c—超深；W_d—底盘抵抗线；L_t—填塞长度；b—排间距；B—安全距离；a—孔间距

与垂直深孔相比，倾斜深孔有以下优点：

（1）抵抗线较小且均匀，矿岩破碎质量好，不产生或少产生根底；

（2）易于控制爆堆的高度，有利于提高采装效率；

（3）易于保持台阶坡面角和坡面的平整，减少突悬部分和裂缝；

（4）穿孔设备与台阶坡顶线之间的距离较大，设备与人员比较安全。

在生产中一般采用倾斜深孔。由于微差爆破技术的应用，为提高生产能力和经济效益，一般采用多排孔一次爆破，并采用交错布置的方式。

13.1.2　露天深孔的布置参数

13.1.2.1　炮孔直径 d

炮孔直径往往由所采用的穿孔设备的规格所决定。过去的穿孔设备的钻孔直径多为 150～200mm，现在露天深孔爆破一般趋向于大孔径，大型矿山一般采用 250～310mm 或更大。孔径越大，装药直径相应也越大，这样有利于炸药稳定传爆，可充分利用炸药能量，从而提高延米爆破量。随着露天开采技术的发展和开采规模逐渐加大，深孔直径有逐渐增大趋势。但深孔直径增大后，孔网参数也随着增大，装药相对集中，必然会增大爆破下来的矿岩块度。

13.1.2.2　孔深和超深

对于垂直孔，炮孔深度 $L = H + H_c$。台阶高度 H 在矿山设计确定之后是个定值，是指相邻的上下平台之间的垂直高度；超深 H_c 是指深孔超出台阶高度。超深的作用一是多装药，二是可以降低装药高度或降低药中心，以便克服台阶底部阻力，避免和减少根底。超深值 H_c（m）一般是由经验确定。

$$H_c = (0.15 \sim 0.30) W_d \qquad (13-1)$$

$$H_c = (10 \sim 15) d \qquad (13-2)$$

式中　d——孔径，mm；

　　　W_d——底盘抵抗线，m。

矿岩坚固时取大值；矿岩松软、节理发育时取小值。矿岩特别松软或底部裂隙发育时，可不用超深甚至超深取负值。

13.1.2.3　底盘抵抗线 W_d

底盘抵抗线是指炮孔中心至台阶坡底线的水平距离，它与最小抵抗线 W 不同。用底盘抵抗线而不用最小抵抗线作为爆破参数的目的，一是计算方便，二是为了避免或减少根底。它选择得是否合理，将会影响爆破质量和经济效果。底盘抵抗线的值过大，则残留根底将会增多，也将增加后冲；过小，则不仅增加了穿孔工作盘，浪费炸药，而且还会使穿孔设备距台阶坡顶线过近，作业不安全。底盘抵抗线 W_d（m）可按以下方法确定：

（1）根据穿孔机安全作业条件定 W_d。

$$W_d \geqslant H\cot\alpha + B \qquad (13-3)$$

式中　H——台阶高度，m；

　　　α——台阶坡面角，(°)；

　　　B——从炮孔中心到坡顶线的安全距离，$B \geqslant 2.5\text{m}$。

（2）按每个炮孔的装药条件计算。

$$W_d = d\sqrt{\frac{7.85\Delta\psi}{mq}} \qquad (13-4)$$

式中　d——孔径，mm；

　　　Δ——装药密度，g/cm^3；

　　　ψ——装药系数；

m——炮孔密集系数；

q——炸药单耗，kg/m^3。

（3）按经验公式计算 W_d。

$$W_d = (0.6 \sim 0.9)H \tag{13-5}$$

我国一些冶金矿山采用的底盘抵抗线，如表 13-1 所示。在压碴爆破时，考虑到台阶坡面前留有岩石堆且钻机作业较为安全，底盘抵抗线可适当减小。

表 13-1　深孔爆破底盘抵抗线

爆破方式	炮孔直径/mm	底盘抵抗线/m	爆破方式	炮孔直径/mm	底盘抵抗线/m
清碴爆破	200	6 ~ 10	压碴（挤压）爆破	200	4.5 ~ 7.5
	250	7 ~ 12		250	5 ~ 11
	310	11 ~ 13		310	7 ~ 12

13.1.2.4　孔间距 a 与排间距 b

孔间距 a 指同排的相邻两炮孔中心线之间距离；排间距 b 指多排孔爆破时相邻两排炮孔间的距离。两者确定得合理与否，会对爆破效果产生重要影响。W 和 b 确定后，$a = mW$ 或 $a = mb$。很显然，孔间距的大小与孔径有关。根据一些难爆矿岩的爆破经验，保证最优效果的孔网效果的孔网面积（$a \times b$）是孔径断面积 $\left(\dfrac{\pi d^2}{4}\right)$ 的函数，两者之比值又是一个常数，其数值为 1300 ~ 1350。

在露天台阶深孔爆破中，炮孔密集系数 m 是一个很重要的参数。按过去传统的看法，m 值应为 0.8 ~ 1.4。然而近些年来，随着岩石爆破机理的不断完善和实践经验不断丰富，在孔网面积不变的情况下，适当减小底盘抵抗线或排间距而增大孔间距，可改善爆破效果。在国内，m 值已增大到 4 ~ 6 或更大；在国外，m 值甚至提高到 8 以上。实践证明，$m \leqslant 0.6$ 时，爆破效果变差。

13.1.2.5　填塞长度 L_t

填塞长度关系到填塞工作量的大小、炸药能量利用率、爆破质量、空气冲击波和个别飞石的危害程度。工程实践中一般取 $L_t = (16 \sim 32)d$。

13.1.2.6　每个炮孔装药量 Q

每孔装药量 Q（kg）按每孔爆破矿岩的体积计算为：

$$Q = q\alpha H W_d \text{ 或 } Q = qmHW_d^2 \tag{13-6}$$

当台阶坡面角 $\alpha < 55°$ 时，应将上式中的 W_d 换成 W，以免因装药量过大造成爆堆分散、炸药浪费，产生强烈空气冲击波及飞石过远等危害。

每孔装药盘按其所能容纳的药量为：

$$Q = L_1 P = (L - L_t)P \tag{13-7}$$

式中　L_1——炮孔装药长度，m；

L_t——炮孔填塞长度，m；

P——每米炮孔装药量，kg/m。

多排孔逐排爆破时，由于后排受夹制作用，计算时从第二排起，各排装药量应有所增加。倾斜深孔每孔装药量为：

$$Q = qW\alpha L \qquad (13-8)$$

式中　L 为倾斜深孔的长度，不包括超深。

13.1.2.7　单位炸药消耗量 q

正确确定单位炸药消耗量非常重要。q 值的大小不仅影响爆破效果，而且直接关系到生产成本和作业安全。q 值的大小不仅取决于矿岩的可爆性，同时也决定于炸药的威力和爆破技术等因素。实践证明，q 值的大小还受其他爆破参数的影响。由于影响因素较多，至今尚未研究出简便而准确的确定方法。传统的单位炸药消耗量的确定方法是试验加经验，缺点是无法全面考虑各方面的因素。表 13-2 所列 q 值可作为选择时的参考。

表 13-2　露天台阶深孔爆破的 q 值

岩石坚固性系数 f	2~3	4	5~6	8	10	15	20
$q/\text{kg} \cdot \text{m}^{-3}$	0.29	0.45	0.50	0.56	0.62~0.68	0.73	0.79

注：表中所列为 2 号岩石炸药。

13.1.3　露天深孔爆破装药

进行露天深孔爆破所需炸药量大，一般均在几吨乃至几十吨以上，现场装药工作量相当大。20 世纪 80 年代以来，我国一些大型露天矿山（如本钢南芬露天矿、首钢水厂铁矿等）先后引进了混装炸药车，其中有美国埃列克公司生产的 SMS 型和 3T（即 TTT）型车。国内一些厂家与国外合资也生产了一些型号的混装炸药车。多年的生产实践表明，混装炸药车技术经济效果良好，促进了露天矿爆破工艺的改革，降低了装药的劳动强度，提高了露天矿机械化水平。特别是 3T 型车（载重 15t），能在车上混制三种炸药，即粒状铵油炸药、重铵油炸药和乳化炸药。一个需装 400~500kg 炸药的深孔，只需 1~1.5min 即可装完。这种混装炸药车，对我国中小型露天矿尤其适用。

使用混装炸药车主要有以下几个优点：

（1）生产工艺简单，现场使用方便，装药效率高；

（2）同台混装炸药车可生产几种类型的炸药，其密度可调节，以满足不同矿岩爆破的要求；

（3）生产安全可靠，炸药性能稳定，不论是地面设施或在混装车内，炸药的各组分均分装在各自的料仓内，且均为非爆炸性材料，进入炮孔内才形成炸药；

（4）生产成本低；

（5）大区爆破可以预装药；

（6）由于可以在车上混制炸药，可以大大节省加工厂和库房的占地面积。

13.1.4　露天矿高台阶爆破技术简介

由于深孔钻孔技术的发展和微差挤压爆破技术的应用，国外一些露天矿采用了高台阶挤压爆破的方法。高台阶爆破就是将约等于目前使用的两个台阶高度（20~30m）并在一起作为一个台阶进行穿孔爆破工作，爆破后再分成两个台阶依次铲装。这种爆破方法效果好，充分实现了穿爆、采装、运输工序的平行作业，有利于提高设备的效率，能大幅度提高生产能力。当设备的穿孔能力达到要求时，应尽量采用这种方法。

13.2 多排孔的微差与挤压爆破

13.2.1 多排孔微差爆破

多排孔微差爆破，一般指多排孔各排之间以毫秒级微差间隔时间起爆的爆破。与过去普遍使用的单排孔齐发爆破相比，多排孔微差爆破有以下优点：

(1) 提高爆破质量，改善爆破效果，如大块率低、爆堆集中、根底减少、后冲减少；

(2) 可扩大孔网参数，降低炸药单耗，提高每米炮孔崩矿量；

(3) 一次爆破量大，故可减少爆破次数，提高装、运工作效率；

(4) 可降低地震效应，减少爆破对边坡和附近建筑物等的危害。

微差爆破的破岩机理，后面单独介绍。在这里只就微差爆破设计施工中的三个问题论述。

13.2.1.1 微差间隔时间的确定

微差间隔时间 Δt 以 ms 为单位。Δt 值的大小与爆破方法、矿岩性质、孔网参数、起爆方式及爆破条件等因素有关。确定 Δt 值的大小是微差爆破技术的关键，国内外对此进行了许多试验研究工作。由于观点不同，提出了多种计算公式和方法。

根据我国鞍山本溪矿区爆破经验，在采用排间微差爆破时，$\Delta t = 25 \sim 75\text{ms}$ 为宜。若矿岩坚固，采用松动爆破、孔间微差且自由面暴露充分、孔网参数小时，取较小值；反之取较大值。

13.2.1.2 微差爆破的起爆方式与起爆顺序

爆区多排孔布置时，孔间多呈三角形、方形和矩形。布孔排列虽然比较简单，但利用不同的起爆顺序对这些炮孔进行组合，就可获得多种多样的起爆形式：

(1) 排间顺序起爆（见图 13-2）。这是最简单、应用最广泛的一种起爆形式，一般呈三角形布孔。在大区爆破时，由于同排（同段）药量过大，容易造成爆破地震危害。

(2) 横向起爆（见图 13-3）。这种起爆方式没向外抛掷作用，多用于掘沟爆破和挤压爆破。

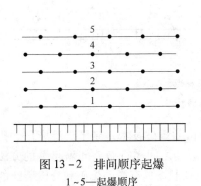

图 13-2　排间顺序起爆

1~5—起爆顺序

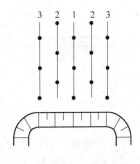

图 13-3　横向起爆

1~3—起爆顺序

(3) 斜线起爆（见图 13-4）。分段炮孔连线与台阶坡顶线里斜交的起爆方式称为斜线起爆。图 13-4（a）为对角线起爆，常在台阶有侧向自由面的条件下采用。利用这种起爆形式时，前段爆破能为后段爆破创造较宽的自由面，如图中的连线。图13-4（b）为楔形或V形起爆方式，多用于掘沟工作面。图13-4（c）为台阶工作面，采用V形或梯形起爆方式。

　　斜线起爆的优点是：

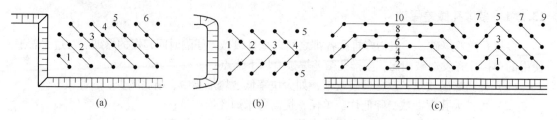

图13-4　斜线起爆
（a）对角线起爆；（b）楔形或V形起爆；（c）V形或梯形起爆
1~5—起爆顺序

　　1）可用正方形、矩形布孔，便于穿孔、装药、机械填塞作业；斜线起爆，还可以加大炮孔的密集系数和炮孔总的装药量；

　　2）由于分段多，每段药量少和分散，可降低爆破地震作用，减轻对岩体的直接破坏；

　　3）由于炮孔的密集系数加大，岩块在爆破过程中相互碰撞和挤压的作用大，有利于改善爆破效果，而且爆堆集中，可减少清道工作量，提高采装效率；

　　4）起爆网路的变异形式较多，机动灵活可按各种条件进行变化，能满足多种爆破要求。

　　斜线起爆的缺点是：

　　1）由于分段较多，后排孔爆破的夹制性较大，崩线不明显，影响爆破效果；

　　2）分段网路施工及检查均较繁杂，容易出错；

　　3）要求微差起爆器材段数较多，起爆材料消耗量大。

　　（4）孔间微差起爆。孔间微差起爆指同一排孔按奇、偶数分组顺序的起爆方式，如图13-5所示。图13-5（a）为波浪形方式，它与排间顺序起爆比较，前段爆破为后段爆破创造了较大的自由面，因而可改善爆破效果。图13-5（b）为阶梯形方式，爆破过程中岩体不仅受到来自多方面的爆破作用，而且作用时间也较长，可大大提高爆破效果。

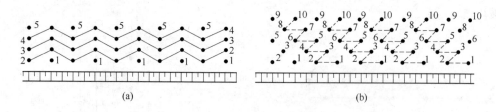

图13-5　孔间微差起爆
（a）波浪形；（b）阶梯形

　　（5）孔内微差起爆。随着爆破技术的发展，孔内微差爆破技术得到了广泛应用。孔内微差起爆，指在同一炮孔内进行分段装药，并在各分段装药之间实行微差间隔起爆的方法。图13-6是孔内微差起爆结构示意图。实践证明，孔内微差起爆具有微差爆破和分段装药的双重优点。孔内微差的起爆网路可采用非电导爆管网路、导爆索网路，也可以采用电爆网路。就我国当前的技术条件而言，孔内一般分为两段装药。而对同一炮孔而言，起爆顺序有上部装药先爆和下部装药先爆两种，即有自上而下孔内微差起爆和自下而上孔内微差起爆两种方式。

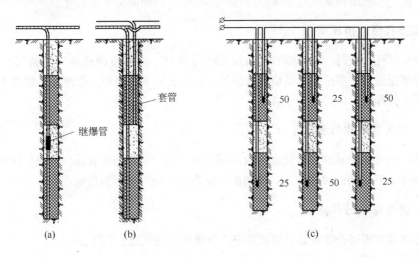

图 13 - 6　孔内微差起爆结构

(a) 导爆索孔内自上而下；(b) 导爆索孔内自下而上；(c) 电雷管孔内微差

(25，50—微差间隔的毫秒数)

对于相邻两排炮孔来说，孔内微差的起爆顺序有多种排列，它不仅在水平面内，而且在垂直面内也有起爆时间间隔，矿岩将受到多次反复的爆破作用，从而大大提高爆破效果。

采用普通导爆索自下而上孔内微差起爆时，上部装药用套管将导爆索隔开。为了施工方便，在国外使用低能导爆索。这种导爆索药量小，仅 0.4g/m，只能传播爆轰波，而不能引爆炸药。

13.2.1.3　分段间隔装药

如上所述，分段间隔装药常用孔内微差爆破。为使炸药不过分集中于台阶下部，常使台阶中部和上部都能受炸药直接作用，以减少台阶上部大块产出率，分段间隔装药也用于普通爆破。

在台阶高度小于 15m 时，一般以分两段装药为宜，中间用空气或填塞料隔开。分段过多，装药和起爆网路过于复杂。孔内下部一段装药量约为装药总量的 17%～35%，矿岩坚固时取大值。

国内外曾试验并推广在炮孔顶底部采用空气或水为间隔介质的间隔装药方法。空气为介质时又称空气垫层或空气柱爆破。采用炮孔顶底部空气间隔装药的目的是：降低爆炸起始压力值，以空气为介质，使冲量沿孔壁分布均匀，故炮孔顶底部破碎块度均匀；延长孔内爆轰压力作用时间。由于炮孔顶底部空气柱的存在，爆轰波以冲击波的形式向孔壁、孔顶底部入射，必然引起多次反射，加之紧跟着产生的爆炸气体向空气柱高速膨胀飞射，可延长炮孔顶底部压力作用时间和获得较大的爆破能量，从而加强对炮孔顶底部矿岩的破碎。

炮孔底部以水为介质间隔装药所利用的原理是：水具有各向均匀压缩，即均匀传递爆炸压力的特征。在爆炸初始阶段，充水腔壁和装药腔壁同样受到动载作用而且峰压下降缓慢；到了爆炸的后期爆炸气体膨胀做功时，水中积蓄的能量随之释放，所以可以加强对矿岩的破碎作用。

另外，以空气或水为介质孔底间隔装药，可提高药柱重心，加强对台阶顶部矿岩的破碎。

不难看出，水间隔和空气间隔作用原理虽然不同，但都能提高爆炸能量的利用率。

13.2.2　多排孔微差挤压爆破

露天台阶深孔爆破时，有时需在台阶坡面前方留有一定厚度的碴堆（留碴层）作为挤压材料，进行挤压爆破。多排孔微差挤压爆破的主要工艺和参数与多排孔微差爆破基本相同。

现将几个特殊的问题简要介绍如下。

13.2.2.1　挤压爆破作用原理

（1）利用碴堆阻力延缓岩体运动和内部裂缝张开时间，从而延长爆炸静压作用时间；

（2）利用运动岩块的碰撞作用，使功能转化为破碎功，进行辅助破碎。

13.2.2.2　挤压爆破的优点

多排孔微差挤压爆破兼有微差爆破和挤压爆破的双重优点，具体是：

（1）爆堆集中整齐，根底很少；

（2）块度较小，爆破质量好；

（3）个别飞石飞散距离小；

（4）能贮存大量已爆矿岩，有利于均衡生产，尤其对工作线较短的露天矿更有意义。

13.2.2.3　挤压参数

（1）留碴厚度。由于矿岩具体条件不同，加之影响因素较多，目前尚无一个公认的留碴计算厚度的公式。根据实践经验，单纯从不埋道的观点出发，在减少炸药单耗的前提下，留碴厚度为 2～4m 即可；若同时为减少第一排孔的大块率，则应增大至 4～6m；为全面提高技术经济效果，留碴厚度以 10～20m 为宜。理论研究与实践表明，留碴的厚度与松散系数、台阶高度、抵抗线、炸药单耗、矿岩坚固性以及波阻抗等因素有关。一般应在现场做试验以确定合理的留碴厚度。

（2）一次爆破的排数。一般以不少于 3～4 排、不大于 7 排为宜。排数过多，爆破效果变差。

（3）第一排炮孔的抵抗线。第一炮孔的抵抗线应适当减小，并相应增大超深值，以装入较多药量。实践证明，由于留碴的存在，第一排炮孔爆破效果的好坏很关键。

（4）微差间隔时间。一般要比有自由空间（清碴爆破）的微差间隔时间增加 30%～60%。

（5）各排孔药量递增系数。由于前面留碴的存在，爆炸应力波入射后将有一部分能量被碴堆吸收而损耗，因此必然用增加药量加以弥补。有些矿山采用第一排以后各排炮孔依次递增药量的方法。如一次爆破 4～6 排，则最后一排炮孔的药量将增加 30%～50%。药量偏高，必将影响爆破的技术经济效果。通常，第一排炮孔对比普通微差爆破可增加药量 10%～20%，起到将留碴向前推移，为后排炮孔创造新自由面的作用。中间各排可不必依次增加药量，最后一排可增加药量 10%～20%。因为最后一排炮孔爆破必须为下次爆破创造一个自由面，即最后一排炮孔被爆矿岩必须与岩体脱离，至少应有一个贯穿裂隙面（槽缝），如图 13－7 所示。

目前对微差挤压爆破机理及其爆破参数的研究尚不充分，有待于进一步完善。从广义上讲，多排孔微差清碴爆破第一排以后各排炮孔的爆破也是挤压爆破，只是挤压程度不同而已。

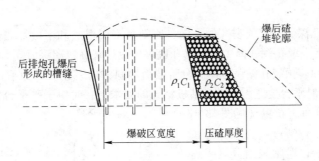

图 13 – 7 露天台阶挤压爆破示意图

13.3 其他深孔爆破方法简介

13.3.1 预裂爆破

露天矿开采至最终境界时，爆破工作涉及保护边坡稳定的问题。预裂爆破就是沿设计开挖轮廓打一排小孔距平行深孔，减少装药量，采用不耦合装药结构，在开挖区主爆炮孔爆破之前同时起爆，在这一排预裂孔间连线的方向上形成一条平整预裂缝（宽度达 1 ~ 2cm）。预裂缝形成后，再起爆主爆炮孔和缓冲炮孔，预裂缝能在一定范围内减轻开挖区主爆炮孔爆破时对边坡所产生的震动和破坏作用。预裂爆破也广泛应用在水利电力、交通运输、船坞码头工程之中。

13.3.1.1 预裂爆破参数

（1）炮孔直径。预裂爆破的炮孔直径大小对于在孔壁上留下预裂孔痕率有较大的影响，而孔痕率的多少是反映预裂爆破效果的一个重要指标。一般孔径越小，孔痕率就越高。放一些大中型露天矿专门使用潜孔钻机凿预裂炮孔，孔径为 110 ~ 150mm。使用牙轮钻机时，孔径为 250mm。

（2）不耦合系数。预裂爆破不耦合系数以 2 ~ 5 为宜。在允许的线装药密度的情况下，不耦合系数可随孔间距的减小而适当增大。岩石抗压强度大时，应取较小的不耦合系数值。

（3）线装药系数 Δ。线装药系数，是指炮孔装药量对不包括填塞部分的炮孔长度之比，也称为线装药密度，单位是 kg/m。采用合适的线装药系数可以控制爆炸能对岩体的破坏。该值可通过试验方法确定，也可用下列经验公式确定：

1）保证不损坏孔壁（除相邻炮孔间连线方向外）的线装药系数

$$\Delta = 2.75 \left[\delta_y\right]^{0.53} r^{0.38} \qquad (13-9)$$

式中 δ_y——岩石极限抗压强度，MPa；

r——预裂孔半径，mm。

式 13 – 9 适用范围是 $\delta_y = 10 ~ 15$MPa，$r = 46 ~ 170$mm。

2）保证形成贯通相邻炮孔裂缝的线装药系数：

$$\Delta = 0.36 \left[\delta_y\right]^{0.63} a^{0.67} \qquad (13-10)$$

式中 a——孔间距；

其他符号意义同前。

式 13 – 10 适用范围是 $\delta_y = 10 ~ 150$MPa，$r = 40 ~ 170$mm，$a = 40 ~ 130$cm。

若已知 δ_y 和 r，可将式 13 – 9 计算的 Δ 值代入式 13 – 10 求出 a 值。

（4）孔间距。预裂爆破的孔间距与孔径有关，一般为孔径的 10 ~ 14 倍，岩石坚固时取小值。

（5）预裂孔的孔深。确定预裂孔的孔深，原则是不留根底和不破坏底部岩体完整性。因此，要根据工程实际选取孔深，即主要根据孔底爆破效果来确定超深值。

（6）预裂孔排列。预裂孔钻凿方向与台阶坡面倾斜方向一致时称为平行排列（见图 13 - 8a）。采用这种排列时平台要宽，以满足钻机钻孔的要求。有时由于受平台宽的限制或只有牙轮钻机，需将预裂孔垂直布置（见图 13 - 8b）。

（7）装药结构。预裂爆破要求炸药在炮孔内均匀分布，所以通常采用分段间隔不耦合装药。国内许多矿山的分段间隔不耦合装药，都采用了用导爆索捆绑的药卷组成药包串的办法，非常适用。由于炮孔底部夹制作用较大，不易产生要求的裂缝，应将孔底一段装药的密度加大，一般可增大 2 ~ 3 倍。

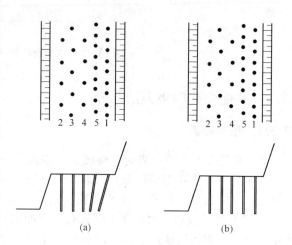

图 13 - 8 预裂孔排列
(a) 倾斜孔预裂；(b) 垂直孔预裂
1—预裂孔；2，3，4—主爆炮孔；5—缓冲孔
（1 ~ 5 也表示起爆顺序）

（8）填塞长度。良好的孔口填塞是保持孔内高压爆炸气体所必需的。填塞过短而装药过高，有造成孔口炸成漏斗状的危险；过长的填塞会使装药重心过低，则难以使顶部形成完整的预裂缝。填塞长度与炮孔直径有关，通常可取炮孔直径的 12 ~ 20 倍。

（9）预裂孔超前主爆炮孔起爆的间隔时间。为了确保降震作用，形成发育完整的预裂缝，必须将预裂孔超前主爆炮孔起爆，超前时间不能少于 100ms。

13.3.1.2 预裂爆破的效果评价

预裂爆破的效果，一般是根据预裂缝的宽度、新壁面的平整程度、孔痕率以及减震效果等指标来衡量。具体的要求是：

（1）岩体在预裂面上形成贯通裂缝。其地表裂缝宽度不应小于 1cm；

（2）预裂面保持平整，孔壁不平度小于 1.5cm；

（3）孔痕率在硬岩中不少于 80%，在软岩中不少于 50%；

（4）减震效果应达到设计要求的百分率。

13.3.2 光面爆破及缓冲爆破

光面爆破与预裂爆破比较相似，也是采用在轮廓线处多打眼密集布孔、少装药（不耦合装药）同时起爆爆破方式。其目的是在开挖轮廓线处，形成光滑平整的壁面，以减少超挖和欠挖。

缓冲爆破与预裂爆破都称减震爆破，二者不同的是：预裂爆破于主爆炮孔之前起爆，在主爆与被保护岩体之间预先炸出一条裂缝。缓冲爆破则与主爆炮孔同时起爆（两者之间也有微差间隔时间），以达到减震的目的。

表 13 - 3 为国内多排孔微差挤压爆破参数表；表 13 - 4 为国内预裂爆破参数表。

表 13-3　多排微差挤压爆破参数表

矿山名称	矿岩坚固性系数 f	孔径 /mm	台阶高 /m	孔间距 /m	底盘抵抗线排间距前排/后排 /m	邻近系数前排/后排 /m	超深 /m	炸药单耗 /kg·m⁻¹	药量增加前后 /%	堵塞长度 /m	布孔方式	起爆形式	间隔时间 /ms
南芬铁矿	8~12	200	12	4/5.5	6~7/5.5	0.62/11.0	1.5	0.22	10~15	4~5	矩形、三角形	楔形斜线	25~50
	8~12	250		4.5/7	6.5~8/6.5	0.62/1.07	1.5	0.205	10~15	5~6			
	8~12	310		5.5/8	7~9/7.5	0.67/1.07	1.5	0.255	10~15	6~7			
	16~2	200		3/5	4.5~5.5/4.5	0.6/1.11	3.0	0.29	10~15	4~5			
	16~2	250		4/5.5	5~6.5/5.5	0.71/1.0	3.0	0.31	10~15	5~6			
	16~2	310		5/6.5	6~7.5/6.5	0.74/1.0	3.0	0.365	10~15	6~7			
水厂铁矿	<8	250	12	8~9	6.5~7/同	1.36	1.5	(0.42)	20/20	5.5~7.5	正方形、三角形	梯形排间	50~75
	8~10			7~8	6~6.5/同	1.20	1.75	(0.52)	20/20				25~50
	10~12			6.5~7.5	5.5~6/同	1.22	2.2	(0.54)	20/20				25~50
	12~14			6~6.5	5/同	1.19	2.5	(0.66)	20/20				25

表 13-4　国内部分露天矿山预裂爆破参数表

矿山名	岩石类别	坚固性系数 f	钻孔直径 /mm	炸药类型	线装药密度 /g·m⁻¹	钻孔间距 /mm
南山铁矿	辉长闪长岩	8~12	150	铵油炸药	1000~1200	160~190
	粗面岩	4~8	150	铵油炸药	700~1000	140~160
	风化闪长岩	2~4	150	铵油炸药	600~800	120~150
南芬铁矿	绿泥长岩	12~14	200	2号岩石	2320	250
	混合岩	10~12	200	2号岩石	2250	250
大孤山铁矿	千山花岗岩	12~16	250	铵油炸药	3500	250
	磁铁矿	14~16	250	铵油炸药	3500	250
	绿泥石	14~16	250	铵油炸药	3500	250
	千枚岩	2~4	250	铵油炸药	2400	250
甘井子矿	石灰石	6~8	240~250	铵油炸药	3000	250~360
大冶铁矿	闪长岩	10~14	170	2号岩石	1385~1615	170

13.3.3　药壶爆破

　　爆破工程，一般是打眼装药爆破。但是在凿岩设备不足、钻凿炮眼困难时，可采用药壶爆破。药壶爆破又称葫芦炮或坛子炮。如图 13-9 所示，它是在正式装药爆破之前，在炮孔底部用少量炸药把炮孔底部扩大成圆球形，既可多装药，又可将延长药包变为集中药包，以增强抛掷效果和克服台阶底板阻力的爆破方法。因为扩大了炮孔底使其基本上成圆球形状，俗称药壶，故这种方法称为药壶爆破。

　　药壶爆破的药包属于集中药包，与浅孔爆破相比，它具有钻孔工作量少，每孔装入炸药较多，能一次爆落较多的岩土量，提高爆破效率等优点。它的缺点是扩壶工作有一定困难，扩壶次数较多，施工时间长，爆落的土岩块度不均匀，大块较多。这种方法一般不宜用于很坚硬的岩石中,因为在这种岩石中扩孔较困难;也不宜用在节理、裂隙很发育的软岩中。

13.3.3.1 药壶爆破的药量计算

药壶爆破最常用于梯段爆破中,如图 13 - 10 所示。图中 H 为梯段高度;W 为最小抵抗线,即药壶中心到梯段斜坡地面的垂直距离。根据装药量计算原理,药包重量 Q 可以按下式计算:

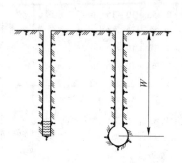

图 13 - 9   梯段药壶爆破

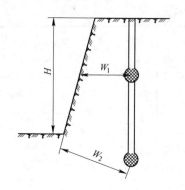

图 13 - 10   同炮孔集中药包组合装药法

$$Q = qW^3 f(n) \qquad (13 - 11)$$

或

$$Q = qaHW f(n) \qquad (13 - 12)$$

式中 Q——药包重量,kg;

a——药包间距,m;

H——台阶高度,m;

W——最小抵抗线,m;

$f(n)$——爆破作用指数函数;

q——标准抛掷爆破单位用药量,kg/m³。

根据爆破实践,只要 $W/H = 0.6 \sim 0.8$,就可以爆落整个台阶。但为了改善爆破效果,减少大块率,通常取 $W = (0.8 \sim 1.0)H$。

在抛掷爆破中,药包间距和排距可由下列公式计算:

$$a = 0.5W(1 + n) \qquad (13 - 13)$$

$$b = (0.87 \sim 1)a \qquad (13 - 14)$$

式中 a——药包间距,m;

b——药包排距,m;

n——爆破作用指数。

松动爆破中常取 $a = W$,再把 H 与 W 的关系代入式 13 - 12,可得松动爆破药量计算公式

$$Q = qW \qquad (13 - 15)$$

13.3.3.2 药壶爆破的装药结构

从图 13 - 9 中可以看到,药壶法梯段爆破时,梯段顶部,特别是梯段边缘部分,受到的爆破作用是不均匀的,在这些部位容易产生大块。为减少大块,一个方法是降低梯段高度。但是由于施工条件的限制,往往无法改变梯段高度;在这种情况下,可以采用不同的装药结构,即把集中药包(药壶)和延长药包(钻孔)配合使用,以改善梯段中段爆能的分布,降低大块率。下面介绍几种常见的装药结构。即同炮孔的综合装药法、不同炮孔的综合装药、上下层药

壶布置法。

（1）同炮孔的综合装药法。这种装药方法是在一个炮孔内装入两层或多层药包，如图 13-11 所示。这种方法适用于最小抵抗线 W 与梯段高度 H 的比值大于 0.8 的情况，多用于松动爆破。药量计算时分别按层计算。药层集中药包的药量为 Q_1：

$$Q_1 = qW_1^3 \tag{13-16}$$

上层集中药包的药量为 Q_2：

$$Q_2 = qW_2^3 \tag{13-17}$$

上层药包为延长药包时的药量 Q_2 为：

$$Q_2 = qaW_2(l_1 + l_2) \tag{13-18}$$

式中　W_1——下层药包最小抵抗线，m；

　　　W_2——上层药包最小抵抗线，m；

　　　l_1——炮孔上层装药长度 m；

　　　l_2——延长药包填塞长度，m。

其他符号意义同前。

药壶总装药量 Q：

$$Q = Q_1 + Q_2 \tag{13-19}$$

两层药包的间隔长度一般取为 W_1，但应保证孔口堵塞长度 $l_2 > W_2$ 或 $l_2 \geq (l_1 + l_2)/3$，如果不能保证这两条，就要缩小两层药包的间距或减少上层药包药量。两层药包间可以用干砂或土填。

（2）不同炮孔的综合装药。这种装药法把药壶集中药包和炮孔延长药包交错布置，以药壶药包为主药包，炮孔药包作为辅助药包，经改善梯段上部岩石的破碎效果，使松动的岩石块度均匀，如图 13-12 所示。

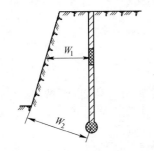

图 13-11　同炮孔的综合装药法

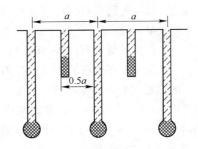

图 13-12　不同炮孔的综合装药法

这种装药法中，药壶集中药包的装药量和间距可按式 13-11 或式 13-12 计算，炮孔延长药包均在药壶集中药包中间，装药量按式 13-18 计算，式中间距 a 取二个药壶药包的间距，炮孔深度可参照同炮孔综合装药法。这种装药法每孔只装一种药包，比较简单，但钻孔较多。爆破效果要优于同炮孔综合法。

（3）上下层药壶布置法。这种方法适用于比较坚硬的岩石或次坚硬的岩石中。当采用一个药壶不能达到良好的爆破效果，或者一个药壶的容量不够时，就可以考虑从不同方向钻孔，各孔单独炸胀药壶，这样也能保证高梯段一次爆落到底，参见图 13-13，图中各药壶的药量单独计算，上下药包间距 a 按集中药包计算：

$$a = (W_1 + W_2)/2 \tag{13-20}$$

式中，W_1、W_2分别为上下层药包的最小抵抗线值。

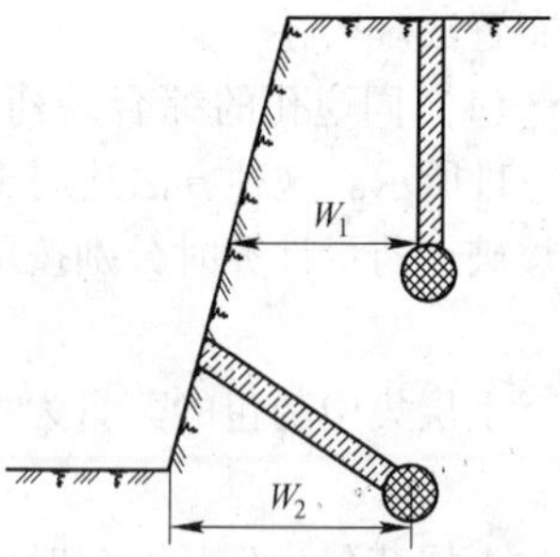

13.3.3.3　药壶爆破的施工工艺

为了提高药壶爆破的效果，对施工现场的地形要进行选择，尽可能采用梯段式的爆破或多临空面地形的爆破，梯段高度在2～6m最适于药壶爆破。炮孔位置应选择在整体岩层上，特别是在含有软弱夹层的岩层中爆破时，药壶要扩在坚硬岩层中。

药壶爆破法最主要的施工工序是扩孔，即炸胀药壶。药壶要求扩在一定位置，并有一定容量能装进计算的炸药量。但又不能太大，使装药后药壶空余过多，而减少药包的装药密度，在扩孔过程中还可能会炸塌孔壁。下面简述在药壶扩胀中的几个问题。

图 13 - 13　上下层药壶布置图

A　扩壶次数与药量

药壶扩胀的原则是："少药多装"，即每次装入炮孔的药量要少，然后逐渐增加药量，重复多次进行扩胀爆破。

第一次扩胀药量不宜过大，否则容易将地面炸裂或炮孔炸坏，发生坍孔现象，使得扩胀工作难于继续进行。一般要根据岩石情况选用50g或100g作为第一次扩胀药包药量，以后再按扩孔次序成倍增加，大致按下述比例增加炸药用量。

二次扩壶1:2　　　三次扩壶1:2:3　　　四次扩壶1:2:4:7

扩壶的总炸药量，可以根据下式计算：

$$Q_1 = \frac{Q}{P} \qquad\qquad (13-21)$$

式中　　Q——计算药壶药包重量，kg；

　　　　P——岩石的炸胀指数，按岩石等级分别为：

　　　　　　Ⅷ～Ⅹ级岩石，$P = 1 \sim 5$；

　　　　　　Ⅴ～Ⅶ级岩石，$P = 5 \sim 10$；

　　　　　　Ⅳ～Ⅴ级岩石，$P = 10 \sim 25$；

　　　　　　Ⅲ～Ⅳ级岩石，$P = 25 \sim 200$。

扩壶的次数视岩石的情况而定，通常对黏土、黄土和坚实的土壤要扩壶两次，风化岩石和松软岩石扩2～3次，中硬岩石和次坚硬岩石扩2～4次，次坚硬岩石扩3～5次，坚硬岩石（Ⅹ～Ⅶ）扩5～7次。扩壶的药量和次数可参考表13-5所列数据。

表 13 -5　扩壶的次数和药量

岩石等级	扩胀次数						
	1	2	3	4	5	6	7
	药包质量/g						
Ⅴ级以下	100～200	200					
Ⅴ～Ⅵ	200	200	300				
Ⅶ～Ⅷ	100	200	400	600			
Ⅸ～Ⅹ	100	200	400	600	800	900	1000

B　扩壶工艺

单个炮孔的药壶扩壶可以用导火索起爆，但要注意，安放扩壶药包时要防止药包卡在炮孔中部达不到炮孔底部,造成扩壶失败。从安全角度看,用电雷管起爆比较有保证,尤其是多个炮孔扩胀或爆扩第二层药壶时,更应使用电雷管。

一般说来,扩壶药包放入后不必堵,如果要堵塞也只能用少量砂土或干砂,以防止爆破碎屑和爆炸气体不能冲出孔外,而增加清碴困难。

分次扩壶时,每次爆破后应让药壶内的温度降到40℃以下后,方能再进行下一次扩壶爆破的装药作业,以防止早爆发生。如温度一时难以下降,可滴入少量盐水增加其降温速度。

根据铁路工程爆破安全规则,扩壶时对于作业人员不受个别飞石击伤的安全距离不得小于50m。对于深孔扩壶,该安全距离不得小于100m。

C 扩壶体积和测量

经常进行药壶爆破的施工单位,应备有专门测量药壶体积的工具,一般单位可自制简单药壶直径测量器:把两根一样长的绳索分别连接在一根铁棍的两端,使用时将铁棍竖着放入药壶内,再使铁棍在壶内保持水平(可以用拉齐绳索来控制),根据绳索的长度来确定铁棍的位置,用不同长的铁棍来量出不同位置的壶腔直径,并由此算出药壶体积的大小。

具体的测量方法如图13-14所示。

药壶体积 V (m^3) 的计算方法为:根据钻孔直径的变化量出药壶高度 h,再测出药壶的最大直径 d。如 h 与 d 相差不大,可以粗略按球体计算,即:

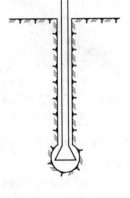

$$V = \frac{4}{3}\pi\left(\frac{d}{2}\right)^3 \approx 0.52d^3 \qquad (13-22)$$

如果 h 与 d 相差较大,可以量取离药壶底 $0.25h$ 和 $0.75h$ 处的药壶水平直径,求出平均值 d(也可以用不同部位量得的直径推算出),并把药壶按圆柱体近似计算,即:

$$V = \frac{1}{4}\pi d^2 h \qquad (13-23)$$

图 13-14 药壶测量图

根据计算得到的药壶体积,就可知道药壶能装入的炸药量 Q (kg):

$$Q = \Delta V \qquad (13-24)$$

式中,Δ 为炸药的装药密度,如硝铵炸药和铵油炸药等,其自然密度 $\Delta = 0.9g/cm^3$;装药密度约为 $\Delta = 0.8g/cm^3$ 左右。当药壶体积以 m^3 为单位时,式13-24 就变成:

$$Q = 800V \qquad (13-25)$$

式中,V 为药壶体积,m^3。

更简单的估算药壶体积和装药量的方法为:在扩壶之前用炮棍量得孔深,扩壶后再量孔深,扩壶前后孔深差即为药壶半径(即扩前的孔底为药壶中心),由此可估算出药壶的体积。当采用硝铵类炸药时,药壶半径与装药量的关系可参见表13-6。

表 13-6 药壶半径与装药量的关系

药壶半径/cm	5	7.5	10	12.5	15	17.5	20	22.5	25	30
装药量/kg	0.5	1.5	4	7	12	20	29	41	56	97

13.4 露天深孔爆破效果评价

露天深孔爆破的效果,应当从以下几个方面来加以评价:

（1）矿岩破碎后的块度应当适合于采装运机械设备工作的要求，大块率应低于5%；

（2）爆下岩堆的高度和宽度应适应采装机械的回转性能，使穿爆工作与采装工作协调；

（3）台阶规整，不留根底和伞檐，铁路运输时不埋道，爆破后冲小，延米炮孔崩岩量高；

（4）人员、设备和建筑物的安全不受威胁，节省炸药及其他材料，爆破成本低。

为了达到良好的爆破效果，应该正确选择爆破参数、合适的炸药和装药结构，正确确定起爆方法和起爆顺序，并加强施工管理。但在实际生产中仍有可能出现爆破后冲、根底、大块、伞檐以及爆堆形状不合要求等现象。下面分别讨论这些不良爆破现象产生的原因及处理方法。

13.4.1　爆破后冲现象

爆破后冲现象指爆破后矿岩在向工作面后方的冲力作用下，产生矿岩向最小抵抗线相反的后方翻起并使后方未爆岩体产生裂隙的现象。如图13－15所示。在爆破施工中，后冲是常常遇到的现象，尤其是在多排孔齐发爆破时更为多见。后翻的矿岩堆积在台阶上和由于后冲在未爆台阶上造成的裂隙，都会给下一次穿孔工作带来很大的困难。

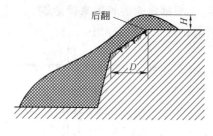

图 13－15　露天台阶爆破的后冲现象
H—后冲高度；*D*—后冲宽度

产生爆破后冲的主要原因是：多排孔爆破时，前排孔底盘抵抗线过大，装药时充填高度过小或充填质量差，炸药单耗过大，一次爆破的排数过多等。

采取下列措施基本上可避免后冲的产生：

（1）加强爆破前的清底工作，减少第一排孔根部阻力，使底盘抵抗线不超过台阶高度；

（2）合理布孔，控制装药结构和后排孔装药高度，保证足够的填塞高度和良好的填塞质量；

（3）采用微差爆破时，针对不同岩石，选择最优排间微差间隔时间；

（4）采用倾斜深孔爆破。

13.4.2　爆破根底现象

爆破根底现象，如图13－16所示。根底的产生，不仅使工作面凸凹不平，而且处理时会增大炸药消耗，增大人工劳动强度。产生根底的主要原因是：底盘抵抗线过大，超深不足，台阶坡面角太小（如仅为50°～60°以下），工作线沿岩层倾斜方向推进等。

为克服留根底现象，主要可采取以下措施：

（1）适当增加超深值或在深孔底部装高威力炸药；

（2）控制台阶坡面角，使其保持在60°～75°。若边棱角小于50°～55°，台阶底部可用浅眼法或药壶法进行拉根底处理，以加大坡面角，减小前排孔底盘抵抗线。

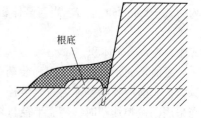

图 13－16　露天台阶爆破的根底现象

13.4.3　爆破大块及伞檐

大块的增加，使二次破碎的工作量增加，二次破碎的用药量增大，也降低了装运效率。

产生大块的主要原因是，由于炸药在岩体内分布不均匀，炸药集中在台阶底部，爆破后往往使台阶上部矿岩破碎不良，块度较大。尤其是主炮孔穿过不同岩层而上部岩层较坚硬时，更易出现大块或伞檐现象，如图13－17所示。

　　为了减少大块和防止伞檐，常采用分段装药的方法，使炸药在炮孔内分布较均匀和充分利用每一分段炸药的能量。这种分段装药方法的施工、操作都比较复杂，需要分段计算炸药量和充填量。根据台阶高度和岩层赋存情况的不同，通常分为两段或三段装药，每分段的装药中心应位于该分段最小抵抗线水平上。最上部分段的装药不能距孔口太近，以保证足够的堵塞长度。各分段之间用砂石间隔装药。各分段起爆药包尽量采用微差间隔起爆。

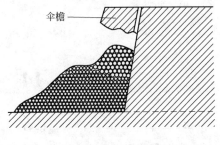

图 13 – 17　伞檐现象

13.4.4　爆堆形状

　　爆堆形状是很重要的一个爆破效果指标。在露天深孔爆破时，爆堆高度和宽度对于人员、设备和建筑的安全有重要影响，而且良好的爆堆形状还能有效提高采装运设备的效率。

　　爆堆尺寸和形状主要取决于爆破参数、台阶高度、矿岩性质以及起爆方法等因素。单排孔齐发爆破的正常爆堆高度，一般为台阶高度的 0.5 ~ 0.55 倍，爆堆宽度为台阶高度的 1.5 ~ 1.8 倍。

　　值得注意的是采用多排孔齐发爆破时，由于第二排孔爆破时受第一排孔爆破底板处的阻力，常出现根底。这是因为有一部分爆力向上作用而形成爆破漏斗，底板处可能出现"硬墙"。

　　还应注意的是，某些较脆或节理很发育的岩石，虽然普氏坚固性系数较大，选取了较大的炸药单耗，即孔内装入炸药较多，但因爆破较易，使爆堆过于分散，甚至会发生埋道或砸坏设备等事故。遇到这类情况时应当认真考虑并选择适当的参数。

　　总之，对于爆破后冲、根底、大块、伞檐以及爆堆形状不合要求等不良现象，要注意分析其原因，并采取有效措施消除，以确保生产的安全和高效率。

> **复习思考题**

13 – 1　露天深孔爆破的特点是什么？

13 – 2　露天深孔爆破的布孔方式有几种，各有什么优缺点？

13 – 3　露天深孔爆破的爆破参数有哪些，各自又如何确定？

13 – 4　何为药壶爆破，一般应用在什么场合，其特点是什么？

13 – 5　药壶是如何形成的，施工中应注意哪些问题，如何测算药壶的体积？

13 – 6　如何衡量露天深孔爆破效果，不良爆破现象有哪些，预防其产生原因是什么？

13 – 7　你能根据自己实习的矿山情况（资料），来做一个露天深孔台阶的爆破设计吗？

14 硐室爆破

本章提要：硐室爆破是一种规模较大的爆破，广泛应用在露天或地下爆破中。掌握硐室爆破原理、设计方法和施工内容，可以在工程应用中获得高效、安全、低成本的施工效果。

硐室爆破也称药室爆破，是利用硐室或巷道作为装药空间的一种爆破方法。由于一次用药量大和爆破规模较大，所以也称大爆破。这种方法与其他爆破方法相比，具有以下优点：

（1）工期较短，有利于加快工程速度；

（2）施工所用的机械和设备简单；

（3）可采用抛掷爆破减少土石方的运输量；

（4）施工过程受地形地质和气候等条件的影响较小。

硐室爆破虽然具有上述优点，但同时也存在一定的缺点和局限性，其主要表现在：

（1）硐室施工的工作面狭小，劳动条件较差；

（2）炸药过于集中，大块产出率高，块度不均匀；

（3）单位炸药消耗量较高和爆破振动破坏作用较大等。

在实际工作中，应结合爆破现场的具体情况，综合分析，全面权衡，慎重选用。同时在设计施工中应精心计算，力求做到技术上可行，经济上合理，安全上可靠。

硐室爆破在矿山、采石场、道路、水利等领域的施工中都有广泛应用，主要适用条件是：

（1）缺乏穿孔设备或者穿孔凿岩设备能力不足的情况；

（2）因山势较陡设备无法上山，或现场地势狭窄不利于使用大型穿孔机械；

（3）工期紧，为适应生产发展的急需，需采用生产能力高的爆破方式；

（4）在地形有利的条件下，采用抛掷爆破可实现快速剥离和搬移；

（5）地下采空区处理时的大量崩落爆破等。

根据大爆破的爆破技术参数和爆破效果，硐室爆破也可分为松动爆破和抛掷爆破。通过相应的爆破设计、施工，可分别达到原地破碎或破碎、并进行有方向性的爆破搬移的目的。

硐室爆破的作用效果，主要取决于炸药单耗、岩体的节理特征和坚固性以及地形条件等。

14.1 硐室爆破的基本原理

炸药爆炸对被爆岩体的破坏作用原理前面已介绍，本节介绍影响硐室爆破效果的问题。

14.1.1 控制抛掷方向的硐室爆破原理

14.1.1.1 最小抵抗线原理

最小抵抗线方向是岩石抵抗爆破破坏能力最弱的方向，因而被爆岩体表面首先在最小抵抗线方向上向外隆起，形成以最小抵抗线为对称轴的钟形鼓包，然后破碎后向外抛散在最小抵抗线方向，岩石最先破坏，获得的能量最多，飞散速度最快，因而抛掷得最远。抛掷形成堆积，堆

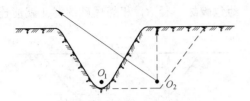

图 14-1　用辅助药包控制抛掷方向

积体的分布对称于最小抵抗线的水平投影。因此，最小抵抗线方向是破碎、抛掷和堆积的主导方向。

根据这个原理，应尽可能地利用或选择凹形地形合理布置药室，使爆落的岩土体向预定的方向抛掷。如果地形不利，可采用布置辅助药包并采用合理的起爆顺序，以控制爆破的抛掷方向，如图 14-1 所示。

14.1.1.2　多向爆破作用原理

在多自由面爆破时，可调整最小抵抗线的大小和方向来控制爆破的抛掷作用。图 14-2 (a) 中，使 $W_A = W_B$ 可达到 A、B 两边等量等距的抛掷。欲使 A 方向抛掷而 B 方向只产生加强松动，如图 14-2 (b) 所示，则应使

$$W_A = \sqrt[3]{\frac{f(n_B)}{f(n_A)}} W_B \qquad (14-1)$$

式中　W_A，W_B——A 和 B 方向的最小抵抗线；
　　　　n_A，n_B——A 和 B 方向的爆破作用指数（A 方向加强抛掷，B 方向加强松动）。

图 14-2 (c) 表示 A 侧加强抛掷，B 侧为松动爆破。此时

$$W_A = \sqrt[3]{\frac{1}{f(n_B)}} W_B \qquad (14-2)$$

工程实践中，W_A/W_B 一般在 1.2～1.4 之间。图 14-2 (d) 表示 A 侧加强抛掷，B 侧不破碎，

$$W_B = 1.3 W_A \sqrt{1 + n_A^2} \qquad (14-3)$$

以上两式符号意义同前。

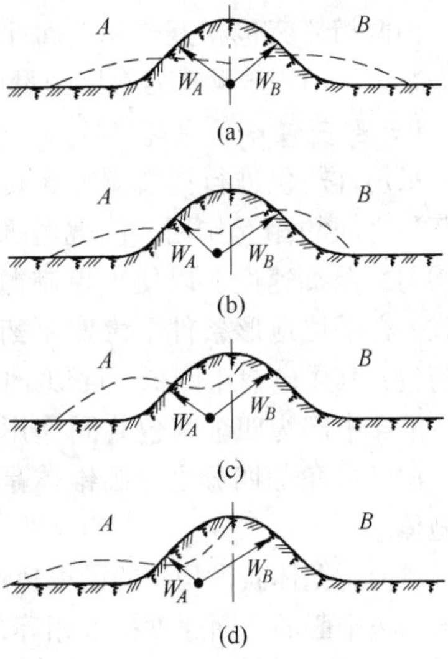

图 14-2　多向爆破作用的控制

14.1.1.3　群药包作用原理

以上所述，是单个药包的爆破作用。群药包指同时起爆的两个以上相邻的能产生共同作用的药包。在实际爆破中很少用单个药包进行爆破作业而用多个成群药包的爆破方式。因此，需要了解两个或两个以上相邻药包的相互作用以及一群药包的共同作用原理。

A　两个相邻药包相互作用原理

图 14-3 表示，当两个相邻药包的间距 $a > W$ 时，爆破后各自形成一个单独爆破漏斗；如图 14-3 (a) 所示。如果缩小两个药包的间距到某一个适当值，例如 $a = W$ 时，则两个爆破漏斗会连在一起形成一个椭圆形的爆破漏斗，如图 14-3 (b) 所示。若进一步缩小两个药包的间距如 $a < W$ 时，爆破后形成近似于一个加强抛掷药包所产生的单个抛掷漏斗，图 14-3 (c) 所示。

根据经验，在平坦地形条件下，两相邻药包能够产生相互作用的药包间距 a 可按以下经验公式计算：

$$a = \left(\frac{1+n}{2}\right) W \qquad (14-4)$$

式中，各符号的意义同前。

在多面临空的地形条件下，药包间距只要小于药包破坏半径 R，相邻爆破的漏斗就能连通。这时药包间距 a 可按下式计算：

$$a = (0.8 \sim 0.9)\, W\, \sqrt{1 + n^2} \qquad (14-5)$$

斜坡地形双层或多层药包爆破时，相邻上下两层药包中心间距也可以按式 14-4 计算。由于相邻药包的相互作用，两个共同作用药包抛掷的岩石量比两个单药包抛掷的岩石量之和要大。这一对比关系，可用药包相互作用系数 k 来表示：

$$k = \frac{2n}{1 + n} \qquad (14-6)$$

式中　k——药包相互作用系数，其值大于 1；

　　　n——爆破作用指数。

因两相邻药包相互作用，每个药包的药量可适当减少，即用于抛掷岩石用药量可减少 k 倍。

B　群药包作用原理

采用群药包进行抛掷爆破，可以充分利用各个药包之间的相互作用，使被抛掷的岩石获得比较均匀的抛掷速度，以便于控制抛掷距离和堆积形式。在平坦地形条件下由四个药包共同组成的群药包，其爆破漏斗体积，近似于图 14-4 所示的情况。

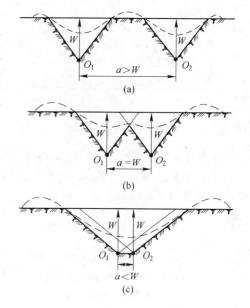

图 14-3　药包相互作用的爆破漏斗

漏斗中部为四个药包共同作用区称为主抛体；两个相邻药包的共同作用区是一个楔形体，漏斗四角的四分之一圆锥体是各个药包的单独作用区，楔形体及四分之一圆锥体称为副抛体。

要使主抛体获得均匀的抛掷速度，就需要选择适当药包间距，使主抛体中央 O 点处速度与各药包中心的地面速度接近相等，如图 14-5 所示。O 点速度是由各个药包在 O 点所产生速度的矢量和。主抛体质心抛掷速度 v_c 是主抛体单位用药量 q 及群药包均方根间距系数用的函数，即：

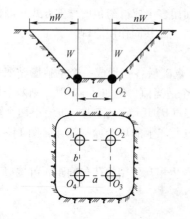

图 14-4　四个药包作用的爆破漏斗

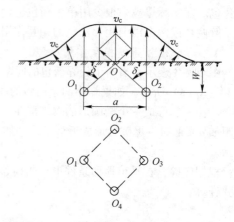

图 14-5　群药包作用抛掷速度分布图

$$v_c = f\ (q,\ m) \tag{14-7}$$

$$m = \sqrt{A/W} \tag{14-8}$$

式中　v_c——主抛体质心的抛掷速度，m/s；

　　　q——主抛体的单位用药量，kg/m³；

　　　m——群药包的均方根间距系数；

　　　A——四个药包中心连成的四边形面积，m²；

　　　W——四个药包最小抵抗线的平均值，m。

主抛体的单位用药量 q 可用下式计算：

$$q = Q/V \tag{14-9}$$

式中　q——主抛体单位用药量，kg/m³

　　　Q——各药包对主抛体药量之和，kg；

　　　V——主抛体的体积，m³。

对于非等距离的四个等量药包来说，各个药包对主抛体的药量贡献之和，等于单个药包的药量。

在倾斜地形条件下，群药包抛掷爆破的抛掷方向和抛掷体积如图14-6所示。

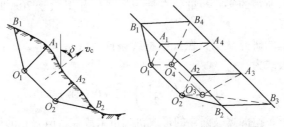

图14-6　斜坡地形的抛掷爆破的抛掷方向和抛掷体积

14.1.1.4　重力作用原理

爆破抛掷岩体在重力作用下呈抛物线运动，如果是坡地形，岩体会在重力作用下沿山坡滚落至沟底，形成堆积。所以要充分利用地形，合理布药和起爆，以达到较好的经济效果。

14.1.2　抛掷爆破药包量计算原理

平坦地形条件下抛掷爆破漏斗的构成要素见前面图10-10所示。

计算药包药量时，一般是以计算爆破漏斗为依据。

经研究得知，在形成抛掷爆破漏斗过程中，炸药的爆炸能是以下述形式消耗的：

（1）岩石的弹塑性变形及岩石内部破坏产生新表面所消耗的能量，与 W^2 值成正比。在不形成爆破漏斗的深层爆破中，爆炸能主要消耗于这种形式。

（2）爆破漏斗内岩石的破碎与松动所需的能量，与 W^3 成正比。

（3）把爆破漏斗内岩石抛至地表所需的能量，与 W^4 成正比。

（4）爆炸气体过早逸入大气，在空气中会形成空气冲击波所损失的能量，在药包量一定时与 W 成反比；当 $W=0$ 时，即药包放置于地表时，几乎全部爆炸能量消耗于形成空气中的冲击波和热损耗，在深层爆破中，这种损失可降至最小。

在松动爆破时，药包的能量主要消耗于（1）、（2）两种形式；在抛掷爆破中，药包能量主要消耗于（2）、（3）两种形式；在松动爆破和正常抛掷爆破中，第（4）种形式消耗的能量均极有限，可忽略不计。因此，为了形成某一确定形状的爆破漏斗，即爆破作用指数 n 等于某一确定值时，所需的药包量可以用下面的通式表示：

$$Q = aW^2 + bW^3 + cW^4 \tag{14-10}$$

式中　　Q——药包质量，kg；

　　　　W——最小抵抗线，m；

a,b,c——取决于药包比能和岩石可爆性的系数。

由于所形成的爆破漏斗形状与爆破作用指数有关，可将上式改写成下列形式：

$$Q = Kf_1(n)W^2 + Kf_2(n)W^3 + Kf_3(n)W^4 \tag{14-11}$$

式中，K 为取决于炸药与岩石性质的单位用药系数，一般取标准抛掷爆破的单位用药量，kg/m³，$f_1(n)$，$f_2(n)$，$f_3(n)$ 为影响上述三种能量消耗形式之间比例的可变系数，它们是爆破作用指数的某种函数，称为爆破作用指数函数，可用实验数据求得具体表达式。

在我国工程爆破设计中，常用的药量计算公式为：

$$Q = K(0.4 + 0.6n^3)W^3 \tag{14-12}$$

国外实践证明，在平坦地形条件下，当最小抵抗线 W 小于 20m 时，按该公式计算的药量与为获得预期爆破效果所需的实际药量基本是一致的；当 W 大于 20m 时，用该公式计算的药量偏小。

苏联人伯克罗斯基的研究认为，在大抵抗线条件下（最大达 200m），能获得与实际爆破效果相近的药量计算公式为：

$$Q = KW^3 \left(\frac{1+n^2}{2} \right) (1 + 0.02W) \tag{14-13}$$

在斜坡地形条件下，抛掷爆破漏斗的形成机理虽未改变，但岩石的抛掷方向及各种形式的能量消耗的分配却发生了变化。即在斜坡地形单面临空或多面临空抛掷爆破条件下，破碎、松动和抛掷岩石三者消耗能量的比例与在平坦地形条件下是不同的。无论是多面临空还是单侧多面临空爆破漏斗的有效部分都是相同的。有效部分是指爆破漏斗破坏半径与通过药包中心的铅垂线之间的部分。随着斜坡地形的坡度增大，重力对岩石抛掷的不利影响减小，抛掷岩石的能量在爆能中所占比例也随之减小。因此，破碎与松动岩石消耗能量所占比重相对增大，式 14-11 中爆破作用指数函数 $f_2(n)$ 和 $f_3(n)$ 应与平坦地形条件下药量计算公式有所不同。我国爆破工作者根据水电建设实践，以伯克罗斯基公式为基础，提出了适用于斜坡地形条件下的药量计算公式，在 20～40m 范围内适用公式如下：

$$Q = K_1 n^2 W^3 + K(1+n^2)^2 W^{3.5} \sqrt{\cos\alpha} \tag{14-14}$$

式中　　α——斜坡坡面角，(°)。

K_1——标准松动爆破单位用药量（kg），其值是标准抛掷爆破单位用药量 K 的三分之一。

在式 14-14 中，$K_1 n^2 W^3$ 为破碎与松动体积为 $n^2 W^3$ 的岩石所需的药量，$K(1+n^2)^2 W^{3.5}$ 是抛掷这些岩石所需药量。后者因受地形影响，用药量随地形倾角的增大而减小，故乘上 $\sqrt{\cos\alpha}$ 修正。

14.1.3　抛体堆积原理

14.1.3.1　抛体、坍塌体及爆落体的概念

在斜坡地形条件下，如图 14-7 所示，药包爆炸时将在药包周围产生压缩圈，并产生下坡

方向的爆破作用半径为 R、上坡方向的爆破作用半径为 R_1 的爆破漏斗。R 和 R_1 值分别为：

$$R = W \sqrt{1 + n^2} \tag{14-15}$$

$$R_1 = W \sqrt{1 + \beta n^2} \tag{14-16}$$

式中　W——最小抵抗线，m；

　　　n——爆破作用指数；

　　　β——岩土的破坏系数，对于土壤可取 $\beta = 1 + 0.04 \times \left(\dfrac{\theta}{10}\right)^3$，$\theta$ 为地形坡面角，$(°)$。

在图 14-7 中，当 n 大于 1 时，AOD 范围内的岩土爆后可被抛出爆破漏斗之外，该范围内的岩土称为抛体。DOC 范围内的岩土在爆破及重力的作用下将产生破碎、坍塌，称为坍塌体。ABC 范围内的岩土体称为爆落体。

抛体和坍塌体的破碎机理、运动形态和堆积规律各不相同。坍塌体是在爆破作用下产生一定裂隙，是当抛体被抛出后由于重力和震动作用而形成的。坍塌体大部分或全部坍塌滚落在爆破漏斗之内，堆积规律符合松散体的坍塌堆积规律，堆积角约为 32°。

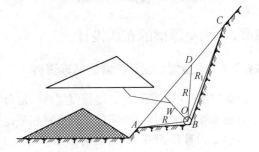

图 14-7　斜坡地形单层单排药包爆破漏斗

14.1.3.2　抛体堆积原理

（1）抛体质心运动规律遵循质心系运动的基本原理。如果忽略空气阻力的影响，则可认为抛体质心基本上沿弹道轨迹运行，如图 14-8 所示。其基本方程为：

$$v = \sqrt{\dfrac{gS}{\sin 2\phi \left(1 + \tan\phi \dfrac{H}{S}\right)}} \tag{14-17}$$

式中　v——抛体初速度，m/s；

　　　g——重力加速度，$g = 9.8 \text{m/s}^2$；

　　　ϕ——抛射角，$(°)$；

　　　H——抛体起落点间的高程，m；

　　　S——抛体起落点间的水平距离，m。

由此可见，抛距 S 主要与抛速、抛射角 ϕ 等因素有关。在具体条件下，合理布置药包可获得较理想的抛射角，合理地选择爆破参数，可获得适宜的抛速；采用不同的布药方案、装药结构及起爆顺序等，均可调节抛速和抛射角，可以取得较好的爆破效果。

（2）单个抛体堆积呈三角形分布。平坦地形单个药包爆破后，爆破漏斗外堆积的断面形状近似三角形，它的各部分尺寸都同药包参数有关。斜坡地形单层单排药包的抛体堆积分布，也近似于三角形，如图 14-7 所示。

多层多排药包或其他群药包的抛体堆积为三角形的叠加合成，如图 14-9 所示。堆积三角形尺寸同地形条件、药包位置、布药参数等因素有关，改变其中的某些参数，可获得不同的堆积效果。

（3）堆积体同抛体的体积平衡。抛体被抛出爆破漏斗后，经松散和堆积作用，形成堆积体。因堆积体来自抛体，所以二者"体积相等"。据此可以估算出堆积体的体积、堆积高度及抛掷率等。

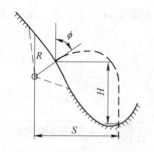

图 14 – 8　抛体质心运动轨迹

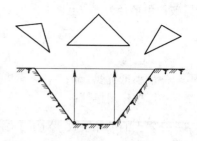

图 14 – 9　群药包的抛掷堆积三角形

14.2　硐室爆破的布药设计

14.2.1　硐室爆破设计所需的基础资料

硐室爆破的布药设计，是根据爆区的地形、地物条件，为达到预期效果而进行药包布置和参数选取等工作。设计所需的基础资料包括：

（1）设计任务书。设计任务书是经上级主管部门批准的正式文件。其主要内容包括：工程地点、工程性质、爆区范围、工程数量、投资额、技术与进度要求及主要经济技术指标等。

（2）地形与地质资料。一般需要委托方提供 1∶500 爆区地形地物图，1∶1000 或 1∶2000 的爆区地质地形图，爆区附近的地面建筑及地下井巷位置实测平面图，露天采场终了平面图，爆区工程地质、水文、气象以及地震等有关资料与图件。

（3）工程要求。对抛掷方向、抛掷量和堆积形状、允许破坏范围和爆破块度要求等。

（4）试验与检测资料。对于规模较大、技术复杂或是比较特殊的爆破，应根据其特点与需要，在爆区进行有关的试验。如炸药与起爆器材的性能试验，计算安全距离有关参数等。

14.2.2　对硐室爆破布药设计的基本要求

对硐室爆破布药设计的基本要求有：

（1）满足工程对爆破破碎范围的要求；力求不超挖、不欠挖，底平帮齐。

（2）满足工程对爆破方量、抛掷方量的要求。

（3）满足工程对抛掷方向、抛掷距离以及堆积形状的要求。

（4）努力提高破碎质量，使块度适宜，堆积良好。

（5）爆破时务必使周围的边坡、建筑物以及地下井巷等不受损坏。

在满足上述要求的基础上，应力求做到药量少，施工方便。尽量降低成本，加快工程进度。并有利于爆后工作的正常顺利开展。

14.2.3　硐室爆破的药包布设规则

硐室爆破的药包布设规则，应从实际的地形、地质条件出发，在满足工程对爆破的具体要求基础上选择爆破方案、药包形状、装药方式和确定药包规模、布药形式与起爆顺序等。

14.2.3.1　爆破方案的选择

选用哪种药包和爆破类型，一般是根据地形、地质条件以及工程的具体要求，针对具体情况具体分析，经多方案比较后慎重确定。首先就考虑有无松动爆破或加强松动爆破的可能性，因为它们与加强抛掷爆破相比，其药包量小，爆落每方岩土的消耗量低，一般约在 0.15 ~ 0.4kg/m³，大致是加强抛掷爆破的 1/2 ~ 1/3 或更低。而且对周围的岩土和建筑物的破坏和振动作用也较小。只要地形、地质条件适宜，同样能够满足工程对爆破堆积效果的要求。

实践表明，在山坡较陡（$\theta > 60° ~ 70°$）、山体较高（为堆高 2 ~ 3 倍）和山谷狭窄（宽为 10 ~ 20m）的情况下筑坝，采用松动或加强松动爆破，能充分利用爆破和重力的滑塌作用，取得良好的堆积效果。在缓坡地形条件下造地，若采用松动或加强松动爆破，爆后再加以推土机和人工整平，不仅可以节约炸药和资金，而且工程进度也较快。在多面临空的地形条件下，爆破的抛掷方向不大容易控制，一般采用松动或加强松动爆破为宜。

14.2.3.2 一次爆破和分期分批爆破方案的选择

大量的爆破工程，一般都采用一次爆破的方案。若遇到下列情况，可选用分期分批爆破方案。

（1）在地形条件较差可采用辅助药包改造地形条件时，可让辅助药包第一期起爆。

（2）当横向宽度较大、布置多排药包，或山体较高、布置上下两层药包，而且又不同时起爆时，可让前排或上层药包第一期起爆。

（3）爆破规模较大，炸药、资金一时筹措不足或缺乏经验时，可分期分批起爆。

（4）采用分段爆破又缺乏相应器材时，可分期分批起爆。

14.2.3.3 单侧爆破和双侧爆破方案选择

选用单侧爆破方案时，药包应尽量不布置在有建筑物的一侧。

当具有双侧爆破的地形、地质条件时，采用双侧爆破方案要优于单侧爆破方案。这是由于双侧爆破时，爆破和抛掷的方量容易满足，堆积体形状比较平整，堆积像马鞍一样集中在中部，而且高度较低，此外成本亦较低。

14.2.3.4 药包形状和装药形式的选择

（1）集中药包。碉室爆破中，目前通常采用的药包形状是集中药包，其药室一般是开挖成立方体形或近似于立方体形。这种药包的药量可以很大，而且装药的集中度高，在爆炸的瞬间能释放出巨大的能量，将其周围的岩土爆落并能抛掷较远的距离。但是，其爆落的块度不均匀，大块较多，能量的利用不够充分，而且对于药包附近的岩土破坏较剧烈。

（2）分集药包。分集药包是将设计的一个集中药包的药量分成两个相距较近（约 0.5W）又同时起爆的子药包。实践表明，分集药包爆落量可增加 20% ~ 30%，单位耗量可降低 15% ~ 35%。

（3）延长药包（或称条形药包）。它的特点是能量分布比较均匀，爆落块度也比集中药包好，对周围岩土体的破坏作用较轻，特别是对侧向抛掷控制较严格时，采用这种药包形式能较好满足这一要求。一般认为，这种药包形状用于挖深在 3 ~ 5m 的渠道、路堑的爆破中效果较好。

（4）平面药包。平面药包是指药包的长度和宽度比厚度大得多的药包。这种药包在爆破时，岩体将沿着临空面的法线方向运动，呈近似紧密体飞行，且运动的阻力比一般碉室爆破大大减少。

理论与实践证明：只要平面药包的布置与水平面保持一定的角度，就有可能达到向所要求的方向抛掷岩石，并且以相对较少的药量将大量岩体搬运较远的距离。对于斜坡面有急剧凸起或凹陷的地形，通过调整装药量的多少，更能体现采用硐室装药形式的平面药包的优越性。

（5）装药形式。硐室爆破，有密集装药和空室装药两种形式。

1）密集装药指药室的整个空间都被炸药所充填的一种装药形式。

2）空室装药又称空穴装药，是药室体积远大于装药体积的一种装药形式。

实践证明，空室装药能够延长爆轰气体产物在岩石体内的作用时间，提高炸药能量利用率；同时，还有利于在一定程度上改变炸药能量的分布、有利于抛掷方向和破坏范围的控制。

关于装药的最佳空室比（又称空腔比，即药室体积与装药体积之比），一般认为，在抛掷爆破中至少应达到 2~3。用这种装药方式进行抛掷爆破筑坝，据工程实践统计，岩石上坝率可提高 10%~20%，炸药单耗可降低 20% 左右。

14.2.4　药包规模的规则

药包规模的规则指硐室爆破中药包最小抵抗线的规则，也就是在设计时，确定的药包最小抵抗线的数值范围。常规的硐室爆破工程，药包的最小抵抗线一般不大于50m，但最小抵抗线小于 5~7m 的药包，其施工工程量偏大，药量也不大好掌握，对技术指标和安全、效果均不利。

药包应根据地质地形条件及对爆破的具体要求而定。主要考虑下列因素：

（1）抛掷方向的要求；

（2）爆落量和抛掷量的要求；

（3）抛掷距离的要求；

（4）爆破对周围建筑物的影响。

以上要求，直接涉及药包设计参数的正确选取以及药包位置的合理布置。

14.2.5　药包的布置形式

药包布置形式应根据爆破现场条件和爆破类型确定，图14-10是常用的几种布置形式。

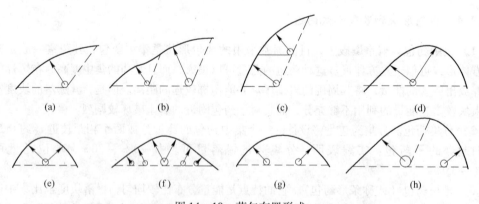

图14-10　药包布置形式

（a）单层单排单侧作用药包；（b）单层双排单侧作用药包；（c）双层单排单侧作用药包；
（d）单层单排双侧不对称作用药包；（e）单层单排双侧对称作用药包；（f）单层多排双侧作用药包；
（g）单层双排双侧作用药包；（h）单层双排双侧作用不等量药包

14.2.5.1　药包的分层

药包的分层，主要取决于药包的高程、爆破的目的与要求以及爆破作用影响范围，并结合与该次爆破有关的总的技术经济效果与安全因素综合分析而定。在斜坡地形布置药包时，由于受相对最小抵抗线（药包的最小抵抗线 W 与药包中心到地表垂直距离 H 之比值）数值的限制，有时可布设单层，有时则需布设双层或多层，才能使破碎和达到满意的抛掷效果。

一般来说，当 $W:H=0.6\sim0.8$ 时，可只布置单层药包，亦可使破碎与抛掷效果较好。当地形高差较大或要求破碎质量较高时，若布设单层时的 $W:H<0.5\sim0.6$，则应考虑改为布设两层或多层药包。当对爆落块度无严格要求时，其 $W:H$ 值亦可小于 0.5。

考虑分层问题时，除应考虑上述的爆破规模、地形条件及安全等问题外，有时还必须兼顾到一些特殊的问题。例如，是一次爆破好，还是分期爆破好；是采用集中药包好，还是采用平面药包好；定向爆破筑坝时，是一岸爆破好，还是两岸爆破好等。

14.2.5.2 药包的分排

当地形条件适宜、爆区范围不大、要求爆落和抛掷的方量较小时，用单排药包可满足要求，应当尽量采用单排药包，以简化施工，减少工程量，提高抛掷效果。

当受地形条件限制、布设单排满足不了爆落方量和爆破范围要求时，应设两排或多排药包。

例如，当山坡正面、侧面或山后地形被冲沟所割裂时，如果只布设大型的单排药包，则爆破就可能从这些方向上逸出，保证不了定向准确，甚至还会严重影响到爆破效果。这时应减小药包的最小抵抗线数值，把大型单排药包分布成两排或多排，以同时满足爆落量和定向准确的要求。

当山坡地形不良时，如地形呈凸出或地形坡度较缓时，难以保证定向爆破效果，这时应利用前排辅助药包改造地形，设计成前后排的主、辅药包布置形式。

采用分排药包布置时，应注意以下问题：

（1）设计时，应尽可能使每个药包的最小抵抗线方向指向定向中心（见下述药包布置）。同时，在确定每一个排内药包的设计参数时，应使它们的爆破作用指数相等，最小抵抗线也应该尽可能相等或相差不大，通常控制在 10% ~20% 以内。

（2）前排药包的高程，要比后排药包的高程低一些。

（3）后排药包的药量，要比前排药包的药量大。对此，工程上通常通过加大 n 和 W 数值来达到目的。其中：$W_{前}/W_{后}=0.5\sim0.8$。

（4）排数不宜过多，一般为 2 排，不得已才采用 3 排。因为排数愈多，后排药包的抛掷条件愈差，无论从技术和经济效果上看，都难以取得良好效果。

（5）后排药包的最小抵抗线方向、数值与起爆间隔时间、岩土性质的地形和地质条件等，确定得正确与否，将直接影响爆破效果的好坏。

14.2.5.3 药包的个数

一排药包中规划多少个药包，可根据破坏范围、爆落量、方向控制和药包设计参数等确定。

药包列间距的考虑，详见"14.2.7 药包设计参数的选取"。

14.2.6 药包起爆顺序的规划

同一排药包，一般要求选用同段雷管进行同时起爆，以实现群药包的共同作用。

为了确保"齐爆"，往往将要求同时起爆的各药包间，用导爆索相连。

前、后排药包一般要求间隔起爆，两排药包间没有共同作用。上、下层药包视具体情况而定，可同时起爆，亦可间隔起爆。两岸爆破时，一般也采用同时起爆。若两岸爆破的规模相差较大，则可让主爆区先爆，副爆区后爆。

起爆间隔时间的选取，以前在定向爆破中已交代，一般较小规模药包迟发 2s，较大规模的药包迟发 4s，最长的时间间隔达 6s。从目前情况来看，定向爆破的起爆间隔时间，有减小的趋势，有的应用 1～13 段毫秒电雷管起爆，获得了爆落方量比原设计增大、地震效应减小的效果。

下述经验公式，可以作为主药包与辅助药包时间间隔确定的参考：

（1）下限时间（开始形成爆破漏斗的瞬间）t_1

$$t_1 = k_1 \frac{\sqrt[3]{Q}}{\sqrt[3]{10H}} \qquad (14-18)$$

式中　Q——药包的药量，kg；

　　　H——爆破岩体的高差，m；

　　　k_1——被爆介质系数，岩石为 0.0214。

（2）上限时间（岩石抛掷于空中最高点的瞬间）t_2

$$t_2 = k_2 \frac{\sqrt[6]{Q/10}}{\sqrt{H}} \qquad (14-19)$$

$$t_2 \geqslant \sqrt{W} \qquad (14-20)$$

式中　k_2 为被爆介质系数，岩石为 6.5。以上计算时间单位均为秒。

14.2.7　药包设计参数的选取

药包设计参数主要有爆破作用指数、药包间距和最小抵抗线等。

14.2.7.1　爆破作用指数的确定

爆破作用指数 n，不仅关系到抛掷程度，还与破坏范围、块度、装药数量及堆积状态等有关。

A　按地形条件和抛掷程度要求选取 n

平坦地形掘沟抛掷爆破时，按预期抛掷率 E 选取。计算方法如下：

$$n = \frac{E}{5.5} + 0.5 \qquad (14-21)$$

平坦地形对爆破的抛掷作用极其不利，因为在这种情况下进行爆破，其相当一部分能量要耗于克服在抛掷过程中的重力作用，即使选用很大的 n 值，抛掷后岩土的回落也是不可避免的，不可能全部抛尽，因此在实际工程中，n 值通常不超过 1.75。斜坡地形的抛掷条件要比平坦地形的效果好，在获得与平坦地形同样抛掷率的情况下，坡度愈陡，n 值相应愈小。

斜坡地形单侧抛掷爆破，当抛掷率约为 60% 时，可按地形的自然坡面角选取，见表 14-1。

表 14-1　n 值与坡面角

地形的坡度 $\theta/(°)$	n 值	地形的坡度 $\theta/(°)$	n 值
15～20	2.0～1.75	45～60	1.5～1.25
20～30	2.0～1.75	60～70	1.25～1.0
30～45	1.75～1.5		

多面临空地形加强抛掷爆破时 $n = 1.0～1.25$，加强松动爆破时 $n = 0.7～0.8$。

$\theta > 70°$的陡壁地形抛掷爆破时 $n = 0.8 \sim 1.0$，加强松动爆破时 $n = 0.65 \sim 0.75$。

  B 按抛掷堆积的要求选取 n

前已述及，抛体质心运动规律遵循质心系运动的基本原理，单个抛体堆积呈三角形分布，且堆积体同抛体的体积平衡。在抛掷量一定的情况下，抛距的数值直接关系到堆积体的形状，因此爆破作用指数的选取一定要以满足抛掷堆积的要求为前提。

根据药包布置规划，当布置有辅助药包或多排、多层药包时，n 值的选取可参考以下原则：

  （1）设置辅助药包时，主药包的 n 值比辅助药包较大；辅助药包 $1.0 \sim 1.3$，主药包 $1.3 \sim 1.5$。

  （2）设置有多排药包时，后一排药包的 n 值较前一排大，一般可较前一排增大 $0.20 \sim 0.25$。

  （3）设置有上、下层同时起爆的药包时，上层药包的 n 值可比下层药包增大 0.1 左右。

  （4）同排同时起爆的药包，选取的 n 值应力求相同。

14.2.7.2 药包间距的确定

相邻两药包中心点连线的距离，称为药包间距，由于药包排列的形式有很多，药包间距也有多种，如层间距、列间距和排间距等。药包间距直接影响爆破质量、爆破成本以及工程的大小。

合理的药包间距，应能保证爆破时既能使两药包之间不留岩埂，又能充分利用炸药能量，实现药包的共同作用，使抛掷方向和抛掷速度均匀、一致。药包间距的大小，与爆破类型、地形与地质条件等因素有关，其计算式见表 14 - 2，各式中的最小抵抗线 W 与爆破作用指数 n 取相邻药包的平均值。

表 14 - 2 药包间距 a 计算的经验公式

爆破类型	地 形	岩 石	计算公式
松动爆破	平坦斜坡、台阶	土、岩石	$a = (0.8 \sim 1.0)W$ $a = (1.0 \sim 1.2)W$
加强松动	平 坦	岩石 软岩、土	$a = 0.5(1 + n)W$ $a = \sqrt[3]{f(n)}W$
加强松动	斜 坡	坚硬岩石 软岩 土	$a = \sqrt[3]{f(n)}W$ $a = nW$ $a = (4n/W)/3$
加强松动	多面临空、陡壁	土、岩石	$a = (0.8 \sim 0.9W)\sqrt{1 + n^2}$

14.2.7.3 最小抵抗线的确定

确定药包的最小抵抗线，实质上是确定药包的高程及其平面位置。确定时，主要考虑方向、距离、深度、安全诸方面的因素和要求。

  A 抛掷方向的要求

前面已经讲述，药包最小抵抗线的方向就是抛掷的主导方向。因此，从保证定向准确的要求出发，在设计中要尽可能使药包最小抵抗线的方向指向预定的抛掷方向，同时应根据具体的地形、地质条件出发，使爆堆的堆积范围在控制范围之内。

B　爆落量、抛掷量及堆积的要求

实践证明，在爆破作用指数一定的情况下，爆落量和抛掷量随最小抵抗线数值的增加而增大。因此选取最小抵抗线时，必须与工程爆落量和抛掷量的要求相适应。若最小抵抗线选得过大，将导致既浪费炸药，又增大废方；若最小抵抗线选得过小，又难以满足方量要求。若要满足方量要求，就必须增加药包个数和排数，致使导硐、药室的开挖工程量增多，成本提高，工期延长，而且爆破效果还不一定能得到保证。

C　抛掷距离的要求

因为抛掷距离与爆破作用指数和最小抵抗线成正比，故在定向爆破设计时，通常要使药包的质心抛距与工程所要求的堆积体的质心位置吻合。一般来说，当要求的质心抛距较远时，选取较大的最小抵抗线，就可以同时满足方量和抛距的双重要求。所以，只有在方量足够而抛距还不能满足堆积要求时，才考虑增大爆破作用指数。即使如此，n 值的增加亦应适当，否则会使抛掷堆积分散，堆积高度降低。若要求的质心抛距较近，设计中一般将最小抵抗线和爆破作用指数进行综合考虑。

D　安全距离的要求

最小抵抗线选取还与安全距离有关。若建（构）筑物距爆破的药室很近且所要保护的程度又很高时，药包最小抵抗线不能选得过大；否则，就会因药量过多而产生较大的爆破地震，使建（构）筑物损坏。另外，药量过多，个别飞石的飞散距离也将大增，亦将威胁到人身、设备以及建（构）筑物的安全。

E　边坡安全的要求

为保护边坡不遭破坏，考虑到爆破漏斗的压缩半径，在确定靠近边坡的药包位置时应预留保护层，如图 14－11 所示。其值为：

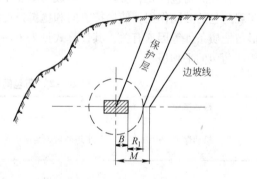

$$M = R_1 + 1.7B \qquad (14-22)$$

式中　M——药包中心至边坡坡底线的水平距离，m；

　　　B——药室宽度之半，m；

　　　R_1——药包的压缩碎区半径，m。

$$R_1 = 0.62\sqrt[3]{\frac{Q}{\Delta}}\mu \qquad (14-23)$$

图 14－11　预留保护层

式中　Q——药包装药量，t；

　　　Δ——药包密度，t/m³；

　　　μ——压缩系数，见表 14－3。

表 14－3　岩石压缩系数 μ

岩石类别	黏　土	坚硬土	松软岩石	中等坚硬岩石	坚硬岩石
坚固性系数 f	0.5	0.6	2.0~4.0	4.0~8.0	8 以上
岩石压缩系数 μ	250	150	50	10~20	10

保护层的计算也可简化为：

$$M = AW \qquad (14-24)$$

式中　　M——药包中心至边坡坡底线的水平距离，m；

　　　　A——系数，其数值可参见表 14 - 4。

表 14 - 4　A 值的选取表

类　别	炸药单耗 $q/\mathrm{kg\cdot m^{-3}}$	μ	各种 n 值下的 A 值					
			0.75	1.00	1.25	1.50	1.75	2.00
土	1.1 ~ 1.35	250	0.415	0.474	0.550	0.635	0.725	0.820
坚硬土	1.1 ~ 1.4	150	0.362	0.413	0.479	0.549	0.632	0.715
松软岩石	1.25 ~ 1.4	50	0.283	0.323	0.375	0.436	0.494	0.558
中等坚硬岩	1.4 ~ 1.6	20	0.235	0.268	0.311	0.360	0.411	0.464
坚硬岩石	1.5	10	0.21	0.24	0.279	0.322	0.368	0.416
	1.6	10	0.215	0.246	0.284	0.328	0.375	0.424
	1.7	10	0.219	0.250	0.290	0.335	0.363	0.433
	1.8	10	0.224	0.265	0.296	0.342	0.390	0.411
	1.9	10	0.227	0.260	0.302	0.348	0.398	0.450
	2.0	10	0.231	0.264	0.306	0.354	0.404	0.457
	2.1	10	0.236	0.269	0.312	0.361	0.412	0.466
	2.2 以上	10	0.239	0.273	0.332	0.385	0.418	0.472

F　工程的某些特定要求

例如，遇有大的断层、溶洞或破碎带，药包应尽量避开。如不可能避开时，可设辅助药包加以处理。另外，在改河、开路等工程中，应考虑水位的标高等。

14.2.7.4　装药量计算

如果岩土性质、地形条件、药包形状、装药结构、炸药品种和最小抵抗线等均相同时，爆落下来的岩土体积总是与药包的装药量成正比。也就是说，药包的装药量愈大，爆落下来的岩土体积愈多，反之，则少。这种装药量大小随爆落岩土体积成正比的变化关系，称为装药量计算的体积原理，可简单表达为 $Q=kV$。在工程中，一般根据爆破实际情况采用以下不同的经验公式。

A　松动爆破时的装药量

这又分为集中药包、条形药包、分集药包三种装药形式。

（1）集中药包：

平坦地形　　　　　　　　　　$Q = 0.44kW^3$　　　　　　　　　　　　　（14 - 25）

斜坡地形　　　　　　　　　　$Q = 0.36kW^3$　　　　　　　　　　　　　（14 - 26）

（2）条形药包：

无邻包时　　　　　　　　　　$Q = kW^3 l$　　　　　　　　　　　　　　（14 - 27）

（3）分集药包：

　　　　　　　　　　　　　　$Q = Q_1 + Q_2$　　　　　　　　　　　　　（14 - 28）

　　　　　　　　　　　　$Q_1/W_1{}^3 = Q_2/W_2{}^3$　　　　　　　　　　　（14 - 29）

式中　　Q——分集药包的总装药量；

　Q_1，Q_2——两个子药包的装药量；

　W_1，W_2——两个子药包的最小抵抗线。

B 抛掷爆破时的装药量

这也有多种装药形式。

（1）集中药包，当 $0.75 < n \leqslant 3$ 及 $5\text{m} < W \leqslant 25\text{m}$ 时

$$Q = kW^3 \cdot f(n) \tag{14-30}$$

当 $n \leqslant 1.5$ 时

$$f(n) = 0.4 + 0.6n \tag{14-31}$$

当 $n > 1.5$ 时

$$f(n) = \left[\frac{1+n^2}{2}\right]^2 \tag{14-32}$$

如果 $W > 25\text{m}$，$\theta > 20°$，则应考虑爆破时重力影响和地形坡度的影响，这时可按下式计算药量：

$$Q = kW^3 f(n) \sqrt{\frac{W\cos\theta}{25}} \tag{14-33}$$

或

$$Q = \frac{k}{50}W^4\left[\frac{1+n^2}{2}\right]^2 \tag{14-34}$$

（2）条形药包抛掷爆破时的装药量一般按下式计算：

$$Q = k\ (0.4 + 0.6n^3)\ W^3 \tag{14-35}$$

或

$$Q = k\ (0.5 + 0.5n^3)\ W^2 l \tag{14-36}$$

或

$$Q = kW^2 l n^2 \tag{14-37}$$

式中，l 为条形药包的单位长度装药量。

目前，条形药包的参数设计是由集中药包演变而得。但两者做功过程既有相似性，又有差异性。据此，为了确定条形药包的装药长度 l，其处理办法是按集中药包计算药量，然后，再将该药量以集中药包所负担的爆破体积为标准，均匀地分布成条形，简化平面问题，构成间距、抵抗线相近的群药包。如图 14-12 所示。用集中药包计算 1 号、2 号、3 号、4 号药室的药量，

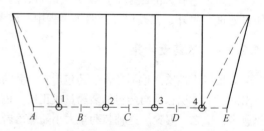

图 14-12 药室药量的分布图

然后将 1 号药室药量分布为 AB 段，将 2 号药室药量分布为 BC 段；将 3 号药室量分布为 CD 段；将 4 号药室药量分布为 DE 段。即 1~4 号 4 个集中药包装药量分布在条形药包 AE 段内。

14.2.7.5 关于炸药设计单耗 k 值的选取问题

在爆破工程中，标准单能药量的确定，通常有如下几种方法：

（1）参照实际资料选取单位消耗量。k 值按表 14-5 选取。

表 14-5 爆破各种岩石的炸药单耗

岩石名称	岩 体 特 征	f	炸药单耗/kg·m^{-3}	
			松动 (k')	抛掷 (k)
各种土	松　软	<1.0	0.3~0.4	1.0~1.1
	坚　实	1~2	0.4~0.5	1.0~1.2

续表 14 - 5

岩石名称	岩体特征	f	炸药单耗/kg·m^{-3}	
			松动 (k')	抛掷 (k)
土夹石	密实	1~4	0.4~0.6	1.2~1.4
页岩、千枚岩	风化破碎	2~4	0.4~0.5	1.0~1.2
	完整、风化轻微	4~6	0.5~0.6	1.2~1.3
板岩、泥灰岩	泥质，薄层，层面张开，较破碎	3~5	0.4~0.6	1.0~1.3
	较完整，层面闭合	5~8	0.5~0.7	1.2~1.4
砂岩	泥质胶结，中薄层或风化破碎	4~6	0.4~0.6	1.0~1.2
	钙质胶结，中厚层，中细结构，裂隙不发育	7~8	0.5~0.6	1.3~1.4
	硅质胶结，石英砂厚层，裂隙发育，未风化	9~14	0.6~0.7	1.4~1.7
砾岩	胶结较差，砾石及砂岩或较不坚硬岩石为主	5~8	0.5~0.6	1.2~1.4
	胶结好，以较坚硬的砾石组成，未风化	9~12	0.6~0.7	1.4~1.6
大理岩白云岩	节理发育，较疏松，裂隙频率大于4条/m	5~8	0.5~0.6	1.2~1.4
	完整、坚实	9~12	0.6~0.7	1.5~1.6
石灰岩	中薄含泥质层，鲕状、竹状结构裂隙较发育	6~8	0.5~0.6	1.3~1.4
	层厚，完整或含硅质、致密	9~15	0.6~0.7	1.4~1.7
花岗岩	风化严重，节理发育，裂隙频率大于5条/m	4~6	0.4~0.6	1.1~1.3
	风化轻，节理不甚发育或未风化伟晶结构	7~12	0.6~0.7	1.3~1.4
	细晶均质结构，未风化，完整致密岩体	12~20	0.7~0.8	1.6~1.8
流纹岩蛇纹岩	较破碎、粗面岩	6~8	0.5~0.7	1.2~1.4
	完整	9~12	0.7~0.8	1.5~1.7
片麻岩	片理或节理裂隙发育	5~8	0.5~0.7	1.2~1.4
	完整坚硬	9~14	0.7~0.8	1.5~1.7
正长岩闪岩	较风化，完整性差	8~12	0.5~0.7	1.3~1.5
	未风化，完整致密	12~18	0.7~0.8	1.6~1.8
石英岩	风化破碎，裂隙频率大于5条/m	5~7	0.5~0.6	1.1~1.3
	中等坚硬，较完整	8~14	0.6~0.7	1.4~1.6
	很坚硬，完整致密	14~20	0.7~0.9	1.7~2.0
安山岩玄武岩	受节理裂隙切割	7~12	0.6~0.7	1.3~1.5
	完整坚硬致密	12~20	0.7~0.9	1.6~2.0
石灰岩	受节理裂隙切割	8~4	0.6~0.7	1.4~1.7
	很完整，很坚硬致密	14~20	0.8~0.9	1.8~2.1

（2）通过爆破漏斗试验选取。试验点的岩土性质和地质构造应与正式爆破的岩土性质和地质构造近似，并需在平坦地面处进行。试验时，一般穿凿孔径为 200mm、炮孔深为 1~2m 的炮孔。炮孔穿好后，按表 14-5 所列数值预选一个标准单位耗药量值，定为 k'，继而计算出标准抛掷漏斗的装药量：

$$Q = k'W^3 \tag{14-38}$$

将计算的药量全部装入炮孔内，并使其具有适当的装药密度（一般为 0.9~1.1g/cm），还应使其装药中心至临空面的最短距离等于装药量计算时的最小抵抗线值。随之进行爆破，爆破后沿着爆破漏斗直径量取 3~4 个方向的数值并取其平均的 1/2，即得爆破漏斗半径。最后，算出该爆破漏斗的实际爆破作用指数，再按下式计算即可得该种岩土的标准单位耗药量 k 值：

$$k = \frac{k'}{0.4 + 0.6n^3} = \frac{k'}{0.4 + 0.6\left(\dfrac{r}{W}\right)^3} \tag{14-39}$$

（3）按经验式计算选取。工程上常用的经验计算式有：

$$k = 0.4 + \left(\frac{r}{2100 \sim 2450}\right)^2 \tag{14-40}$$

$$k = 1.3 + 0.7\left(\frac{r}{1000} - 2\right)^2 \tag{14-41}$$

以上公式中 r 为岩土的堆积密度，kg/m^3。

以上各式计算的 k 值，为标准抛掷爆破时的平均单耗，若为松动爆破则取 k 的 1/3 值即可。

14.2.7.6 药包位置的确定方法

药包位置的确定，就是在被爆工程点特定的地形、地质条件下，根据前已述及的药包设计规则和选取的药包设计参数，在平面图和断面图上反复地摆布药包，直到认为合理时，才最终确定药包的空间位置，也就是药包中心的坐标和高程。药包布置一经确定后，药包的排列形式，如层、排、列以及药包的设计参数或者药包间距、最小抵抗线等，也就最终确定下来。最后，可在此基础上进行药量、爆落量和抛掷堆积的计算，绘出破坏范围的断面图和平面图。

药包设计时要遵守的一个基本原则是：应使所设计的药包能较好、较均匀地控制好所要爆破的地形。药包设计的步骤和应考虑的因素如下：

（1）首先从地质地形图中的制高点着手设计第一个主药包。

（2）沿山体走向按药室距离 a 的要求依次布设第 2、第 3 至第 n 个次主药包。

（3）主药包设计好后，若横剖面图中局部地段或地形坡度较缓，应考虑布设辅助药包。

（4）以上所设计的主、辅药包，均应按三角形或梅花形展布，使各个药室承担负荷基本均衡。

（5）多面临空山体的药室，应根据工程的具体要求不同，使各向的 W 相等，或一面抛掷爆破、一面保留，或一面加强松动爆破、一面松动爆破，等等。

（6）注意所设计的药室应达到的工程标高，原则上应使压缩圈大体与水平面相切，药包中心至边坡水平距离适宜。

（7）有的工程如河渠、溢洪道、公（铁）路、港口、矿山终了边坡等，必须考虑边坡稳定要求，设计时应使药包中心至被保护边坡的最短距离大于预留保护层厚度。根据冶金矿山的爆破经验，预留边坡保护层厚度一般是压缩圆半径的 4~5 倍。

（8）在定向爆破筑坝工程中，为了使抛掷堆积比较集中，在布设药包时，可预先确定一个假定的定向中心。这个定向中心可选在坝体的质心位置上，其值按下式估算：

$$L_r = C_r \left[5nW + \frac{W}{\sin\theta} + \frac{h_0}{\tan\theta} \right] \qquad (14-42)$$

式中　　L_r——定向中心距离，m；

θ——斜坡地形的自然坡度，（°）；

h_0——药包中心高程至坝顶的高，m；

C_r——定向中心系数，一般为 $1/2 \sim 1/3$。

对于过宽山谷或河谷地形：若选择单侧爆破方案，定向中心应选在偏于非爆破一侧，以使爆破的堆积比较均匀。若选择双侧爆破方案，定向中心可分别在两岸确定，并使其适当地靠近爆破一侧。对于两岸高陡且狭窄的山谷或河谷地形，可不必考虑设定定向中心的问题。

以上定向中心确定后，即可在以定向中心至药包中心的距离为半径的弧线上布置药包，使排间各药包构成一个整体，以获得良好的抛掷堆积效果，如图 14 – 13 所示。

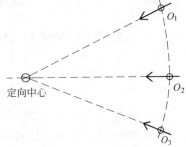

图 14 – 13　弧线布药图

综上所述，药包布设的步骤可简述为：

（1）先在地形平面图上试摆药包。

（2）作药包的最小抵抗线断面图。

（3）在断面图上定药包高程和最小抵抗线值。

（4）根据断面图上初定的药包位置，再返回到平面图上，分析药包位置是否合理，间距是否合适，抛掷方向是否与预定方向一致，逸出方向能否控制，等等。

（5）若不满意，还应在平面图上重新调整。通过几次反复调整，便可使药包位置确定下来。

14.3　硐室爆破的施工设计

14.3.1　导硐

导硐是地表和药室的连接通道，分为平巷和小井。药室和导硐之间用横巷相连，为便于施工和检查，应使其相互垂直成90°角。

导硐类型选择主要依爆区地形、地质、药室位置及施工条件等因素确定。从施工方便来说，应尽量选平巷。在地形较缓或爆破规模较小时，可采用小井。选择硐口位置以施工方便、安全和工程量小为原则。导硐不宜过长，以利于掘进、装药和填塞。导硐断面大小也以有利于掘进、装填工作量小为原则。平硐断面一般为 $1.8m \times 2.0m$，小井为 $1.2m \times 1.4m$。导硐布置应注意：

（1）每条导硐所连通的药室数目不宜过多，一般以不超过 4 个为好。

（2）每条导硐不宜过长，一般 20m 以内为宜；小井深度不宜超过 15m，以利于掘进、装药和填塞等工作顺利进行，当导硐长达 40m 以上时，应考虑局部通风。

（3）平硐向硐口应以 0.3% ~ 0.5% 的坡度下坡，以利于排水和出碴。

（4）硐口不能正对附近的重要建筑物，避免爆破时空气冲击波和飞石的危害作用。

14.3.2　药室

药室的容积以能容纳设计装药量为原则，一般按下列公式计算：

$$V = \frac{Q}{\Delta} k_v \tag{14-43}$$

式中　V——药室的容积，m^3；

　　　Q——药室设计装药量，t；

　　　Δ——炸药密度，t/m^3；

　　　k_v——药室扩大系数，见表 14-6。

表 14-6　药室扩大系数 k_v

药室支护情况	装药方式	药室扩大系数 k_v	药室支护情况	装药方式	药室扩大系数 k_v
不支护	袋装、拆包填缝	1.1～1.2	棚子间隔支护	袋装、拆包填缝	1.3
	袋　装	1.1～1.3	棚子间隔支护 药室底垫高	袋　装	1.4
	小药卷包装	1.4			

　　药室的形状，分集中装药和条形装药两类。集中装药的药室形状一般为正方形或矩形。当药量大而地质条件差、岩石不稳固时，可采用 T 字形、回字形或十字形，如图 14-14 所示。

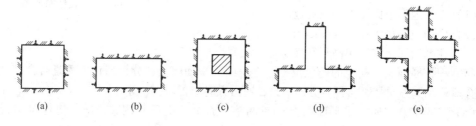

图 14-14　常用药室形状类型图
(a) 正方形；(b) 长方形；(c) 回字形；(d) T 字形；(e) 十字形

　　药室高度一般不超过 2.5m，以利于施工和装药。药室宽度一般不宜超过 5m。

14.3.3　装药与填塞

14.3.3.1　起爆药包及其布置

　　药室中起爆药包的药量、个数及安放位置，对整个药室的安全和起爆是否充分有着重要意义。每个药室至少要 2 个起爆药包，起爆药包重量应占药包总重量的 1%～2%；或以起爆药包个数计算，每 5t 药量增用一个起爆药包，但是即使是特大药室也不必超过 10 个。

　　制作起爆药包，应采用敏感度及爆速较高的炸药。每个起爆药包一般重为 20～25kg。

　　起爆药包一般装入木箱中，如图 14-15 所示，在有

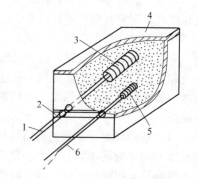

图 14-15　起爆药包的构造图
1—导爆索；2—固定横木；3—导爆索束；
4—木箱；5—电雷管束；6—电线

水药室内还应采取防水措施，或用铁皮箱装药。起爆药包由导爆索束或雷管束来引爆。导爆索或电雷管引线从起爆药箱中引出后，要在箱外固定横木上缠绕牢固，避免导爆索或导电线在导硐中拖曳时脱离。

在药室内有多个起爆药包时，为避免电爆网路引线过多而产生接线差错，仅主起爆药包用电雷管起爆，其他副起爆药包均由主起爆药包引出的导爆索引爆，其布置方式如图 14 – 16 所示。

14.3.3.2 堵塞长度及堵塞方法的设计

堵塞的目的是为了防止爆轰产生的大量气体从硐口冲出，从而提高炸药的有效利用率，获得良好的破碎效果。该工作是一项极其繁重的工作，尤其在用人工填塞时更甚。因此，既要保证必要的堵塞长度，又要尽可能减少堵塞工作量。堵塞长度与药室位置、药量大小、起爆顺序以及导硐状况等因素有关。

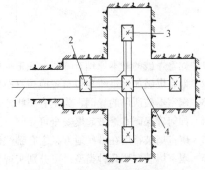

图 14 – 16 起爆药包在药室内的布置
1—导电线；2—主起爆体；
3—副起爆体；4—导爆索

堵塞长度通常按堵塞半径（$L \geq 1.3W$）以药室中心为圆心作图确定，见图 14 – 17（a）。当两个对称药室共用一条 T 形导硐时，由于两药包爆轰生成气体产物能产生相互抑制作用，其堵塞长度可以缩小，一般只需将拐硐堵满，再在平硐或小井内堵上 3 ~ 5m 即可，见图 14 – 17（b）。

若药室内的装药量很大，起爆体的药量也很大时，由于起爆能量增大，可以使炸药完成爆轰的反应时间缩短，从而堵塞长度也可相对缩短。这时，一般按导硐高（或宽）的最大值 5 倍来进行堵塞，再在硐口处堵上 5m 即可，见图14 – 17（c）。

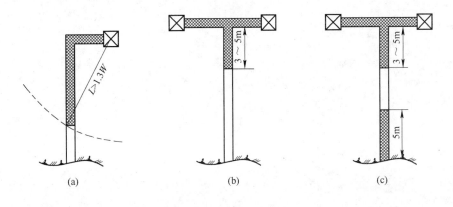

图 14 – 17 水平导硐的几种局部堵塞方式

近年来，在生产实践中试验采用崩落堵塞、爆炸堵塞等方法，用爆破的方法使堵塞部分岩体先于药室起爆，取得了一定的成效。

14.3.4 硐室爆破起爆网路

硐室爆破的起爆网路相对简单。但是由于爆破用药量大，爆破规模大，必须充分保证起爆网路的可靠性，以保证硐室爆破的可靠与安全。硐室爆破一般多采用复式起爆网路。

常用一套电力起爆网路和一套导爆索起爆网路，或者两套电力起爆网路，或者一套导爆索起爆网路和一套导爆管非电起爆网路，或者两套导爆管非电起爆网路。

复习思考题

14-1　硐室爆破的基本原理有哪些，在工程中如何体现？

14-2　硐室爆破如何进行药包布置或药室布置？

14-3　硐室爆破所用的导硐、药室有哪些形式，如何选择？

14-4　如何确保硐室爆破起爆安全可靠？

14-5　硐室爆破常用在哪些地方，它有哪些优缺点？

14-6　硐室爆破有哪几种类型，可分别实现什么目的？

15　爆破安全技术

本章提要：爆破工作是一种特殊作业，由于其施工特点所致，危险性较大。所以必须在爆破器材的生产、运输、贮存、使用、销毁等环节，都十分注意安全。为确保爆破工程的生产安全，我们必须学习、掌握和严格遵守相关的法律法规和《爆破安全规程》的规定。

15.1　爆破器材的运输和贮存

运输爆破器材时，应该严格遵守《中华人民共和国民用爆炸物品管理条例》和《爆破安全规程》（GB 6722—2003）的有关规定。而器材的入库、发放、销毁也有要求。

15.1.1　爆破器材的运输和贮存概述

在企业外部购买运输爆破器材，首先要到当地县（市）公安局办理《爆炸物品购买证》和《爆炸物品运输证》。如果"双证"不全，购买和运输爆破器材都违反法律规定或应受到处罚。

用运输工具运输爆破器材到达车站或码头时，单位领导人应该指派专人前往领取。领取其爆破器材时，应认真检查爆破器材的包装、数量和质量。如果包装破损和数量、质量与托运料单不符合，应立即报告上级主管部门和当地县（市）公安局，并按运输部门规章，在有关代表参加下，编写报告书，分送公安部门、运输部门和上级主管部门。

爆破器材从生产厂或总库向分库运送时，包装箱（袋）及铅封必须完整无损。

运输和装卸爆破器材时，要采取严格的防范措施，防止差错、丢失和被盗；防止烟火、日晒和烘烤；防止静电、雷电、杂电、交流电或直流电引爆爆破器材；防止酸、碱或其他杂物与爆破器材接触或混装；防止性能不可共存的爆破器材，同存共运。

同一车厢或船舱内运输两种以上的爆破器材时，其中任何两种，均应满足共运的要求。

表 15-1，列出了爆破器材允许同存共运的范围。表中"＋"表示，爆破器材名称类横行的某种爆破器材与竖列的某种爆破器材二者可以同车（船）运输；"－"则表示不可同车（船）运输。

表 15-1　爆破器材允许共存的范围

爆破器材名称	黑索金	梯恩梯	硝铵炸药	胶质炸药	水胶炸药	浆状炸药	乳化炸药	苦味酸	黑火药	二硝基重氮酚	导爆索	电雷管	火雷管	导火索	非电导爆系统
黑索金	＋	＋	＋	－	＋	＋	－	＋	－	－	＋	－	－	－	－
梯恩梯	＋	＋	＋	－	＋	＋	－	＋	－	－	＋	－	－	－	－
硝铵炸药	＋	＋	＋	－	＋	＋	－	－	－	－	＋	－	－	－	－
胶质炸药	－	－	－	＋	－	－	－	－	－	－	－	－	－	－	－
水胶炸药	＋	＋	＋	－	＋	＋	－	－	－	－	－	－	－	－	－
浆状炸药	＋	＋	＋	－	＋	＋	－	－	－	－	＋	－	－	－	－
乳化炸药	－	－	－	－	－	－	＋	－	－	－	－	－	－	－	－
苦味酸	＋	＋	－	－	－	－	－	＋	－	－	＋	－	－	－	－

续表 15 – 1

爆破器材名称	黑索金	梯恩梯	硝铵炸药	胶质炸药	水胶炸药	浆状炸药	乳化炸药	苦味酸	黑火药	二硝基重氮酚	导爆索	电雷管	火雷管	导火索	非电导爆系统
黑火药	-	-	-	-	-	-	-	-	+	-	-	-	-	-	-
二硝基重氮酚	-	-	-	-	-	-	-	-	-	+	-	-	-	-	-
导爆索	+	+	+	-	+	+	-	-	-	-	+	-	-	-	-
电雷管	-	-	-	-	-	-	-	-	-	-	-	+	+	-	-
火雷管	-	-	-	-	-	-	-	-	-	-	-	+	+	-	+
导火索	+	+	-	-	-	-	-	-	-	-	-	-	-	+	-
非电导爆系统	-	-	-	-	-	-	-	-	-	-	-	+	+	-	+

　　在特殊情况下，经爆破工作领导批准后，起爆器材与炸药也可同车（船）装运。但其数量必须严格控制，炸药不得超过 1000kg，雷管不得超过 1000 发，导爆索和导火索不得超过 2000m，雷管必须装在内壁衬有软垫的专用保险箱内，箱子应紧固于运输的前部。装炸药的箱（袋）也不得放在雷管箱上。

　　运输爆破器材的车（船）还应按指定路线（航线）行驶，不准在人多的地方、交叉路口和桥上、桥下停留；车（船）上的爆破器材应用帆布覆盖；车（船）的首尾均应设危险标志；每批次爆破器材运输必须有押运人员，其他人员不准搭乘运载爆破器材的车（船）。

　　运输硝化甘油类炸药或雷管等敏感度高的爆破器材时，车厢或者船舱底部都应该铺软垫。雷管箱（盒）内的空隙部分应用泡沫塑料之类的软材料塞满，防止爆破器材振动和相互碰撞。容易结冻的硝化甘油炸药在气温低于 10℃ 或者难冻硝化甘油炸药在气温低于 15℃ 时，感度会升高。运输时必须采取保温和防冻措施。

15.1.2　爆破材料的装卸

　　装卸爆破器材的地点要有明显的危险标志（信号），白天悬挂红旗和警戒标志，夜晚有足够的照明并悬挂红灯。根据装卸时间的长短，爆破器材的种类、数量和装卸地点的情况，确定警戒的位置和专门警卫人员的数量。禁止无关人员进入，禁止携带发火物品进入装卸场地和严禁烟火。

　　将爆破器材装入运输工具之前，要认真检查运输工具的完好状况，确认拟用的工具是否适合运输爆破器材，清扫运输工具内的杂物，清洗运输工具内的酸、碱和油脂痕迹。

　　装卸爆破器材时，要有专人在场监督装卸人员按规定装卸，轻拿轻放，严禁摩擦、撞击、抛掷爆破器材。不准站在下一层箱（袋）子上去装上一层，不得与其他货物混装。

　　运输工具的装载量、装载高度、起重机的一次吊运量都必须按有关规定进行。

　　装卸爆破器材应尽可能在白天进行，雷雨或暴风雨（雪）天气，禁止装卸爆破器材。

15.1.3　矿山爆破材料的外部运输

　　现代物流的运输形式有多种，但矿山爆破材料的外部运输形式主要是以下几种：

　　（1）铁路运输。铁路运输爆破器材时，装爆破器材车厢的停车路线应与其他线路隔开，防止别的车辆进入。车辆必须楔牢，严禁溜放。车前后 50m 处要设危险标志。

车辆在矿区运行速度不得大于 30km/h，在厂区不得大于 15km/h。列车编组时，装有爆破器材的车厢与机车之间、炸药车厢与雷管车厢之间，应用未装爆破器材的车厢隔开。

（2）水路运输。在水路运输爆破器材，禁止用筏类运输设施。运输爆破器材的机动船的船舱底，必须严密无缝，船口能关严，与机舱相邻船舱的隔墙、蒸汽管均应有可靠的隔热措施，装爆破器材的船舱不得有电源，防止热能或电能引爆（燃）器材。

航行中的船只遇到大风、巨浪和浓雾时必须停止航行。船只停靠地点距岸上建筑物，不得小于 250m，船头和船尾要设危险标志，夜间和雾天设红色安全灯。船上要准备足够消防器材。

（3）汽车运输。准备用于运输爆破器材的汽车，出车前要认真检查，车库主任（或队长）要在出车单上注明"该车检查合格，准许用于运输爆破器材"。

司机应该熟悉爆破器材的性质，具有安全驾驶经验。在能见度好时，汽车的行驶速度不得超过 40km/h，在扬尘、有雾、暴风雪等能见度低时，行驶速度减半。在平坦的道路上行驶时，两台汽车之间的距离不得小于 50m，上山或下山时不得小于 300m。遇有雷雨时，车辆应停在远离建筑物和村庄的空旷地方，路面上有冰或雪时，车辆要有防滑措施。

（4）畜力车运输。用畜力车运输爆破器材，牲口要经过训练，性情要温驯，车辆要有制动，运输雷管或硝化甘油类炸药的车轮还要有防震装置。装载量不得超过正常装载量的一半，车上的爆破器材要捆牢，防止振动和丢失。行驶中两车之间的距离：在平坦的道路上不小于 20m，上山或下山时不小于 100m。车上要有危险标志。

15.1.4　爆破器材的矿山作业点运送

把爆破器材从竖井（斜井）井口、平硐口或露天堆放地点运送到作业地点的工作，称为爆破器材的矿山作业点运送。其形式有：竖井、斜井运输，电机车运输，斜坡道汽车运输，人工运搬。

（1）竖井、斜井运输。运输爆破器材经过竖井斜坡道井口时，不准在井口停留，上班、下班或提升人员集中时间，禁止升降爆破器材。升降爆破器材前，应首先通知卷扬司机和信号工，信号要确认，卷扬机操作要细心。用罐笼运输硝铵炸药，装载高度不得超过车厢边缘，运输硝化甘油炸药或雷管不准超过两层，层间要铺软垫。罐笼的升降速度不大于 2m/s。用吊桶或斜坡道卷扬机（斜井）运输爆破器材时，升降速度不大于 1m/s。运输电雷管时应采取绝缘措施。

除运输爆破器材的押送人员（爆破工）和信号工外，其他人员不得与爆破器材同罐升降。

（2）电机车运输。电机车运输爆破器材时，列车的前后应设明显的危险标志，使人在远处就能看到明显标志并能及时躲避。装爆破器材的车厢要用密闭型的专用车厢，防止架线落下或电火花引爆爆破器材，车厢内应铺设软垫。用架线电机车运输装卸爆破器材时，机车必须停电。运输电雷管时，必须采取可靠的绝缘措施。运行速度不得超过 2m/s。

（3）斜坡道汽车运输。汽车下井，在斜坡道用汽车运输爆破器材时，车辆应认真检查，完好无损，适合运输爆破器材。司机熟悉爆破器材的性能，技术熟练，驾驶经验丰富。车辆应在斜坡道中间行驶，速度不得超过 10km/h。会车让车时，应靠边停车，车头和车尾应安装特制的蓄电池红灯，作为危险标志。在上、下班或人员集中通过斜坡道时，禁止运输爆破器材。

（4）人工运搬爆破器材。爆破员不得提前班次领取爆破器材。领到爆破器材后，应将雷管和炸药分别装在两个专用的背包（或木箱）内，禁止装在衣袋内，爆破员应将爆破器材直接送到爆破地点，不得携带爆破器材在人群聚集的地方停留；禁止乱丢乱放。夜间或井下，爆破器材搬运人员要随身携带完好的矿用蓄电池灯、安全灯或绝缘手电筒。

一人一次运搬的爆破器材数量不准超过：

同时搬运炸药和起爆器材	10kg
拆箱（袋）搬运炸药	20kg
背运原包装炸药	1箱（袋）
挑运原包装炸药	2箱（袋）

注意：对不同的爆破器材，各矿山有不同规定，这里所列的运搬数量仅做参考。

15.1.5　爆破器材库管理

15.1.5.1　库区的管理

进入库区不准带烟火及其他引火物。进入库区不应穿带钉子的鞋和易产生静电的化纤衣服，不应使用能产生火花的工具开启炸药雷管箱。

库区的消防设备、通信设备、警报装置和防雷装置，应定期检查。从库区变电站到各库房的外部线路，应采用铠装电缆埋地敷设或挂设，外部电器线路不应通过危险库房的上空。

在通信方面，库区内不宜设置电话总机，只设与本单位保卫和消防部门的直拨电话，电话机应符合防爆要求；库区值班室与各岗楼之间，应有光、音响或电话联系。

在消防设施方面，应根据库容量，在库区修建高位消防水池，库容量小于100t者，贮水池容量为50m³（小型库为15m³）；库容量100~500t者，贮水池容量为100m³；库容量超过500t者，设消防水管。消防水池距库房不应大于100m，消防管路距库房不应大于50m。草原和森林地区的库区周围，应修筑防火沟渠，沟渠边缘距库区围墙不应小于10m，沟宽1~3m，深1m。

在安全警戒方面，库区昼夜设警卫，加强巡逻，无关人员不准进入库区。

15.1.5.2　库房的管理

库房照明，不应安装电灯，宜自然采光或在库外安设探照灯进行投射采光。电源开关和保险器，应设在库外面，并装在配电箱中。采用移动式照明时，应使用安全手电筒，不应使用电网供电的移动手提灯。并经常测定库房的温度和湿度，保持防潮和通风良好。

每间库房贮存爆破器材的数量，不应超过库房设计的安全储存药量。对爆破器材进行贮存时，应使爆破器材码放整齐、稳当，不能倾斜。在爆破器材包装箱下，应垫有大于0.1m高度的垫木。爆破器材的码放，宜有0.6m以上宽度的安全通道，爆破器材包装箱与墙距离宜大于0.4m，码放高度不宜超过1.6m。存放硝化甘油类炸药、各种雷管和继爆管的箱（袋），应放置在货架上。

对井下爆破器材库的电器照明，应采用防爆型或矿用密闭型电器器材，电线应用铠装电缆。井下库区的电压宜为36V。贮存爆破器材的硐室或壁槽，不得安装灯具。电源开关和保险器，应设在外包铁皮的专用开关箱里，电源开关箱应设在辅助硐室里。有可燃性气体和粉尘爆炸危险的井下库区，只准使用防爆型移动电灯和安全手电筒。其他井下库区应使用蓄电池灯、安全手电筒或汽油安全灯作为移动式照明。对爆破器材库房的管理，应建立健全严格的责任制、治安保卫制度、防火制度、保密制度等，宜分区、分库、分品种贮存，分类管理。

15.1.5.3　临时性爆破器材库和临时性存放爆破器材的管理

临时性爆破材料库应设置在不受山洪、滑坡和危石等威胁的地方，允许利用结构坚固但不住人的各种房屋、土窑和车棚等作为临时性爆破器材库。临时性爆破器材厚的最大存药量为:炸药10t,雷管2万发,导爆索10000m。

临时性爆破器材库的库房宜为单层结构,地面应平整无缝,墙、地板、屋顶和门为木结构者,应涂防火漆,窗门应用有一屋外包铁皮的板窗门。宜设简易围墙或铁刺网,其高度不小于2m。库内应设置独立的发放间和雷管库房,发放间面积不小于9m²。

不足6个月的野外流动性爆破作业,用安装有特制车厢的汽车或马车存放爆破器材时,存放爆破器材量不得超过车辆额定载重量的2/3,同一车上装有炸药和雷管时,雷管不得超过2000发和相应的导火索。特制车的车厢应是外包铝板或铁皮的木车厢,车厢前壁和侧壁应该开设有0.3m×0.3m的铁栅通风孔,外部开设有外包铝板或铁皮的木门,门应上锁,整个车厢外表应涂防火剂,并设有危险标记,并且不应将特制车厢做成挂车形式。在车厢内的右前角设置一个能固定的专门存放雷管的木箱,木箱里面应衬软垫,箱应上锁。车辆停放位置,应确保作业点、有人的建筑物、重要构筑物和主要设备的安全,白天、夜晚均应有人警卫。加工起爆管和检测电雷管电阻,允许在离危险车辆50m以外的地方进行。

15.1.5.4　爆破器材的收存和发放

爆破器材的收存和发放是爆破器材管理的重要内容,是防止爆破器材遗失、变质和禁止使用变质爆破器材的手段,是爆破器材保管员的主要职责。

(1) 收存。入库时,保管员应对入库的爆破器材及入库文件、资料进行认真检查,有下列情况之一者,不准该批爆破器材入库:

1) 入库手续不符合规定。例如,从外地运来爆破器材没有《爆炸物品购买证》和《爆炸物运输证》,本企业下属单位运(或交)来的爆破器材违反企业爆破器材管理规定或退库手续等。

2) 爆破器材的品种、数量与《爆炸物品购买证》或“入库单”等不一致。例如,某次爆破工程结束后,爆破工程领导人签写爆破器材退库单,指定爆破员持退库单和剩余的10发瞬发电雷管退回爆破器材库,途中爆破员将两发瞬发电雷管送人,保管员发现退库单上数字与实物不符。

3) 将要入库的爆破器材与库内原来存放的爆破器材不能共存者(见表15-1)。

4) 库内贮存的爆破器材已达到设计贮量。

5) 变质、失效的爆破器材和超过贮存期的爆破器材。

爆破器材入库后,保管员要在入库单或退回单上签字,并开出爆破器材入库收据。

(2) 发放。爆破器材发放有两种,一是将爆破器材卖给外单位,购货者提货发放;二是爆破器材用于本单位施工,爆破员领取爆破器材的发放。保管员发放爆破器材时必须遵守下列规定:

1) 认真检查提货单、《爆炸物品购买证》和《爆炸物品运输证》,不符合规定不能发放。

2) 本单位爆破施工使用的爆破器材,应根据爆破工作领导人提出的爆破器材计划和签发的爆破器材领取单(或称发料单)发放。

3) 按爆破器材入库的先后顺序发放,即早入库的先发,晚入库的后发。

4) 禁止发放过期、失效和变质的爆破器材。

5) 在符合安全要求的运输车和押运员到达指定的爆破器材装卸点后才准搬运爆破器材。

(3) 账目。爆破器材要有总账和流水账,爆破器材的收存和发放均要及时记账,做到日清月结,账物相符。账目和建账原始资料(如入库收据存根、发料单)要长期保存,不准轻易销毁。当发现账物不符，爆破器材或账目丢失或被盗时，要立即报告上级主管部门和当地公安机关。

15.1.6　爆破器材的销毁方法

经检验确认失效、不符合技术要求或国家标准的爆破器材，均应销毁。销毁时必须登记造册，编写书面报告；报告中应说明销毁爆破器材的名称、数量、销毁原因和销毁方法、销毁地点、时间；报告一式五份，分别报送上级主管部门、单位总工程师或爆破工作领导人、单位安全保卫部门、爆破器材库和当地县（市）公安局。

销毁工作应报上级主管部门批准，根据单位总工程师或爆破工作领导人的书面批准进行。爆破器材的销毁方法，主要有爆炸法、焚烧法和溶解法三种。

15.1.6.1　爆炸法

（1）销毁对象。只有确认雷管、导爆索、继爆管、起爆药柱、射孔弹、爆炸筒和炸药能爆炸时，才可用爆炸法销毁。

（2）地点和时间。销毁爆破器材一般应在专门销毁场进行，销毁场应设有坚固的掩体，掩体到销毁场的距离由设计确定。如无掩体，参加销毁的人员应撤到危险区之外，危险半径由设计确定。

销毁炸药筒、射孔弹、起爆药柱和有爆炸危险的废弹壳时，只准在深2m以上的坑（或废巷道）内进行，并在其上覆盖一层松土。

禁止在夜间、雨天、雾天和三级风以上的天气，用爆炸法销毁爆破器材。

销毁炸药时，一次销毁量不得超过20kg；应采用电雷管、导爆索或导爆管起爆，特殊情况下可用火雷管起爆。用火雷管起爆时，导火索必须有足够的长度，由下风向敷设到销毁地点。起爆药包必须用质量好的爆破器材制作。销毁传爆性能不好的炸药，可用增加起爆能的方法起爆。

15.1.6.2　焚烧法

（1）对象。炸药、火药、不溶解残药碴、导爆索等在焚烧时不会引起爆炸的爆破器材和不能使用的包装材料（经检查确认无雷管、残药），包装过硝化甘油炸药的有渗油痕迹的药箱（袋、盒）。严禁用焚烧法销毁雷管、继爆管、起爆药柱、射孔弹和爆炸筒。

（2）场地和时间。同爆炸法。此外，还应禁止将爆破器材装在容器内焚烧。

（3）销毁量。每个燃烧堆，允许销毁的爆破器材量不得超过10kg。

（4）焚烧方法。燃烧堆应有足够的燃料，在燃烧过程中不准添加燃料，药卷在燃料上应排列成行，互不接触，焚烧有烟和无烟火药，应散放成长条形，厚度不得大于10cm，条间距不得小于5m，条宽不得大于30cm，同时点燃的条数不得多于3条。

点火前应从下风向敷设导火索和引燃物，只有在一切工作人员进入安全区后才准点火。

只有确认燃烧堆完全熄灭后才准进场检查。焚烧场地冷却后，才准焚烧下一批爆破器材。

15.1.6.3　溶解法

不抗水的硝铵类炸药和黑火药可用溶解法销毁。对于不溶解的，应用焚烧法或爆炸法销毁。

15.2　早爆与盲炮的预防措施

15.2.1　早爆的产生原因与预防措施

早爆指在预定的时间之前意外起爆，如在装药过程中或装药结束但人员尚未完全撤离到安全地点之前发生的爆炸。早爆一旦发生，将造成财产损失和人员伤亡，所以应高度重视。

产生早爆的原因很多，如爆破器材不合格（导火索速燃、雷管速爆等）、工作面存在杂散电流、机械装药时产生的静电积聚、炸药自燃、意外机械作用引起雷管或感度高的炸药爆炸等。

下面就常见的几种原因进行分析，目的是避免早爆的发生。

15.2.1.1　杂散电流

杂散电流是存在于起爆网路之外的（如大地、风水管、矿体或其他物体的杂乱无章）漏电流，当其进入电爆网路且电流大于最大安全电流（0.03A）时，就可能引爆网路。

杂散电流主要来源有：

（1）架线式电机车牵引网路漏电。在轨道接头电阻较大、轨道与巷道底板之间的过渡电阻较小的情况下，就会有大量的电流进入大地，形成散电流。

（2）动力或照明线路漏电。电气设备或照明线路的绝缘破坏时，容易发生漏电，尤其在潮湿环境和有金属导体时，杂散电流就更大一些。

（3）化学电。装药散落在底板上的硝铵炸药，遇水时可形成化学电源。这是因为硝酸铵溶于水后，会离解成带正电的铵离子和带负电的硝酸根离子，在大地自然电流作用下，铵离子趋向负极，硝酸根离子趋向正极，在铁道、风水管之间形成电位差，即可形成其值达几十毫安的电流。

在工程中，对杂散电流应采取积极措施进行预防。如尽量减少杂散电流的来源，采用防杂散电流的电爆网路，采用抗杂散电流的电雷管，加强爆破线路的绝缘，采用非电起爆方法等等。

15.2.1.2　静电

静电是由于物体相互摩擦产生的，在爆破施工现场的静电主要源于压气装药器（可高达2~3万伏），也可能产生于作业人员穿的衣物。其危害表现在以下几个方面：

（1）可引爆雷管；

（2）直接引爆瓦斯、矿尘或药尘；

（3）对作业人员产生电击而引起坠落等二次伤害。

预防静电危害的措施有：

（1）机器装药时，采用半导体输药管和防静电装药工艺（穿半导体胶鞋）；

（2）采用抗静电雷管或非电起爆网路；

（3）严禁作业人员穿化纤衣服。

15.2.1.3　雷电

在爆破作业中，由于被雷电直接击中引起的电磁感应产生感应电流作用于爆破网路，雷电作用在矿岩上形成的静电，都可能引起早爆而产生事故。

在工程施工中，可采取以下措施：

（1）根据天气预报安排爆破工作，避开雷雨天气。

（2）采用屏蔽线连接爆破网路。

（3）在爆区附近设避雷针系统或防雷消散塔。

（4）采用非电起爆系统。

15.2.1.4　射频电

射频电的产生主要是由于爆破现场有电磁波的存在，当电磁波大小变化或起爆网路的大小或位置发生变化时，在电磁感应下会在起爆网路中产生感应电流，当其值达到一定数值时，就会使电爆网路产生早爆。故受射频电影响的场所主要是在无线电发射站、雷达站等强大的射频场内。表 15-2 为爆区与中长波（AM）的安全距离。表 15-3 为爆区与超高频（UHF）电视发射机的安全距离。可以看出，安全距离与发射机的功率有关，与发射频率也有关。

表 15-2　主爆区与中长波（AM）的安全距离

发射功率/W	$100 \sim 250$	$250 \sim 500$	$500 \sim 1000$	$1000 \sim 2500$	$2500 \sim 5000$	$5000 \sim 10000$
安全距离/m	109	136	198	305	455	670

表 15-3　爆区与超高频（UHF）电视发射机的安全距离

发射功率/W	$10 \sim 10^2$	$10^2 \sim 10^3$	$10^3 \sim 10^4$	$10^4 \sim 10^5$	$10^5 \sim 10^6$	$10^6 \sim 5 \times 10^6$
安全距离/m	7.6	136	198	305	455	670

在采用电爆网路时，为确保不因射频电发生早爆，首先应查明爆破地点附近是否有射频能源及其功率大小、距离远近。若射频能源对电力起爆有影响，就应采取措施，如采用屏蔽线爆破，或者改用非电起爆方法。

15.2.1.5　硫化矿自燃引起药包早爆

矿岩中的硫与水和空气中的氧发生反应并放出热量，使炮孔和装入孔内的炸药温度升高，温度升高又加剧了硫化矿的氧化反应。当矿岩含硫量达 18% 以上时，就可能由于硫化矿的自燃引起早爆。在工程中，可采用以下措施：

（1）降温后再装药。如当炮孔温度超过 35℃ 时，装药前应采取用水灌孔的措施，以降低炮孔温度。

（2）使用多层牛皮纸加沥青包装炸药，使炸药与炮孔隔开。

（3）加快装药连线速度，缩短爆破作业时间。

15.2.2　盲炮产生的原因与预防、处理措施

盲炮又称瞎炮，系指装药炮眼孔中的起爆药包启动后，雷管与炸药全部未爆或只有雷管爆而炸药未爆的现象。当雷管与部分炸药爆炸，称为半爆或残炮。半爆或残炮均属爆破事故。

盲炮是爆破作业中经常遇到的一种爆破事故，必须认真按照安全规程操作，采取措施尽力避免产生盲炮。表 15-4 中列出了盲炮产生的原因、处理方法及预防措施，以供实际爆破参考。

必须注意的是，在凿岩工作中，严禁打残眼，以免发生事故。

表 15 – 4　盲炮产生的原因、处理方法与预防措施

现　象	产生原因	处理方法	预防措施
孔底剩药	1. 炸药变潮变质，感度低； 2. 有岩粉相隔，影响传爆； 3. 径向间隙效应影响，传爆中断或起爆药包被带走	1. 用水冲孔 2. 取出残药	1. 采取防水措施； 2. 装药前，吹净炮眼； 3. 密实装药； 4. 防止带炮，改进参数
雷管爆、炸药未爆	1. 炸药变质或变潮； 2. 雷管起爆力不足或拒爆； 3. 雷管与药卷脱离	1. 掏出炮泥，重新装起爆药起爆 2. 用水冲洗炸药	1. 严格检查炸药质量； 2. 采取防水措施； 3. 雷管与起爆药包绑牢
雷管和炸药全部未爆	对火雷管起爆： 1. 导火索与火雷管不合格； 2. 导火索切口不齐或雷管与导火索脱离； 3. 装药时导火索受潮； 4. 点火遗漏或爆序乱。 对电雷管超爆： 1. 电雷管质量不合格； 2. 网路不符合准爆要求； 3. 网路连接错误，接头接触不良等。 导爆索（管）同上	1. 仔细掏出炮泥，重新装药起爆； 2. 仔细掏出部分炮泥重新装聚能药包进行殉爆起爆； 3. 查出错连炮孔，重新连线起爆； 4. 距盲炮 0.3m 以外钻平行孔重新装药起爆； 5. 水洗炮孔； 6. 用风水吹孔处理	1. 严格检查起爆器材； 2. 保证导火索与火雷管的质量，装药时导火索靠向孔壁，禁止用炮棍猛烈冲击； 3. 点火时注意避免漏点； 4. 电爆网路必须符合准爆条件，认真连接，并按规定进行检测； 5. 点火及爆序不乱； 6. 保护网路

15.3　爆破安全距离

在爆破施工中，安全距离是必须确定的一个重要技术参数。爆破安全距离是指进行爆破时会造成人员、设备、建（构）筑物伤害和损害的最大距离，设计时以其最大值作为警戒区的范围。

15.3.1　爆破飞石飞散距离的计算

大爆破时，个别飞石飞散的距离与爆破方法、爆破参数、炮孔填塞长度和填塞质量、地形、开采地质情况（岩石、岩溶发育、老洞等）和地质构造（节理、裂隙、软弱层等）以及气象条件等等因素有关，这些影响因素之间的关系是非常复杂的。在实际工作中一般是借鉴相关经验计算公式来估算飞石飞散的距离。

（1）硐室爆破个别飞石的飞散距离可按下式计算：

$$L = 20Kn^2W \tag{15 – 1}$$

式中　L——碎石飞散的安全距离，m；

　　　n——爆破作用指数；

　　　W——最小抵抗线，m；

　　　K——安全系数，一般取 1.0~1.5；风大顺风，抛掷方向取 1.5，山坡下山方向取 1.5~2。

（2）露天台阶爆破飞石飞散距离可按下式计算：

$$L = d \times \frac{40}{2.54} \tag{15 – 2}$$

式中　L——碎石飞散的安全距离，m；

d——深孔直径，cm。

在进行安全距离的确定时，可参考表 15 – 5。

表 15 – 5   爆破（抛掷爆破除外）时，飞石对人的安全距离

爆破类型和方法	个别飞散物最小安全距离/m	爆破类型和方法	个别飞散物最小安全距离/m
1. 露天土岩爆破 　破碎大块的裸露药包 　爆破法	400	4. 蛇穴爆破	300
浅眼爆破法	300	5. 深孔爆破	按设计，但不小于 200
2. 浅眼爆破	200（复杂地形条件下或未形成台阶工作面时不小于 300m）	6. 深孔药壶爆破	按设计，但不小于 300
		7. 浅眼眼底扩壶	50
		8. 深孔眼底扩壶	50
3. 浅眼药壶爆破	300	9. 硐室爆破	按设计，但不小于 300

注：1. 沿山坡爆破时，下坡方向的飞石安全距离应增大 50%。
　　2. 同时起爆或毫秒延期起爆的裸露爆破装药量（包括同时使用的导爆索装药量）不应超过 20kg。

15.3.2   爆破冲击效应的计算

15.3.2.1   空气冲击波超压值计算和控制标准

爆破引起的超压值可按以下经验公式计算：

（1）空中爆炸时

$$\Delta p = 10^4 g \left(7\frac{Q}{R^3} + 2.7\frac{Q^{2/3}}{R^2} + 0.84\frac{Q^{1/3}}{R} \right) \qquad (15-3)$$

式中　Δp——冲击波超压，MPa；

　　　Q——一次炸药量，kg（此式适用于 TNT 炸药）；

　　　R——距离爆炸中心的距离，m；

　　　g——重力加速度。

（2）地面爆炸时

$$\Delta p = 10^4 g \left(14\frac{Q}{R^3} + 43\frac{Q^{2/3}}{R^2} + 1.1\frac{Q^{1/3}}{R} \right) \qquad (15-4)$$

式中，各符号意义同前。

（3）露天钻孔爆破时

$$\Delta p = K \left(\frac{\sqrt[3]{Q}}{R} \right)^\alpha \qquad (15-5)$$

式中　K, α——与爆破条件有关的系数。一般阶梯爆破 $K = 1.48$；$\alpha = 1.55$；炮孔法爆破大块，
　　　　$K = 0.67$，$\alpha = 1.31$。

其他符号意义同前。

爆破形成的超压值对人员的伤害等级及对建筑物的破坏程度可参照表 15 – 6 和表 15 – 7。

表 15 – 6   超压值对人员的伤害等级

伤害等级	伤害程度	超压值 Δp/MPa
安　全	安全无损	0.02
轻　微	轻微挫伤	0.02 ~ 0.03
中　等	耳膜损伤，中等挫伤，骨折等	0.03 ~ 0.05

续表 15 - 6

伤害等级	伤害程度	超压值 Δp/MPa
严 重	内脏严重挫伤可引起死亡	0.05 ~ 0.10
极严重	大部分人员死亡	>0.10

表 15 - 7 超压值与建筑物破坏程度

破坏等级	建筑物破坏程度	超压值 Δp/Pa
1	砖墙结构完全破坏	$>2.0 \times 10^5$
2	砖墙部分倒塌或开裂，土房倒崩	$(1.0 \sim 2.0) \times 10^5$
3	木结构架柱倾斜、部分折断，砖结构屋顶散炸、墙部分移动或裂缝，土墙裂开或局部倒崩	$(0.5 \sim 1.0) \times 10^5$
4	木板隔墙破坏，木屋架折断，顶棚部分破坏	$(0.3 \sim 0.5) \times 10^5$
5	门窗破坏，瓦屋面大部分掀掉，顶棚部分破坏	$(0.15 \sim 0.3) \times 10^5$
6	门窗部分破坏，玻璃破碎，屋面瓦局部破坏，顶棚抹灰脱落	$(0.07 \sim 0.15) \times 10^5$
7	砖墙部分破坏，屋面瓦部分移动，顶棚抹灰部分脱落	$(0.02 \sim 0.07) \times 10^5$

15.3.2.2 空气冲击波最小安全距离

（1）一般松动爆破时，不考虑空气冲击波的安全距离。抛掷爆破的空气安全距离可按以下经验公式计算：

$$R = K \sqrt{Q} \tag{15 - 6}$$

式中 Q——一次炸药用量（微差分段爆破时为单段起爆药量），kg；

K——与爆破作用指数 n 和建筑物允许破坏程度有关的系数，可参考表 15 - 8 进行选取。

表 15 - 8 系数 K

建筑物破坏程度	爆破作用指数 n		
	3	2	1
完全破坏	5 ~ 10	2 ~ 5	1 ~ 2
玻璃偶然破坏	2 ~ 5	1 ~ 2	
玻璃破碎，门窗部分破坏，抹灰脱落	1 ~ 2	0.5 ~ 1	

在峡谷中进行爆破时，沿山谷方向 K 值应增大 50% ~ 100%，当被保护建筑物与爆源之间有密林、山丘时，K 减小 50%。

（2）大块裸露爆破时，人员安全距离计算经验公式为：

$$R = 25 \times \sqrt[3]{Q} \tag{15 - 7}$$

式中 R——空气冲击波对掩体内避炮人员的安全距离，m；

Q——一次炸药用量，kg，露天裸露爆破炸药量不得超过 20kg。

15.3.3 爆破地震效应的计算

爆破地震效应表现在其引起爆区附近区域产生振动。大量资料表明，振动速度的大小与炸药量、距离、介质情况、地形条件和爆破方法有关。岩土介质的振动矢量是由互相垂直的三个方向（垂直方向、水平径向和水平切向）的矢量和求得的，而作为判断标准，是采用其中最大的一个分向量。由于爆区附近垂直向振动比较明显，一般多采用质点垂直振动速度作为判定标准。

15.3.3.1　爆破地震振动速度的计算

对于爆破地震振动速度的计算，目前国内外均用根据工程爆破实测数据所推导的经验公式进行计算。可用以下经验公式计算：

集中药包时

$$v = \left(\frac{\sqrt[3]{Q}}{R} \right)^{\alpha} \tag{15-8}$$

条形药包时

$$v = \left(\frac{\sqrt{Q}}{R} \right)^{\alpha} \tag{15-9}$$

式中　Q——最大一段装药量（齐发爆破时为总装药量），kg；

$\quad\quad K$——与介质特性、爆破方式及其他条件因素有关的系数，参见表 15-9；

$\quad\quad \alpha$——与传播途径、距离、地质、地形等有关的系数，参见表 15-9；

$\quad\quad R$——距爆源中心的距离，m。

表 15-9　不同岩性的 K、α 值

岩石	K	α	岩石	K	α
坚硬岩石	50~150	1.3~1.5	软岩石	250~350	1.8~2.0
中硬岩石	150~250	1.5~1.8	土壤	150~220	1.5~2.0

由表 15-9 可以看出，系数 K、α 变化范围很大，很难准确选择。因此，最好通过试验确定，即可根据实测资料用最小二乘法求得。此外，K 和 α 也可以根据近似的条件参考类似的实际资料选取。若无法进行试验，也可用下式进行估算：

$$v = 65 \left(\frac{\sqrt[3]{Q}}{R} \right)^{1.65} \tag{15-10}$$

《爆破安全规程》规定的主要类型的建筑物地面质点的安全振动速度以及对人体容许的安全振动速度值见表 15-10。

表 15-10　《爆破安全规程》规定的安全振动速度

建筑物类型	规定的安全振动速度 /cm·s^{-1}	建筑物类型	规定的安全振动速度 /cm·s^{-1}
土窑洞、土坯房、毛石房屋	1.0	围岩不稳固，有良好支护巷	10
一般砖房、非抗震的大型砌块建筑物	2~3	围岩中等稳固，有良好支护的矿山巷道	20
钢筋混凝土框架房屋	5	围岩稳固，无支护的矿山巷道	30
人工隧洞	10	对人体容许的爆破振动速度	1.6
交通隧洞	15		

15.3.3.2 爆破地震安全距离计算

爆破地震安全距离可用以下经验公式计算：

$$R = \left(\frac{K\alpha}{v}\right)^{1/2} \times Q^m \qquad (15-11)$$

式中　R——距爆源中心的距离，m；

　　　　Q——最大一段装药量（齐发爆破时为总装药量），kg；

　　　　α——与传播途径、距离、地质、地形等有关的系数，参见表15-9；

　　　　K——与介质特性、爆破方式及其他条件因素有关的系数，参见表15-9；

　　　　m——药量指数，取1/3。

据美国矿务局推荐的安全爆破标准（对建筑物不产生破坏），允许振动速度 v 取5.04cm/s时，不同距离的允许用药量参见表15-11。

表15-11　不同距离的允许用药量

距离/m	6	9	15	21	30	40	50	60	70	100	110	120
药量/kg	0.6	1.4	3.8	7.5	15.7	26	45	60	90	160	203	258

15.3.3.3 降低爆破地震效应的措施

在爆破工程中，常常采用以下一些方法来降低地震效应：

（1）选用低爆速、低密度炸药或减小装药直径，可获得显著效果；

（2）限制一次爆破最大用药量，如采用微差爆破方法；

（3）增加布药的分散性，采用不耦合装药等；

（4）开挖防震沟，即在爆源和被保护物之间开挖一定深度、长度和宽度的堑沟。

总之，在工程爆破的设计施工中，由于炸药爆炸的特性，在爆破器材的生产、运输、贮存、使用、销毁的各个环节，均要严格按照相关规程进行，以确保安全。

由于爆破时剧烈的爆破效应，要防止由于爆破器材不合格、工作面存在杂散电流、机械装药时产生的静电积聚、炸药自燃、意外机械作用引起雷管或感度高的炸药爆炸等原因引起早爆事故。

我们在实际工作中，要正确确定安全距离（包括个别飞石、空气冲击波和地震波三个方面），并进行有效警戒；要尽量避免盲炮的产生，在出现盲炮时要采取正确的处理方式方法。

复习思考题

15-1　在矿山的工程爆破中，我们应该从哪些环节来确保安全？

15-2　在爆破器材的运输、贮存、使用与销毁中要注意什么？

15-3　早爆是怎样产生的，如何预防与处理？

15-4　盲炮是怎样产生的，如何预防与处理？

15-5　何为爆破安全距离，确定爆破安全距离的方法有哪些？

15-6　降低爆破地震效应的具体措施有哪些？

15-7　你在自己的矿山生产中是如何接触爆破器材的（讲你在押运、保管、领取、携带或搬运、使用爆破器材中，有哪些注意事项）？

16 爆 破 管 理

本章提要： 要想达到预期爆破效果并保证作业安全，现场的施工组织与管理是极为重要的。本章以爆破工程实例，介绍爆破作业程序、材料准备、组织管理、现场施工管理等内容。

16.1 爆破施工管理

16.1.1 爆破施工的作业程序

爆破施工要有严密的组织管理，一切工作安排、作业进度均需按计划进行。图 16-1 是一种爆破工程项目的作业程序，其他爆破工程的施工组织安排可参照部署。特殊情况酌情处理。

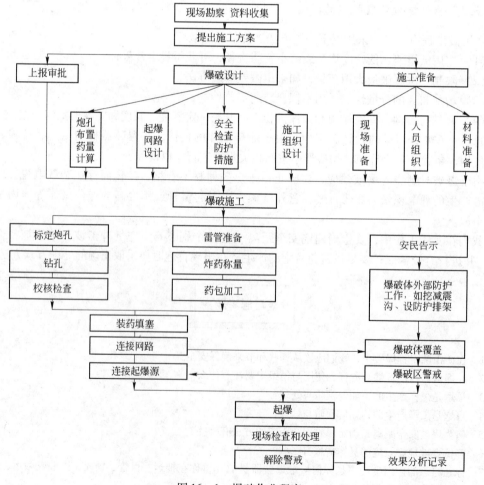

图 16-1 爆破作业程序

16.1.2　爆破施工准备

爆破施工准备，除人员组织和机具、材料准备外，为确保施工安全，还要注意以下事项：

（1）调查施工场地周围情况。在现场施工前，应了解施工周围有无电磁波发射源、射频电源及其他产生杂散电流或危及爆破安全的不安全因素，否则，应考虑采用非电起爆网路或相应的安全措施。还应充分了解邻近爆破区的建筑物、水电管路、交通枢纽、设备仪表或其他设施对爆破的安全要求，是否需要采取防护或隔离措施，必要时应进行安全检查和仪器监测。

（2）校核爆破设计方案。按照现场条件，对所提供爆破体的技术资料及图纸进行校核，包括几何尺寸、布筋情况、施工质量、材料强度等，如有变化，爆破设计应该以实际情况为准。还应注意有无影响爆破安全的因素，并在现场会同施工人员落实施工方案。

（3）决定合理的爆破时间。事先了解天气情况及爆破区的环境情况（如对位于闹市区的爆破现场应掌握人流、车流规律）；一般情况下，雷雨天和大雾天不允许进行爆破作业。

（4）了解爆破区周围的居民情况。会同当地公安部门和居委会作好安民告示，消除居民对爆破存在的紧张心理，取得群众的密切配合与支持，同时，对爆破时间可能出现的问题作出充分认真的估计，提前防范，妥善安排，避免不应有的损失或造成不良影响。

（5）研究决定如何设置爆破安全警戒。确定警戒范围和人员、安全撤离爆破地点。

（6）选定爆破器材的存放点和加工起爆药包的地点。

16.1.3　钻孔爆破的主要机具、材料落实

钻孔爆破的主要机具、材料落实工作如下：

（1）钻孔机具。钻孔机械有风动凿岩机（风钻）、内燃凿岩机和电钻。其中，常用的是风动凿岩机。风动凿岩机按其应用条件及架持方法，可分为平持式、柱架式、伸缩式几种。

钻孔直径范围为 34～42mm，爆破施工时的钻孔直径一般取 38～40mm。

内燃凿岩机只能钻垂直孔或倾斜角不大的斜孔，当钻孔深度超过 10m 时，效率显著降低。

（2）爆破器材。爆破器材，为普通工业炸药、电雷管、火雷管、导火索、塑料导爆管、导爆索、继爆管、起爆器械、导通器等，应按设计要求予以准备。

（3）防护材料。一般可用草袋、荆笆、胶皮带、铁丝网、铁板等根据设计要求准备。

（4）辅助材料及仪表。加工药包用牛皮纸、防水套，装药堵塞用木棍、铁锹等；连接爆破网路用电雷管测试仪、爆破电表、锁口钳、胶布等；警戒用信号旗、警报器、口哨等准备。

16.1.4　施工组织设计

对于规模较小的爆破任务，一般应在工程开始之前，提出并落实钻孔劳动力安排及进度；建立爆破组织和安全警戒组；提出材料购买计划与劳动安全防护措施；拟定爆破时间和爆破实施要求，整个爆破工作都应有计划、有组织地进行。

对于大、中型爆破工程，应编制施工组织计划书，以加强施工管理，提高工程经济效益，保证质量和安全。施工组织计划书一般包括的主要内容有：（1）工程概况；（2）工程数量表；（3）施工进度表；（4）劳动力组织；（5）机械、工具表；（6）材料表；（7）施工组织措施及岗位责任；（8）安全措施。

16.1.5　施工组织机构

大规模或高难度的爆破工程应成立爆破组织机构，其组成与任务如下：

（1）爆破指挥部。爆破指挥部由总指挥、副总指挥和各组组长组成。其主要的任务是：

1）全面领导指挥爆破设计和施工的各项工作；

2）根据设计要求，确定爆破施工方案，检查施工质量，及时解决施工中出现的问题；

3）对全体施工人员进行安全教育，组织学习安全规程及进行定期和不定期的安全检查；

4）在严格检查爆破前各项条件已达到设计规定之后，指挥发爆破信号和下达起爆命令；

5）检查爆破效果，进行施工总结。

（2）爆破技术组。爆破技术组的任务是进行爆破设计，向施工人员进行技术交底以及讲解施工要点；标定孔位，检验爆破器材；指导施工解决施工技术问题。

技术组长由参加爆破设计的领导或设计主要负责人担任。

（3）爆破施工组。施工组组长由施工单位指派的领导担任。该组的任务是按设计要求进行钻孔；导通电雷管，导线电阻检测；制作起爆药包，装药填塞；进行防护覆盖；检查电源，在总指挥命令下合闸起爆；进行爆破后的检查，如遇到拒爆的情况，应按安全规程进行处理。

（4）器材供应组。器材供应组组长由供应和保管部门的有关人员担任。该组任务是：

1）负责爆破器材的购买与运输工作；

2）保管各种非爆破器材、机具及供应各种材料；

3）供应各种防护材料及施工中所用的材料。

（5）安全保卫组。安全保卫组组长由熟悉爆破安全规程、责任心强的人员担任。该组的任务是：

1）负责爆破器材的保管、发放工作；

2）组织实施安全作业，起爆前负责派出警戒人员，爆破后负责组织排除险情；

3）负责向爆破区附近的单位、居民区和有关人员进行宣传和解释工作。

施工组织建立后，应召集会议，下达任务，明确要求，组织学习有关技术资料和爆破安全规程，从而保证安全、保证质量，按期完成爆破任务。

16.2　爆破施工组织管理

爆破施工主要包括钻孔、装药、堵塞、连线、警戒、起爆和爆后检查。在各类爆破施工中，一般采用小孔直径（34~42mm）和分散装药结构，钻孔位置、药包位置及其药量的准确度要求高。特别是重要爆破对于安全防护要求也很高。爆破施工也将直接影响爆破的效果和安全。

16.2.1　标孔及钻孔

16.2.1.1　标孔

标孔是按照爆破设计，将孔位准确地标定在被爆物体上。标孔前要首先清除爆破目标表面的积土和破碎层，再用油漆或粉笔等标明各个孔位，标孔应注意以下事项：

（1）不能随意变动钻孔的设计位置。遇有设计和实际情况不符时，应同技术人员协商处理。

（2）一般先标边孔，后标其他孔。边孔自由面多，碎块易飞散。

标定边孔时，应从主要防护方向上标起，以便保证这些孔的准确位置。

（3）为了防止测量或设计中可能出现的偏差，应校核最小抵抗线和被爆矿岩体的实际尺寸，使实际的最小抵抗线与设计的最小抵抗线基本相符，出现碎块飞散或块度不匀的现象。

（4）在发现孔的设计位置已暴露或有明显错误时，要与技术人员商定后调整。

（5）在切割或预裂爆破时，对不装药空孔除标定孔位外，还应作标记，以防误装药。

（6）所标定的孔应编号，使之与钻孔说明书上的孔号、孔深、方向及角度相符。

16.2.1.2 钻孔

地下矿柱回采常用浅眼爆破，炮孔直径为 34～42mm，孔深一般为 0.5～2.0m。钎头形状以"一"字形和"十"字形为常见，钎刃镶有 YGS 或 YG15 等硬质合金片。目前在坚硬岩石中，钎头平均寿命可达钻孔 100m 以上。但在钻孔的过程中应注意以下事项：

（1）应准确地按标定的孔位钻孔。保证合格的孔深、角度和方向。

（2）边钻孔、边检查和验收。验收前，要进行编号、登记，防止漏钻。炮孔钻好后，应将炮孔吹净，并将孔口封盖，以防杂物堵塞炮孔。

（3）遇有碎块卡在孔中，可将钢钎杆插入孔中，用锤击钎，使碎块坠入孔底。遇有卡住钎头，经处理后，在原孔附近适当位置另行钻孔。

（4）未达到设计深度或角度的炮孔，应报废或重新补钻。超深孔用硬黏土填实到设计深度。

（5）炮孔内有水要做好炮孔的排水或在爆破材料上采取防水措施。

16.2.2 装药与填塞

16.2.2.1 药卷制作

爆破药卷的制作方法是，先按照设计的药卷直径制作纸筒，将称量的炸药装入纸筒（应在纸筒外面标明药包重量），然后把经过电阻测定的电雷管或预制好的带导爆管的雷管插入药中，将纸筒口收拢折转即可。药包包装要求捆扎规整、装药密实、雷管居中，当要防潮时，在药卷外另套一塑料防水套，并处理好开口端的封口，也可以用乳化炸药等防水炸药。不管是用岩石硝铵炸药还是乳化炸药，药卷直径都不得小于各自的临界直径。药包称重要准确。

16.2.2.2 装药

装药前，要仔细检查炮孔情况，清除孔内积水、杂物。检查孔深及药卷编号是否与设计相符。装药时，先将电雷管脚线展开适当长度，再将药卷置于孔口，一边握住脚线，一边用带刻度的木制炮棍轻推药卷到达规定位置。要防止雷管和药包脱落，也要防止雷管脚线掉入炮孔内。当装药的炮孔数目很多而且集中时，可按起爆的段数分配到各装药小组。

炮孔分散、起爆段数较少时，可将炮孔分配到装药小组，再按起爆段数落实到装药工。每个装药组和个人，必须明确自己的装药孔位、孔数、装药量和起爆段数。并在整个过程中做到：

（1）精心操作，严防装错药量及起爆雷管的段数。

（2）装小直径药卷时，应防止偏斜，以免填塞时折断。

（3）向孔内推送药卷时，应避免损伤雷管脚线，防止脚线掉入孔中。

（4）分层装药的电雷管脚线较多，各段应有明显标志，以免连错。

16.2.2.3 填塞

炮孔填塞，应该注意填塞材料、填塞长度、填塞方法多方面问题。

（1）填塞材料。爆破所用的炮孔填塞材料有黏土、砂、岩粉或水等。通常用黏土与砂的混合物，其混合比可取 2:1 或 3:1，要求不混合石块和较大颗粒，含水量为 15%～20%，使填塞材料用手握住略使劲时，能够成形，松手后不散且手上不沾水迹。为了便于使用，可制成直径 30mm、长达 80～100mm 的炮泥。大量使用时，可采用炮泥机制作。对分层（间隔）装药，药包间的堵塞材料可用干砂。当垂直炮孔深度大于 800mm 时，可用干砂堵塞。不漏水的垂直炮孔，可用水作填塞，但应使用抗水处理的药卷。用水作填塞物，还有降尘的效果。

（2）填塞长度。炮孔填塞长度不应小于最小抵抗线，一般为最小抵抗线的 1.2 倍，对于直径小于 40mm 的炮孔，应要求整个炮孔填满。水封填塞时，药卷顶部的水深应超过 400mm。

（3）填塞方法。药卷已装在规定位置后，可先洒入 30～50mm 厚干砂和岩粉，以起缓冲作用。然后将长度为 80～100mm 的炮泥逐段装入炮孔，边装边捣，防止出现"空段"，起初用力轻些，逐渐加力捣实。分段装药时药卷之间可以采用干砂或钻孔岩粉充塞，一般不必捣实。最上一段装药后，要填塞至孔口，且必须捣实。

16.2.3 安全防护

爆破防护是爆破施工的重要环节，不仅可以围挡个别飞石，还可以起到减少噪声的效果。现场施工过程中对防护对象而言，主要可以分为以下几类：

（1）爆破体防护。对爆破体的防护，主要是对装药区进行覆盖。在常用覆盖材料中，草袋比较廉价，在使用中，可将 3～4 个草袋用细绳或细铁丝连成一片，喷湿或内装少量砂土以加强覆盖防护效果。用废轮胎编制的胶帘具有较好弹性，而且经久耐用，是良好的覆盖材料。

（2）对保护对象的防护。对被保护对象的防护，主要在离爆破体一定距离外，设立一定高度的排架，其材料可用木板或铁丝网。排架的高度，由爆破体及其排架位置决定。

（3）绝缘保护。防护材料覆盖时，要注意保护电爆网路，在采用铁丝网等金属材料覆盖时，还要注意不使裸露的电雷管脚线与金属网相接触，所有接头均应处于绝缘状态。

16.2.4 起爆前的撤离工作

为了保证施工现场附近来往行人、施工人员及交通运输的安全，在起爆之前必须做好撤离和警戒工作。起爆前在选定的明显位置设立标志，交通路口设置警戒哨所，并将起爆时间、危险范围、要求撤离时间、起爆信号等，以书面形式事先通知当地有关部门和单位，以便做好撤离工作。对危险区内的建筑物及设备，应根据设计方案确定的爆破地震波、空气冲击波、个别飞石的影响范围，采取相应的防护措施或者撤离。警戒人员，要在起爆前彻底清查危险区内的人员撤离情况，确认危险区内的人员全部撤离且撤离到指定的安全地点后，向爆破指挥部汇报撤离情况。

16.2.5 起爆站和警戒信号

16.2.5.1 起爆站

起爆站应建在爆破危险区之外，一般建在爆区的上风向并且交通方便、视野宽阔的地点。如果起爆站设在飞石危险区内时，要设坚固的掩体，并在面对爆区的方向留出瞭望孔。起爆站内的设备，由专门警卫保护。当起爆站与爆破指挥部不设在一起时，应有比较可靠的通信设施，站与站、站与指挥部之间要形成通信联络网。

16.2.5.2 警戒信号

爆破前必须发出音响和视觉信号，使危险区内的人员都能清楚地听到或看到。并在事先知道警戒范围、警戒标志和声响信号的意义以及发出信号的方法和时间。

第一次信号——预告信号。所有与爆破无关人员应立即撤到危险区以外或撤至指定的安全地点，并向危险区边界派出警戒人员。

第二次信号——起爆信号。确认人员、设备全部撤离危险区，具备安全起爆条件时，方准发出起爆信号。根据这个信号准许爆破员起爆。

第三次信号——解除警戒信号。未发出解除警戒信号前，岗哨应坚守岗位。除爆破工作领导人批准的检查人员以外，不准任何人进入危险区。经检查确认安全后，方准发出解除警戒信号。

为了达到准确起爆的目的，现场应采用倒计数法发布起爆口令。这种口令简单明了、准确，能使人们思想集中，产生了准备时间即将完毕、起爆就要开始的紧迫感。

16.2.6 爆破现场的安全检查

现场爆破后，爆破员必须在规定的等待时间后，再进入爆破地点。检查是否有冒顶、危石、支护破坏、盲炮，以及拆除爆破时建筑物未完全倒塌或倒塌未稳定等现象，如果检查有上述情况，都应及时处理，未处理前应在现场设立危险警戒和标志。在确认爆破地点安全后，才能允许其他人员进入现场。每次爆破后，爆破员都应该认真填写爆破现场的安全检查记录。

16.3 爆破作业人员的职责

根据爆破作业人员在爆破工作中的作用和职责范围，在《爆破安全规程》中把爆破作业人员分成：爆破工作领导人、爆破工程技术人员、爆破段（班）长、安全员、爆破员、爆破器材库主任、爆破器材保管员和爆破器材试验员。《爆破安全规程》中规定，进行爆破工作的企业必须设有爆破工作领导人、爆破工程技术人员、爆破段（班）长和爆破器材库主任。

在爆破工作领导人的领导下，爆破段（班）长直接领导爆破员、安全员，按爆破技术人员的爆破设计或爆破说明书，前往爆破器材库按规定领取爆破器材，并将其运至爆破作业地点，检查炮孔或硐室，消除作业地点的不安全因素，加工起爆药包、装药、填塞、连线、警戒、发信号、起爆、检查爆破效果，并进行盲炮处理，将剩余的爆破器材交回爆破器材库。

从爆破工作开始到结束，爆破施工和爆破器材运搬等工作都是由爆破段（班）长和爆破员、安全员完成的。《爆破安全规程》规定了爆破工作领导人、爆破工程技术人员、爆破段（班）长、安全员、爆破员、保管员、押运员和爆破器材库主任的职责。

16.3.1 爆破工作领导人的职责

爆破工作领导人，应由从事过三年以上与爆破工作有关工作经历、无重大责任事故，熟悉爆破事故预防、分析和处理，并持有安全作业证的爆破工程技术人员担任。其职责是：

（1）主持制订爆破工程的全面工作计划，并负责实施；

（2）组织爆破业务、爆破安全的培训工作和审查、考核爆破作业人员的资质；

（3）监督爆破作业人员执行安全规章制度，领导安全检查，确保工程质量；

（4）主持制定重大或特殊爆破工程的安全操作细则及管理条例；

（5）组织和领导爆破工作的设计、施工和爆破工作的总结；

（6）参加爆破事故的调查和处理。

16.3.2　爆破工程技术人员的职责

爆破工程技术人员应持《安全作业证》上岗。其职责是：

（1）负责爆破工程的设计和总结，并指导施工、检查质量；

（2）负责制定盲炮处理措施，进行盲炮处理技术指导；

（3）制定爆破安全技术措施，并检查实施情况；

（4）参加爆破事故的调查和处理。

16.3.3　爆破段（班）长的职责

爆破段（班）长由爆破技术人员或从事过三年以上与爆破工作有关的爆破员担任，其职责是：

（1）领导爆破员进行爆破工作；

（2）制止无《爆破员安全作业证》的人员进行爆破作业；

（3）监督爆破员执行爆破安全规程和器材的保管、使用、搬运制度；

（4）检查爆破器材的现场使用情况，并做好剩余爆破器材的及时退库工作。

16.3.4　爆破员的职责

爆破员的职责是：

（1）保管所领取爆破器材，不得遗失、转交和擅自销毁爆破器材；

（2）按照爆破指令单和爆破设计规定，进行爆破作业；

（3）严格遵守《爆破安全规程》和安全操作细则；

（4）爆破后检查工作面，发现盲炮和其他不安全因素及时上报或处理；

（5）爆破结束后，马上将剩余的爆破器材如数交回爆破器材的贮存库。

取得爆破员安全作业证的新爆破员，应在有经验的爆破员指导下实习三个月方准独立进行爆破工作。在高温、有沼气或粉尘爆炸危险场所的爆破工作，应由经验丰富的爆破员担任。

爆破员更换爆破类别，应该经过专门的培训学习与训练。

16.3.5　安全员的职责

安全员应由经验丰富的爆破员或爆破工程技术人员担任，其职责是：

（1）负责本单位爆破器材的购买、运输、贮存和使用过程中的安全管理；

（2）督促爆破员、保管员、押运员及其他作业人员按照《爆破安全规程》和操作细则进行作业，制止违章指挥和违章作业，纠正错误的操作方法；

（3）经常检查爆破工作面，发现隐患及时上报或处理，并有权要求停止现场作业；

（4）经常检查本单位的爆破器材仓库安全设施完好情况和安全管理制度；

（5）有权制止无《爆破员安全作业证》的人员进行爆破作业；

（6）检查爆破器材的现场使用情况和剩余爆破器材的及时退库情况。

16.3.6　爆破器材保管员的职责

爆破器材保管员的职责是：

（1）负责验收、保管、发放与统计爆破器材；

（2）对无《爆破安全作业证》和领取手续不完备的人员拒绝发放爆破器材；

（3）及时统计、报告有问题或者已经过期、变质失效的爆破器材；

（4）参加对过期、变质、失效的爆破器材的销毁工作。

16.3.7　爆破器材押运员的职责

爆破器材押运员的职责是：

（1）负责核对所押运的爆破器材的品种和数量；

（2）监督运输工具按照规定的时间、路线和速度行驶；

（3）监督运输工具所装载的爆破器材不超高、不超载运输；

（4）负责看管爆破器材，防止爆破器材途中丢失、被盗或其他事故。

16.3.8　爆破器材库主任的职责

爆破器材库主任应由经验丰富的爆破员或爆破工程技术人员担任，其职责是：

（1）负责制定仓库管理条例并报上级批准；

（2）检查、督促爆破器材保管员的工作；

（3）定期清库核账，及时上报过期及质量可疑的爆破器材；

（4）组织或参加爆破器材的销毁工作；

（5）督促检查库区安全情况、消防设施和防雷装置，发现问题及时处理。

复习思考题

16-1　爆破施工的一般作业程序是怎样的？

16-2　爆破施工准备应包括哪些主要内容？

16-3　爆破施工组织机构组成是怎样的，各自的任务是什么？

16-4　爆破警戒信号分为哪几种，每种信号的目的和意义是什么？

16-5　不同爆破作业人员在爆破工程中的作用和职责分别是什么？

16-6　为什么要对爆破作业人员进行分类管理，你在爆破工作中怎么服从管理？

附件 1

爆破工参考资料

[1] 伍汉. 爆破工程. 北京：冶金工业出版社，1989.

[2] 管伯伦. 爆破工程. 北京：冶金工业出版社，1993.

[3] 刘殿中. 工程爆破实用手册. 北京：冶金工业出版社，1999.

[4] 中华人民共和国爆破安全规程 GB 6722—2003. 北京：中国标准出版社，2004.

[5] 郭进平等. 新编爆破工程实用大全. 北京：光明日报出版社，2002.

[6] 庙延钢等. 工程爆破与安全. 昆明：云南科技出版社，2001.

[7] 秦明武. 控制爆破. 北京：冶金工业出版社，1993.

[8] 王廷武. 地面与地下工程控制爆破. 北京：煤炭工业出版社，1990.

[9] 祝树枝等. 近代爆破理论与实践. 北京：中国地质大学出版社，1993.

[10] 何广沂. 大量石方松动控制爆破新技术. 北京：中国铁道出版社，1995.

[11] 张志呈. 定向断裂控制爆破. 重庆：重庆出版社，2000.

［12］钮强. 岩石爆破机理. 沈阳：东北工学院出版社，1990.

［13］钟冬望等. 爆炸安全技术. 武汉：武汉工业大学出版社，1992.

［14］张立国. 非电导爆管起爆网路传爆性能的对比分析. 有色金属（矿山部分），2004，2.

附件 2

爆破作业人员安全技术考核标准（GB 53—93）

中华人民共和国　劳动部

1　主题内容与适用范围

1.1　本标准规定了爆破作业人员安全技术考核内容，包括爆破设计、施工、组织管理和爆破器材储存、保管、加工、运输、检验与销毁。

1.2　本标准适用于除军事工程以外的爆破作业人员、单位及主管部门。

1.3　本标准所指爆破作业人员，包括爆破工程技术人员、爆破员、爆破器材保管员、安全员、押运员。

2　引用标准

GB 6722　爆破安全规程

GB 5306　特种作业人员安全技术考核管理规则

3　培训考核内容与尺度

3.1　爆破工程技术人员培训考核内容与尺度

3.1.1　爆破工程技术人员应了解：

a　爆破安全技术的现状和发展方向；

b　爆破器材的储存、运输、检验、销毁的安全要求和方法；

c　爆破安全管理的基本内容和方法。

3.1.2　爆破工程技术人员应掌握：

a　爆破工程地质、爆破对象性质、爆破作用原理和爆破技术；

b　各类爆破方法的特点和适用条件；

c　各类爆破方法的爆破器材、使用条件；

d　爆炸与爆破事故的分析和预防。

3.1.3　爆破工程技术人员必须熟练掌握：

a　爆破安全规程和国家有关法规；

b　所从事的工程爆破设计、施工计划、组织和管理；

c　爆破工艺全过程的管理和安全技术；

d　早爆、盲炮、炮烟中毒的预防和处理；

e　爆破事故抢救技术。

3.2　爆破员培训考核内容与尺度

3.2.1 爆破员应了解：

a 爆破工程地质和爆破对象性质的一般知识和爆破作用的基本概念；

b 工程爆破的一般要求，影响爆破安全和效果的主要因素；

c 爆破器材的种类、性能、使用条件和安全要求；

d 各种爆破方法的基本知识；

e 装药量计算和安全距离的确定。

3.2.2 爆破员应掌握：

a 爆破安全规程；

b 爆破设计书和爆破说明书的要点；

c 早爆、盲炮、炮烟中毒的预防技术。

3.2.3 爆破员必须熟练掌握：

a 爆破安全规程中与所从事作业有关的条款和安全操作细则；

b 起爆药包的加工和起爆方法；

c 装药、堵塞、网路敷设、警戒、信号、起爆等爆破工艺和操作技术；

d 爆破器材的领取、搬运、外观检查、现场保管与退库的规定；

e 常用爆破器材的性能，使用条件和安全要求；

f 爆破事故的预防和抢救；

g 爆破后的安全检查和盲炮处理。

3.3 爆破器材保管员和押运员培训考核内容与尺度

3.3.1 爆破器材保管员和押运员应了解：

a 爆破器材库的类型、结构；

b 爆破器材的种类、性能和应用条件；

c 爆破器材的爆炸性能检验。

3.3.2 爆破器材保管员和押运员应掌握：

a 爆破器材运输、储存、管理的基本知识与规定；

b 爆破器材库的安全距离和要求；

c 库区安全检查；

d 警卫制度。

3.3.3 爆破器材保管员和押运员必须熟练掌握：

a 爆破器材库的通信、照明、温度、湿度、通风、防火、防电和防雷要求；

b 爆破器材的外观检查、贮存、保管、统计和发放；

c 爆破器材的报废与销毁方法；

d 意外爆炸事故的抢救技术。

3.4 安全员参照本标准第3.2条和第3.3条的内容与尺度进行培训和考核。

4 培训方法

4.1 爆破工程技术人员

4.1.1 爆破工程技术人员一般均应参加所属产业部考核组或其授权单位主办的为期不少于一个半月、使用推荐教材《爆破工程》的培训班。

4.1.2 现任中级、高级爆破工程技术人员，也可以向所属产业部考核组登记备案后，自学本标准推荐的培训教材《爆破工程》。

4.1.3　初级爆破工程技术人员必须参加所属产业部考核组或其授权单位主办的爆破工程技术人员培训班，进行统一培训。

4.2　爆破员

4.2.1　参加发证机关认可的开办时间不少于一个月的爆破员培训班。

4.2.2　对现任有《爆破员证》的爆破员，也可以按 GB 6722《爆破安全规程》和本标准推荐教材《爆破员读本》的要求，结合实际，由本单位组织培训或自学。

4.3　爆破器材保管员、安全员和押运员

4.3.1　参加发证机关认可的开办时间不少于半个月的培训班；

4.3.2　对现任爆破器材保管员、安全员和押运员，也可以按本标准推荐教材《爆破器材管理人员读本》的要求，由本单位组织培训或自学。

5　考核

5.1　考核组织

5.1.1　爆破工程技术人员的考核由所属产业部（或总公司）的爆破安全技术考核组或几个产业部联合组织的考核组领导进行，公安部主管部门负责人及有关爆破专家参加。

5.1.2　爆破员、保管员、安全员和押运员的考核由爆破安全技术考核小组领导进行，该小组由所在县（市）公安机关负责人和有经验的爆破工程技术人员组成。

5.2　考核程序

5.2.1　爆破工程技术人员

a　申请

参加考核的爆破工程技术人员的所在单位应填写《爆破作业人员安全技术考核申请书》和《爆破作业人员安全技术考核申报表》（申请书和申报表由公安部统一印制），报送所属产业部的考核组。

b　组织考核

所属部的考核组根据本年度申请考核的人数、档次、地区，负责确定考核时间、地点、命题，通知申请人赴考，确定评分标准和资格审查等具体事项。

5.2.2　爆破员、保管员、安全员和押运员

a　申请

申请爆破员、保管员、安全员和押运员安全技术考核的单位，应首先向当地县（市）公安局考核小组递交申请书和申报表。

b　组织考核

县（市）考核小组根据当地申请爆破员、保管员、安全员和押运员安全技术考核人数，确定考核时间、地点、命题，通知申请人赴考，确定评分标准和资格审查等具体事项。

5.2.3　每年定点组织考核，误考者可在下次重新申请考核。

5.3　考核一般规定

5.3.1　爆破安全技术考核分为理论考核和实践考核，先进行理论考核，合格后才能进行实践考核。实践重于理论，实践考核不合格整个考核也不能合格。

5.3.2　合格线

a　理论考核满分为 100 分，60 分为合格；

b　实践考核分为合格和不合格。

5.4　理论考核

5.4.1　理论考核包括应了解、应掌握、必须熟练掌握等三个层次，各类题都应有标准答案。

5.4.2　考题层次分了解范围内容题目 20%，掌握内容的题目 30%，熟练掌握内容的题目 50%。

5.4.3　考核形式：考核组按考核层次分配原则，根据报考人报考的档次，拟出分量和难易程度相同的三份试卷，由报考人任意抽取一份试卷进行理论考核。

5.4.4　判分：应了解和应掌握范围的题目，做错的题扣该题应得分；必须熟练掌握范围的题目，做错一题整个考卷为不合格。

5.5　实践考核

5.5.1　实践考核只考核必须熟练掌握一个层次的内容。

5.5.2　爆破工程技术人员：在考核组认定的实践考核基地，并在考核组成员或考核组指定的经安全技术考核合格的具有中级以上技术职务的爆破工程技术人员的监督下，设计、指导、实施报考人拟从事的爆破工程。

5.5.3　爆破员：在考核小组指定的考核地点，并在考核小组成员或考核小组指定的安全技术考核合格的爆破工程技术人员的监督下，完成报考人拟从事爆破工程的实际操作。

5.5.4　爆破器材保管员：在考核小组指定的爆破器材库，并在考核小组成员或考核小组指定的安全技术考核合格的爆破器材保管员的监督下，对常用爆破器材进行外观检查、储存、保管、发放和销毁的实际操作。

5.5.5　安全员：在考核小组指定的单位，并在考核小组成员或考核小组指定的安全技术考核合格的安全员的监督下，进行安全检查和安全教育。

5.5.6　爆破器材押运员：在考核小组指定的单位，并在考核小组成员或考核小组指定的安全技术考核合格的押运员的监督下，押运爆破器材。

5.5.7　在实践考核过程中，未出现下列任何一种情况时，可判为合格，否则判为不合格。

a　违反《爆破安全规程》或国家有关法规；

b　发生事故；

c　组织管理混乱；

d　设计不合理；

e　操作有误或操作不符合标准。

6　发证和证件管理

6.1　证件

6.1.1　经考核合格的爆破作业人员，应发给相应的安全作业证。

6.1.2　安全作业证应包括下列内容：

a　姓名；

b　性别；

c　身份证号码；

d　职务或职称；

e　受过何种安全技术培训；

f　考核成绩和主考人；

g　允许进行爆破作业的范围；

h　违反安全规程记录；

i　事故记载；

j　工作变动；

k　发证时间和证件号码；

l　发证机关盖章和发证人签名。

6.1.3　安全作业证由公安部统一制定式样，省以上发证机关统一制作。

6.2　发证

6.2.1　考核合格爆破工程技术人员的作业证、初级职称人员合格证明，由所在省、自治区、直辖市公安厅、局发给；中、高级职称人员合格证明由公安部主管爆炸物品的部门发给。

6.2.2　爆破员、爆破器材保管员、安全员和押运员安全作业证应由当地县（市）公安局发给。

6.3　证件管理

6.3.1　定期复审

a　对爆破作业人员要定期进行复审，复审工作由原发证机关负责；

b　爆破工程技术人员的安全技术复审每四年进行一次；

c　爆破员、爆破器材保管员、安全员和押运员的安全技术复审每两年进行一次；

d　爆破作业人员在一个复审期内，无事故记载和无违规记录时，可免审一次，但在任何情况下，均不得连续免审；

e　复审不合格者，应停止作业，吊销其安全作业证。

6.3.2　工作变动

a　爆破作业人员工作变动，需进行原证规定范围以外爆破作业时，必须重新考核登记；

b　爆破作业人员调动到或需到原发证机关管辖以外的地区，仍进行安全作业证中允许进行的爆破作业范围时，应到所在地区的发证机关进行登记。

6.3.3　违反规定的处理

爆破作业人员三次违规或发生严重爆破事故，应由原发证机关吊销其安全作业证。

参 考 文 献

[1] 周志鸿等. 地下凿岩设备 [M]. 北京：冶金工业出版社，2004.

[2] 宁恩渐. 采掘机械 [M]. 北京：冶金工业出版社，1999.

[3]《采矿设计手册》编写委员会. 采矿设计手册 矿山机械卷 [M]. 北京：中国建筑工业出版社，1989.

[4] 尹复辰. 天井钻机的选用 [J]. 矿业研究与开发，1997.

[5] 朱嘉安. 采矿机械和运输 [M]. 北京：冶金工业出版社，1998.

[6] 王东明. 国内外牙轮钻机水平综述 [J]. 矿山机械，1994（11）.

[7] 任效乾. 露天采掘设备调试 [M]. 北京：冶金工业出版社，1999.

[8] 王运敏. 中国采矿设备手册（上下册）[M]. 北京：科学出版社，2007.

[9] 王荣祥等. 施工设备故障分析及其排除 [M]. 北京：冶金工业出版社，2004.

[10] 陶颂霖. 凿岩爆破 [M]. 北京：冶金工业出版社，1986.

[11] 惠君明等. 炸药爆炸理论 [M]. 南京：江苏科学技术出版社，1995.

[12] 林德余. 矿山爆破工程 [M]. 北京：冶金工业出版社，1993.

[13] 朱忠节等. 岩石爆破新技术 [M]. 北京：中国铁道出版社，1986.

[14] 齐景岳. 隧道爆破现代技术 [M]. 北京：中国铁道出版社，1995.

[15] 钮 强. 岩石爆破机理 [M]. 沈阳：东北大学出版社，1990.

[16] 娄德兰. 导爆管起爆技术 [M]. 北京：中国铁道出版社，1995.

[17] 孙业斌. 爆破作用与装药设计 [M]. 北京：国防工业出版社，1987.

[18] 刘建亮. 工程爆破测试技术 [M]. 北京：北京理工大学出版社，1994.

[19] 蔡福光. 光面爆破新技术 [M]. 北京：中国铁道出版社，1994.

[20] 钟冬望等. 爆破安全技术 [M]. 武汉：武汉工业大学出版社，1992.

[21] 张志呈. 爆破基础理论与设计施工技术 [M]，重庆：重庆大学出版社，1990.

[22] 杨永琦. 矿山爆破技术与安全 [M]. 北京：煤炭工业出版社，1991.

[23] 王树仁等. 钻眼爆破简明教程 [M]. 徐州：中国矿业大学出版社，1989.

[24] 东兆星等. 井巷工程 [M]. 徐州：中国矿业大学出版社，2004.

冶金工业出版社部分图书推荐

书　名	作　者	定价(元)
中国冶金百科全书·采矿卷	本书编委会　编	180.00
爆破手册	汪旭光　主编	180.00
采矿工程师手册（上、下册）	于润沧　主编	395.00
采矿手册（第2卷）凿岩爆破和岩层支护	本书编委会　编	165.00
现代金属矿床开采科学技术	古德生　等著	260.00
中国典型爆破工程与技术	汪旭光　等编	260.00
工程爆破名词术语	汪旭光　等著	89.00
工程爆破新进展（2）（全英文版）	汪旭光　等编	190.00
爆破工程实用手册	刘殿中　等编	60.00
工程爆破实用技术	张应元　等编	56.00
我国金属矿山安全与环境科技发展前瞻研究	古德生　等编著	45.00
系统安全评价与预测（第2版）（国规本科教材）	陈宝智　编著	26.00
矿山安全工程（本科教材）	陈宝智　主编	30.00
矿山环境工程（第2版）（本科教材）	蒋仲安　主编	39.00
安全系统工程（高职高专教材）	林　友　主编	24.00
岩石力学（高职高专教材）	杨建中　等编	26.00
矿井通风与防尘（高职高专教材）	陈国山　主编	25.00
矿山充填力学基础（第2版）（本科教材）	蔡嗣经　主编	30.00
金属矿床露天开采（本科教材）	陈晓青　主编	28.00
碎矿与磨矿（第2版）（本科教材）	段希祥　主编	30.00
工艺矿物学（第3版）（本科教材）	周乐光　主编	45.00
矿石学基础（第3版）（本科教材）	周乐光　主编	43.00
矿山地质（高职高专规划教材）	刘兴科　等编	39.00
工程爆破（第2版）（高职高专规划教材）	翁春林　等编	32.00
矿山爆破（高职高专规划教材）	张敢生　等编	29.00
矿井通风与防尘（高职高专规划教材）	陈国山　主编	25.00
矿山提升与运输（高职高专规划教材）	陈国山　主编	39.00
矿山企业管理（高职高专规划教材）	戚文革　等编	28.00
采矿概论（高职高专规划教材）	陈国山　主编	28.00
金属矿地下开采（高职高专规划教材）	陈国山　主编	39.00
井巷设计与施工（高职高专规划教材）	李长权　等编	32.00
采掘机械（高职高专规划教材）	苑忠国　主编	38.00
选矿原理与工艺（高职高专教材）	于春梅　等编	28.00
磁电选矿（第2版）（本科教材）	袁致涛　主编	39.00

双峰检